中等职业教育规划教材

化 工 分 析

第二版

附练习册

郭小容　李乐　主编

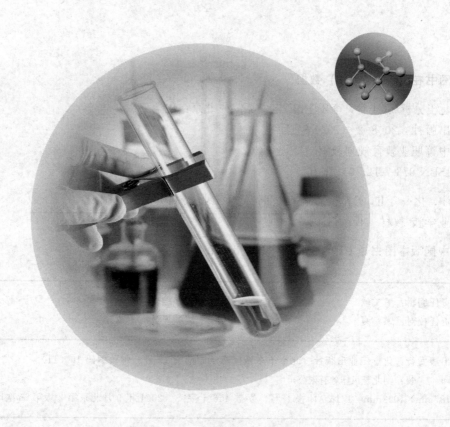

化学工业出版社

·北京·

本书是在 1999 年出版的《化工分析》基础上修订而成的。全书采用新的国家标准和行业标准以及法定计量单位。在内容上，删去了一般化工分析教材中的重量分析法，而增加了电位分析法。同时，对新一代分析天平的构造和使用作了较详细的介绍。对应用日益广泛的气相色谱法增加了部分内容。

本书共九章，包括绪论、滴定分析法总论、酸碱滴定法、配位滴定法、沉淀滴定法、氧化还原滴定法、电位分析法、比色法及分光光度法和气相色谱法等内容。

本书既可作为中等职业学校化工工艺专业的教材，又可供从事分析工作的有关人员参考自学及工人培训使用。

图书在版编目（CIP）数据

化工分析/郭小容，李乐主编. —2 版. —北京：化学工
业出版社，2008.2（2024.9重印）
中等职业教育规划教材
ISBN 978-7-122-01976-9

Ⅰ. 化… Ⅱ.①郭…②李… Ⅲ. 化学工业-分析方法-
专业学校-教材 Ⅳ. TQ014

中国版本图书馆 CIP 数据核字（2008）第 010074 号

责任编辑：王文峡 文字编辑：李仙华
责任校对：宋 夏 装帧设计：尹琳琳

出版发行：化学工业出版社（北京市东城区青年湖南街 13 号 邮政编码 100011）
印 装：河北延风印务有限公司
787mm×1092mm 1/16 印张18¾ 字数456千字 2024 年 9 月北京第 2 版第 16 次印刷

购书咨询：010-64518888 售后服务：010-64518899
网 址：http://www.cip.com.cn
凡购买本书，如有缺损质量问题，本社销售中心负责调换。

定 价：38.00元（含练习册） 版权所有 违者必究

前　　言

　　本书第一版于 1999 年 11 月出版，得到广大师生的认可，实现了多次重印。随着时代的前进，技术的进步，分析检测方法和仪器的不断完善更新以及教学改革的不断深入，本书第一版中有些内容和提法等已跟不上时代的脉搏，因此我们对本书做了修订。修订中编者广泛收集了各兄弟学校的改进意见和建议，在基本保持原书结构和框架的基础上，主要对以下内容作了增减。

　　1. 增加了电子天平的内容，并配置了相关的实验、习题，使学习者掌握目前较先进的、操作既简便又迅速的计量仪器的使用。

　　2. 增加了弱电解质电离平衡、间接滴定法和沉淀滴定法的内容，使滴定分析内容更加完善。

　　3. 增加了部分实验，如 EDTA、NH_4SCN 标准溶液的制备、KI 含量测定，色谱混合气体分离测定等，使实验内容更加充实，选择面更大。

　　4. 增加了数显精密酸度计、带液晶显示屏的 ZDJ-4A 电位滴定仪等的内容，使较现代的、电子自动化的仪器能更多地用于化工分析。

　　5. 删除了原第七章气体分析的全部内容，对配套练习册的内容也做了相应的增减。

　　本书由郭小容、李乐修订，张荣主审。在修订过程中得到王波、陈本寿、李布生、欧蜀云、曾祥燕、杨兵等的大力支持协助，在此表示衷心的感谢，同时得到化学工业出版社编辑的指导，在此一并表示最衷心的感谢。

　　本书深度较之第一版有所提升，既可作为中等职业化工工艺及相关专业的分析化学教材，也可用作分析工、操作工的初、中级技术培训用书，还可作为有关工作人员的参考用书。

　　由于编者水平、时间有限，书中不足之处在所难免，欢迎各位读者指正，谢谢！

编　者

2008 年 1 月

第一版前言

本书根据 1997 年原化学工业部颁发的全国化工技工学校《化工工艺专业教学计划》和 1998 年原化学工业部技工学校教学指导委员会分析专业组制订的《化工分析教学大纲》编写。

针对教学对象和培养目标，以及化工分析课程实践性强的特点，在编写过程中特别注意并力求达到以下几点：①加强针对性，认真精选教材内容，在基本理论部分关注了有关周边学科知识。②全书统一使用国家法定计量单位。③引用最新的国家标准或行业标准，对化工分析的有关概念、术语进行了规范表述。④突出操作技能训练，加强实验，全书设置 27 个实验，实验课时占总课时的 40%，设置的实验大都是化工生产分析中常用的、较简单的、适于课堂教学的分析实验，拟定分析方法时，尽量使用最新国家标准或行业标准。⑤为适应分析自动化技术的高速发展，本书编写了适量的仪器分析内容。

对各章中打有※号的实验，有条件的学校应尽量完成。各学校也可以结合本地区、本企业生产实际选作实验。为了满足教学的需要，按章、节编写了与本书配套的《化工分析练习册》。

本书由重庆化工技工学校郭小容主编和统稿，西南师范大学潘银山副教授主审。全书共十章。第一章由重庆化工技工学校胥朝禔编写，第二、四、五、十章由重庆化工技工学校郭小容编写，第三章由广西石化技工学校黄祖海编写，第六章由重庆化工技工学校王波编写，第七、八章由西安化工医药技工学校郭一明编写，第九章由大连化学集团有限责任公司职工总校潘学军编写。参加本书审稿的有四川泸州火炬化工厂技工学校许廷富，上海吴泾化工总厂技工学校贺葵、上海氯碱总厂技工学校黄志竞参加了教学大纲和编写大纲的编审工作。从大纲到教材的整个编写过程中，化工出版社给予了帮助和指导。此外，在编写中还得到各级领导和兄弟单位的大力支持和帮助，在此一并表示感谢。

本书可供化工技工学校工艺专业教学使用，也可作为化工操作人员及初级分析工的培训教材。同时还可作为从事化工生产、化工分析及化工管理人员的参考书。

由于编者水平有限，经验不足，加之时间仓促，书中难免存在某些缺点和疏漏之处，恳切希望使用本教材的师生及时提出宝贵意见。

全国化工技工学校教学指导委员会

分析专业组

1998 年 12 月

目　　录

第一章 绪 论

科学技术是第一生产力。化工分析是科学技术庞大体系中的一部分，也是一种重要的生产力。化工分析对科学技术和经济的发展，对人民生活的提高均起着重要作用。

第一节 化工分析的任务和作用

一、化工分析在化工生产中的任务和作用

分析化学主要研究测定物质化学组成的方法和相关理论。测定物质化学组成的分析包括两个方面：一是检测物质中元素、原子团或最简单的化合物等成分而进行的分析，叫定性分析；一是测定物质中各组分的相对含量而进行的分析，叫定量分析。分析化学的应用涉及到国民经济、国防、科研的各个部门，十分重要，因此，被喻为科学研究的"尖兵"和生产的"眼睛"。

把分析化学的基本原理和方法用于解决化工生产中实际分析任务而形成的学科，叫化工分析。化工分析的主要任务是对化工生产中的原料、中间产物、产品以及辅助材料、副产品、燃料、工业用水、"三废"等进行定量分析。由于上述物质在化工生产中都是已知的，所以在化工分析中一般不对其进行定性分析。化工分析的任务可分为以下几方面。

（1）对原材料进行有效成分含量的分析，评定其质量，以便合理使用，减少次品和废品。

（2）对生产过程进行中间控制分析，判定生产过程的优劣，以便及时调整工艺条件，确保产品的质量。

（3）对产品进行质量分析，检查是否达到国家、行业或企业规定的质量标准。

（4）对燃料进行热值分析，使之能合理利用，以降低成本。

（5）对工业用水进行水质分析，判定水质是否符合国家规定的标准，以便正确使用。

（6）对"三废"（废渣、废水、废气）进行成分及其含量分析，判定是否符合国家规定的排放标准，以达治理"三废"并合理回收利用的目的。

由此可见，化工分析在化工生产中具有十分重要的作用。

二、化工工艺操作人员与化工分析

化工工艺专业培养化工生产的操作人员。化工生产经历原料、中间产品、产品几个阶段，整个过程中，物料的组成经常发生变化。化工生产中操作人员的主要职责或任务，就是要通过调节仪器仪表以控制生产过程在设计规定的工艺条件下正常进行，使物料的组成满足设计的要求朝合格产品的方向转化。如何确定生产过程中各个时段或每个部位物料的组成

呢？这就必须通过化工分析，把分析结果输入控制仪表或计算机，即可对生产过程进行控制。由此可见，化工生产和化工分析密不可分，即化工分析对化工生产过程起着监督控制作用。

化工生产过程中的这种化工分析，通常叫做控制分析。现在许多化工厂，其生产操作岗位的控制分析由化工工艺操作人员一并负责，这对及时调整工艺条件，保证生产正常进行很有好处。为此，国家颁布的《工人技术等级标准》对化工操作工的化工分析知识和技能作了明确的要求。鉴于上述原因，化工工艺操作人员必须学好化工分析的基本知识和基本技能，以适应就业和生产的需要。

要学好化工分析，必须首先学好有关的基本概念、基本理论和基本知识，因为这些概念、理论和知识是学习各种分析方法的智力基础；必须正确识别各类分析仪器、设备和药品，并掌握其用途和正确使用方法，因为这些仪器、药品、设备是化工分析的物质基础；必须学会各种分析方法的原理、操作技能和结果处理，这是化工分析的核心；必须有正确的学习态度和严谨的作风，因为态度和作风是学好化工分析的动力和保证；必须有正确的学习方法，善于动脑，勤于动手，善于观察，勤于总结，因为学习方法是学好化工分析的重要条件。总之，化工分析是一门智力和技能并重的学科，只要有认真的态度、正确的方法，就一定能够学好它。

第二节 化工分析的方法

化工分析的方法有很多种，按照分析测定的原理和使用仪器的不同可分为两大类，即化学分析和仪器分析。

一、化学分析

对物质的化学组成进行以化学反应为基础的定性或定量的分析方法，叫化学分析。化学分析是化工分析的基础。

根据化学反应类型和操作方法的不同，化学分析又分为下列三类。

1. 称量分析法（重量分析法）

是通过称量操作，测定试样中待测组分的质量，以确定其含量的一种分析方法。称量分析中，一般先将被测组分转化为一定形式的可称量的化合物从试样中分离出来，然后用称量的方法测定该化合物的质量，计算出被测组分的含量。

按照被测组分与试样中其他组分分离方法的不同，称量分析又可分为气化法、沉淀法等。称量分析法准确度高，但操作繁琐，耗时较长，目前使用较少，本书不作介绍。

2. 滴定分析法

通过滴定操作，根据所需滴定剂的体积和浓度，确定试样中待测组分含量的一种分析方法。滴定分析中，一般是将一种已知准确浓度的滴定剂溶液（即标准溶液），滴加到一定量的被测物溶液中，至二者刚好反应完全（通过所加指示剂的颜色变化来确定），再根据标准溶液所消耗的体积和浓度，计算被测组分的含量。滴定分析法设备操作简便，耗时少，准确度较高，因此在生产、科研中被广泛应用。

根据滴定分析的化学反应类型，可将滴定分析法分为四类：酸碱滴定法、氧化还原滴定法、沉淀滴定法、配位滴定法。

（1）酸碱滴定法 利用酸碱之间质子传递反应进行的滴定。

（2）氧化还原滴定法　利用氧化还原反应进行的滴定。根据使用的标准溶液的不同，氧化还原滴定法又可分为高锰酸钾法（利用高锰酸盐标准溶液进行的滴定）、重铬酸钾法（利用重铬酸盐标准溶液的氧化作用进行的滴定）、碘量法（利用碘的氧化作用或碘离子的还原作用进行的滴定。一般使用硫代硫酸钠标准溶液进行滴定）、溴量法（利用溴酸盐标准溶液进行的滴定）、铈量法（利用硫酸铈标准溶液进行的滴定）等。

（3）沉淀滴定法　利用沉淀的产生或消失进行的滴定。其中银量法应用较多。根据确定终点所用的指示剂不同，银量法又分为莫尔法、佛尔哈德法和法扬司法。

（4）配位滴定法　利用配合物的形成及解离反应进行的滴定（配合物也称络合物）。

3. 气体分析法

以气体物质为分析对象的分析。一般是通过测定化学反应中所生成气体的体积或气体与吸收剂反应生成的物质的质量，以确定试样中待测组分的含量。

二、仪器分析

使用光、电、电磁、热、放射能等测量仪器进行的分析方法，叫仪器分析。

仪器分析是以物质的物理化学性质为基础并借助特殊的仪器测定试样中待测组分含量的方法。根据测定原理和测定仪器的不同，仪器分析又可分为光学分析法、电化学分析法、色谱分析法、质谱分析法、X射线分析法、放射化学分析法和核磁共振波谱分析法等，现择要介绍如下。

1. 光学分析法

根据物质的光学性质，使用光学测量仪器进行的分析。光学分析法又分为紫外分光光度法、红外分光光度法、原子吸收分光光度法、发射光谱分析法、荧光分析法和比色法及分光光度法等。

2. 电化学分析法

根据物质的电学或电化学性质，使用电学测量仪器进行的分析。电化学分析法又分为电位法、电导法、电解法、极谱法和库仑分析法等。

3. 色谱分析法

利用试样中各组分在固定相和流动相中不断地分配、吸附和脱附或由两相中其他作用力的差异，而使组分得到分离的方法。色谱法是先将物质中的各组分进行分离，然后再用各种检测器测定各组分的含量。在色谱法中，根据流动相性质的不同，又分为气相色谱法、高效液相色谱法、超临界流体色谱法以及薄层色谱法和纸色谱法等。

4. 质谱分析法

是通过对样品离子质量和强度的测定，来进行成分和结构分析的一种分析方法。它是使试样电离后，形成不同质荷比的离子，根据这些离子的质量数和相对丰度分析试样的方法。这里所说的质荷比系指离子的质量与离子所带的电荷数之比。

化学分析和仪器分析是化工分析中的两大重要分析方法，它们各有优缺点，并且相辅相成。仪器分析速度快、灵敏度高，能测出含量极低的物质的含量，特别适用于微量或痕量成分的分析以及生产过程的控制分析，是化工分析的发展方向。而化学分析则因历史悠久，使用较仪器设备简单，对含量较高物质的测定准确度高，同时在仪器分析中关于方法准确性的校验以及试样的处理等都需要用到它，故仍然被生产、科研等领域广泛采用，起着基础性的作用。但化学分析一般耗时长，对微量物质的分析准确度较差，所以在部分领域也被仪器分析所取代。

第三节　试样的采取、制备和分解

化工分析的过程，一般包括采样、试样处理、测定和结果计算四大部分。

一、采样

1. 采样和试样

采样，就是从总体中取出有代表性的试样的操作。这是化工分析重要而关键的步骤。

试样，是指用于进行分析以便提供能代表该总体特征量值的少量物质。

试样只有代表它所从属的总体的特征量值，才可能使分析结果准确、有效。因此，采样的基本原则是样品具有充分的代表性。

化工分析的物料是多种多样的。按物质在常温下的状态分有固体、液体和气体之别；按物料中各组分的分布情况有均匀物料和非均匀物料之分。气体、液体和其他均匀物料的取样过程比较简单，只要取样容器干净，并且经过样品物料气体或液体置换即可达到取样要求。而非均匀性的固体物料，要使从其中取出的试样具有代表性，则是比较困难的。

2. 固体试样的采取

在固体物料中，如系均匀的化工产品、金属等，其试样的采取过程比较简单，只要取其中一部分即可。一般是取物料内部的试样而不取物料表面的试样。但对大多数固体物料而言，其颗粒大小和组成都不均匀，要从中取出有代表性的试样就必须按一定的方法和步骤进行。

固体试样采取的第一步是采取大量的"粗样"。粗样是不均匀的，但要求它必须能代表物料总体的组成。粗样量的多少由粗样颗粒的大小和均匀性而定。

采"粗样"时，如果物料是在传送带或其他器械上有规律地移动，则可以在一个固定的位置上，每隔一定的时间取一定量的试样，然后加以混合即可；如果物料是堆放着的，则应从不同的部位和不同的深度各取一定量的试样，然后加以混合。

用上面的方法采取的"粗样"，可以代表物料总体的平均组成。但在测定这个平均组成时，不能对"粗样"的全量进行分析，而只能分析其中的一部分。要使分析的这一部分样品能准确地代表"粗样"，进而代表原始物质的平均组成，就必须要对"粗样"按下述过程进行进一步处理：破碎→过筛→混合→缩分。经过这个处理过程后，即得到分析试样。

在粗样的破碎过程中，应避免混入杂质。过筛时，不能把未通过筛孔的粗颗粒弃去，而应把它们磨细后再全部通过筛孔，这样做的目的是为了保证最后所得的分析试样能代表原始物料的平均组成。经过几次过筛后，再把几次过筛的样品混合，然后进行缩分。

缩分，是把经过破碎、过筛、混合的样品，按照科学的方法缩减成满足分析要求的最小量的方法（或过程）。固体物料的缩分一般用"四分法"。

"四分法"是指从总体中取得试样后，采用圆锥四等分，任意取对角二份试样，弃去剩余部分，以缩减试样量的操作。具体操作时将试样堆成锥形，然后将它压平成圆台形，再通过中心按正"＋"字形切分成四等分，把任意的两对角部分去掉而将剩下的另两对角部分收集混匀，这个过程如图 1-1 所示。经过这样处理一次，试样量缩减一半，再按这样的方法处理一次，试样量再缩减

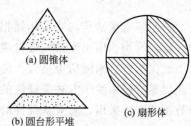

(a) 圆锥体

(b) 圆台形平堆

(c) 扇形体

图 1-1　四分法缩分示意图

一半。这个过程一直重复到所得试样量满足分析测定的需要量为止。

二、试样处理

试样处理是指采取分析试样后到对分析试样进行分析测定之前的这一阶段对分析试样的处理过程。最主要的是指对分析试样的分解。

1. 试样分解的一般原则

(1) 试样必须完全分解。

(2) 试样分解时，不应使待测组分挥发损失。

(3) 试样分解时，不得引入被测组分和对测定有干扰的物质。

在选择分解试样的方法时，必须严格遵守上述三条原则。

2. 试样分解的方法

试样分解的方法视试样的性质不同而不同，常用的有两大类，即溶解法和熔融法。

(1) 溶解法——将试样溶解在一定的溶剂中形成溶液的试样分解方法。

在溶解法中，常用的溶剂为水、酸、碱和有机溶剂。

① 用水作溶剂的试样分解法叫水溶法。水溶法一般只能溶解可溶性的盐类和部分有机物试样。由于水最易纯制，同时不会在溶解时引进被测组分和干扰物质，所以凡能溶于水的试样都尽可能用水作溶剂。为防止某些盐中的金属阳离子在遇水时发生水解而产生沉淀，故在溶解这些试样时常在水溶液中加入少量酸。

② 用酸作溶剂的试样分解方法叫酸溶法。它是利用酸的酸性、氧化性（或还原性）和配合性使试样中的被测组分进入溶液中，然后进行分析。常作溶剂的酸有盐酸、硫酸、硝酸、磷酸、氢氟酸、高氯酸以及它们的混合酸。各种纯金属及合金（包括钢铁），氧化物类矿物，磷酸盐类矿物，部分硫化物类矿物以及碳酸盐类矿物等试样，可用酸溶法进行溶解。

③ 用碱作溶剂的试样分解方法叫碱溶法。常用作溶剂的碱是 $20\%\sim30\%$ 的 NaOH 溶液。用碱溶法可以分解 Al、Zn、Sn、Pb 等金属以及它们的合金试样。碱溶法分解 Al、Zn 等试样的原理如下：

$$2Al+2NaOH+2H_2O =\!=\!= 2NaAlO_2+3H_2\uparrow$$
$$Zn+2NaOH =\!=\!= Na_2ZnO_2+H_2\uparrow$$

碱溶法必须在 Ag、Pt 或聚四氟乙烯容器中进行，而不能在玻璃或陶瓷容器中进行，这是因为玻璃、陶瓷会和 NaOH 溶液起反应，使溶液组成发生变化，影响分析过程和结果。

④ 用有机溶剂分解试样。这类方法适用于有机试样的分解。关于物质的溶解，有一个经验规律，叫"相似相溶"，即结构（或性质）相似的物质容易相互溶解，如极性有机溶剂易溶解极性有机化合物；非极性有机溶剂易溶解非极性有机化合物。

另外，有的有机溶剂呈酸性或碱性，则这些有机溶剂可以相异互溶，即酸性有机溶剂易溶解碱性有机物，而碱性有机溶剂则易溶解酸性有机物。

常用的有机溶剂有醇类、酮类、芳香烃、卤代烃等有机物。

用溶解法分解试样时操作比较简单，速度较快，所以在分析化学中被广泛采用。但当试样不能被各种溶剂溶解或溶解不完全时，就只能采取熔融法或烧结法对试样进行分解。

(2) 熔融法——将固体试样与固体熔剂混合，在高温下进行复分解反应，使试样中的全部组分转化为易溶于水或酸的化合物（如钠盐、钾盐、硫酸盐及氯化物等）的试样分解方法。熔融法中所用的熔剂分酸性熔剂和碱性熔剂两大类，为此，熔融法也分为酸熔法和碱熔法两大类。

① 酸熔法　用酸性熔剂分解试样的方法。酸熔法主要用于分解碱性氧化物及中性氧化物类试样。酸熔法中所用的酸性熔剂主要有 $KHSO_4$ 和 $K_2S_2O_7$（焦硫酸钾），二者的作用相同，它们分解到最后都是生成 SO_3，反应如下：

$$2KHSO_4 \xrightarrow{\text{灼烧}} K_2S_2O_7 + H_2O$$

$$K_2S_2O_7 \xrightarrow{\text{灼烧}} K_2SO_4 + SO_3 \uparrow$$

SO_3 再和碱性氧化物及中性氧化物类试样反应，生成可溶性硫酸盐。例如用 $K_2S_2O_7$ 分解 TiO_2，反应如下：

$$2K_2S_2O_7 + TiO_2 \xrightarrow{\text{熔融}} Ti(SO_4)_2 + 2K_2SO_4$$

对生成的可溶性硫酸盐进行分析，即可测得试样中被测组分的含量。

用 $K_2S_2O_7$ 作熔剂分解样品时，熔融温度不宜太高，时间也不宜太长，否则生成的硫酸盐会分解成难溶性氧化物以及 SO_3 而大量挥发。

酸熔法常应用于分解 Al_2O_3、Cr_2O_3、Fe_3O_4、TiO_2 等氧化物类矿物以及中性、碱性耐火材料。

② 碱熔法　用碱性熔剂分解试样的方法。碱熔法主要用来分解酸性氧化物、酸性炉渣以及酸不溶残渣等试样。碱熔法中所用的碱性熔剂主要有 Na_2CO_3、K_2CO_3、KOH、$NaOH$、Na_2O_2 和它们的混合物。

K_2CO_3 和 Na_2CO_3 多用于硅酸盐、硫酸盐等的分解。在具体操作时，常把 K_2CO_3 和 Na_2CO_3 混合使用，这样可使熔融的温度降低到 700℃ 左右。KOH 和 $NaOH$ 是纯碱性的低熔点熔剂，主要用于铝土矿、硅酸盐类矿物的分解。

Na_2O_2 是具有强氧化性、强腐蚀性的碱性熔剂，主要用于分解铬铁、硅铁等合金以及含 As、Sb、Cr、Mo、Sn 的矿石等难溶物质。在使用时，不能有有机物存在，否则会产生爆炸。

混合熔剂是半熔法（或烧结法）中所用的熔剂。半熔法是把试样和熔剂混合，在低于熔点的温度下，小心加热至熔结（半熔物缩结成整块）而未全熔的熔融法。常用的半熔混合熔剂有以下几种：

$MgO + Na_2CO_3$	$MgO + Na_2CO_3$	$ZnO + Na_2CO_3$
（1份）　（2份）	（2份）　（3份）	（1份）　（3份）

这种方法的优点是熔融的温度低，不易损坏熔融的容器——坩埚，但反应时间较长。此法主要用于矿石的分解和煤的全硫分析。在使用不同的熔剂时，要选择使用不同材质的坩埚。

熔融法的分解能力比溶解法强得多，但由于需使用大量熔剂，所以熔剂本身的离子和杂质就易带入试液中，再加上对坩埚的腐蚀，都会使试液受到污染。因此，一般情况不使用熔融法，而只有当溶解法无能为力时才使用。

第四节　误差和有效数字

分析测定的结果都是用数据表示的，但是由于种种原因，表示测定结果的数据和客观的真值之间都有一定的差距，即二者之间存在误差。为了对测得值相对于真实值作出相对准确的估计，就必须对分析测定出的数据进行处理。

一、误差、偏差及公差

1. 分析结果的准确度与误差

（1）分析结果的准确度　化工分析要求准确、快速、节约。一般而言，生产过程中的控制分析要求以快速为主，相对而言准确在其次。但对一般的分析，要求以准确度为主。因为只有准确的分析结果才能对生产、使用、安全等起着指导作用，真正发挥"生产的眼睛"的作用。

分析结果的准确度，是指试样多次测定的平均值与真实值之间相符的程度。准确度的高低以误差的大小来表示。

（2）误差（E）　误差是指测定值与真实值之差值。误差越小，则准确度越高，即分析测定值与真实值之间的差距越小；反之，误差越大，则准确度越低，即分析测定值与真实值之间的差距越大。

一般要求分析测定结果的误差越小越好，但在实际分析中，人们即使采用精密的仪器，用最可靠的方法，由最熟练的操作人员在完全相同的条件下对同一样品进行多次重复分析测定，也不能得到完全相同的分析结果，这说明，误差是客观存在的，是不可能消灭的。

（3）误差的表示方法　误差的表示方法有两种，即绝对误差（E_a）和相对误差（E_r）。绝对误差是指测定值（x）与真实值（x_T）之间的代数差值；相对误差是指绝对误差与真实值之比，通常用百分数表示。即

$$绝对误差(E_a) = 测定值(或实验值) - 真实值 = x - x_T$$

$$相对误差(E_r) = \frac{绝对误差}{真实值} \times 100\% = \frac{E_a}{x_T} \times 100\%$$

在实际分析中人们用标准分析方法对同一物质往往进行多次测定，对于多次测定结果，可以用算术平均值（$\bar{x}$）计算其绝对误差和相对误差。

$$算术平均值(\bar{x}) = \frac{x_1 + x_2 + \cdots + x_n}{n}$$

$$绝对误差(E_a) = \bar{x} - x_T$$

$$相对误差(E_r) = \frac{\bar{x} - x_T}{x_T} \times 100\%$$

由于测定值可能大于也可能小于真实值，所以绝对误差和相对误差均有正、负之分。正值表示分析结果偏高，负值表示分析结果偏低。

2. 分析结果的精密度与偏差

（1）分析结果的精密度　分析结果的精密度是指在确定的条件下重复测定的各测定值彼此之间相符的程度。精密度的高低用偏差表示。

（2）偏差（d）　偏差系指对同一样品进行多次重复测定时，某次测定值与各次测定值的算术平均值之间的差值。偏差越小，则精密度越高；即各测定值之间的相符程度越大。偏差越大，则精密度越低，亦即各测定值之间的相符程度越小。

（3）偏差的表示方法　偏差的表示方法有两种：绝对偏差（d）和相对偏差（$d_i\%$）。绝对偏差是指个别测定值与算术平均值的差值；相对偏差是指绝对偏差与算术平均值之比，通常以百分数表示。即

$$绝对偏差(d_i) = 某次的测定值 - 算术平均值 = x_i - \bar{x}$$

$$相对偏差(d_i\%) = \frac{绝对偏差}{算术平均值} \times 100\% = \frac{d_i}{\bar{x}} \times 100\%$$

从上面二式看出，绝对偏差就是某次的测定值（即单项测定值）和多次平行测定结果的算术平均值（即均值）之差，有正、负之分；相对偏差，就是绝对偏差在均值中所占的百分率。

绝对偏差和相对偏差都只能表示某次测定结果对均值的偏离程度，而不能表示出多次平行测定的总结果对均值的偏离程度，为此，人们提出了平均偏差的概念。

平均偏差（$\bar{d}$）是指把各绝对偏差的绝对值相加后平均得到的数值，即各次的测定值与均值的偏差（取绝对值）之和再除以测定次数所得的值。

$$平均偏差(\bar{d}) = \frac{|偏差1| + |偏差2| + \cdots + |偏差n|}{测定次数}$$

$$= \frac{|d_1| + |d_2| + \cdots + |d_n|}{n}$$

$$= \frac{|x_1 - \bar{x}| + |x_2 - \bar{x}| + \cdots + |x_n - \bar{x}|}{n}$$

$$相对平均偏差(\bar{d}\%) = \frac{平均偏差}{算术平均值} \times 100\% = \frac{\bar{d}}{\bar{x}} \times 100\%$$

平均偏差不计正负

式中　偏差1，$\cdots$，偏差n——第一次测定值，$\cdots$，第n次测定值与均值之差的绝对值。

3. 准确度与精密度的关系

准确度指测定值与真实值相符合的程度，而精密度指多次平行测定的结果之间相符合的程度，二者是有区别的。它们之间也有一定的关系。这些关系如图1-2所示，有三种情况：

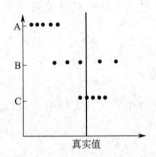

图1-2　准确度与精密度
关系示意图

（1）几次测定结果很接近（即精密度较高），但其均值和真实值相差很大，此时准确度也很低（如图1-2中A所示）。

（2）几次测定结果相差较大（即精密度不高），此时准确度也不高（如图1-2中B所示）。

（3）几次测定结果很接近并接近真实值，此时准确度和精密度都较高（如图1-2中C所示）。

从上三种情况可以看出，精密度是准确度的前提，但精密度高了准确度不一定也高。

4. 公差

公差是国家行政机关或生产部门对各种情况的分析结果所规定出的一套允许的绝对误差和相对误差范围，所以公差也叫允许误差。

在实际操作中，如果分析结果超出允许误差范围（即超出公差），称为"超差"，则此项分析应该重作。由此可见，公差是有关部门对分析结果进行定量管理的一项重要指标。

公差的确定依不同情况而异。一般首先考虑需要和可能，其次考虑试样的组成和含量。比如一般工业分析规定公差在百分之几至千分之几之间，而元素相对原子量的测定，公差规定在十万分之一至百万分之一之间。在这里首先考虑的是需要。确定公差时考虑可能系指考虑使用的分析方法。因为不同的分析方法所可能达到的准确度不一样，因而对它们规定的公差也就不一样。另外，试样组成越复杂，引起误差的可能性就越大，由此确定的公差就要大一些，即允许的误差范围就要宽一些。反之，如果试样组成愈简单，则规定的公差就小一些。如测量含量低的组分时，规定的公差就大些，而测量含量高的组分时，则规定的公差就小一些。滴定分析测定常量组分（即被测组分含量>1%）时，分析结果的相对误差（相对偏差）一般要求≤0.2%。

在一般分析中，若x_1和x_2为同一试样的两个平行测定结果，d为公差，则当$|x_1 - x_2| \leq 2d$时，两次分析结果有效；而当$|x_1 - x_2| > 2d$时，则为超差，说明x_1、x_2两个分析结果中至

少有一个是不可靠值，此时分析必须重作。

5. 分析结果的判断

在定量分析工作中，如果在消除系统误差后，分析结果的数据出现显著大值与小值，这样的数据是值得怀疑的，称为可疑值。对于确定原因的可疑值（如溶解样品时有溶液溅出、滴定时不慎加入过量滴定剂等）应弃去不用，对不知原因的可疑值应根据 $4d$ 法或 Q 检验法进行判断，决定取舍。

（1）$4d$ 法 $4d$ 法即四倍于平均偏差法，适用于 $4\sim6$ 个平行数据的取舍。

① 除去可疑值，将其余数值相加，求出其算术平均值（$\bar{x}$）及平均偏差（$\bar{d}$）。

② 将可疑值与算术平均值（$\bar{x}$）做比较。

若（可疑值$-\bar{x}$）$\geqslant4\bar{d}$，则可疑值应舍去；

若（可疑值$-\bar{x}$）$<4\bar{d}$，则可疑值应保留。

【例 1-1】 测定某含硫化合物样品，平行测定四次，其结果分别为：32.98%、32.97%、33.07%、33.01%，计算可疑值 33.07%能否舍去。

解
$$\bar{x}=\frac{32.98\%+32.97\%+33.01\%}{3}=32.99\%$$

$$\bar{d}=\frac{|32.98\%-32.99\%|+|32.97\%-32.99\%|+|33.01\%-32.99\%|}{3}=0.01667\%$$

$$4\bar{d}=0.06667\%$$

$$33.07\%-32.99\%=0.08\%>0.06667\%$$

所以可疑值 33.07%应舍弃。

（2）Q 检验法 Q 检验法常用于检验一组测定值的一致性，剔除可疑值。其具体步骤如下。

① 将所有数据按从小到大的顺序排列：x_1，x_2，$\cdots$，x_n。

② 计算 Q 值。

$$Q=\frac{|x_n-x_{n-1}|}{x_n-x_1} \quad 或 \quad Q=\frac{|x_2-x_1|}{x_n-x_1}$$

由计算公式可以看出，分母即为极差，分子为可疑值与其相邻值的差值的绝对值。

③ 查 Q 值表（表 1-1）。如果 $Q_{计算}\geqslant Q_{表}$，就可以将可疑值舍弃，否则应予以保留。

表 1-1 置信水平的 Q 值

置信度 ＼ 测定次数	3	4	5	6	7	8	9	10
$Q_{0.90}$	0.94	0.76	0.64	0.56	0.51	0.47	0.44	0.41
$Q_{0.95}$	1.53	1.05	0.86	0.76	0.69	0.64	0.60	0.58

【例 1-2】 某次实验 5 次测定分别为 10.69、10.58、10.63、10.54、10.65，试用 Q 检验法检验当置信度为 0.95 时，测定值 10.54 是否应该舍弃？

解
$$Q=\frac{|可疑值-临近值|}{极差}=\frac{|10.54-10.58|}{10.69-10.54}=0.2667$$

$$Q_{表}=Q_{5,0.95}=0.86$$

因为 $Q_{计算}<Q_{表}$，所以 10.54 不应当舍弃。

二、误差的种类、产生原因及减免方法

在分析工作中，多种因素均可造成误差，这些误差可以分为两类，即系统误差和随机误差。

1. 系统误差

系统误差是指在一定的条件下，由于某种恒定的或按某一确定规律起作用的因素所引起的误差。它可以按其作用规律进行校正或部分消除。这种误差在重复测定时会重复出现，使测定结果固定偏高或固定偏低。系统误差影响准确度。这种误差是可以测定的，因此它也称为可测误差。系统误差可以按其作用规律减少到可忽略的程度。

系统误差按其产生的原因，可以分为下列几类。

（1）仪器误差　由于使用的仪器、量器不准引起的误差。如使用未校正的滴定管、移液管、天平的砝码等，使得量取值和真实值不相符引起的误差。

（2）试剂误差　由于使用的试剂或蒸馏水不纯而引起的误差。

（3）方法误差　由于分析方法本身的缺陷而引起的误差。例如在重量分析中选择的沉淀形式溶解度较大。

（4）操作误差　由于操作者掌握规程和控制条件稍有出入等个人因素而引起的误差。如操作不够熟练、操作者的不良习惯、对指示剂变色不敏感、取样代表性较差等原因造成误差。

（5）环境误差　由于分析测定时，外界环境因素引起的误差。如大气污染、温度、湿度、振动和照明等环境因素引起的误差。

根据系统误差产生的原因，可采取一系列措施减小或免除它。这些方法主要有校正仪器（消除仪器误差）、做空白实验（减免试剂误差）、做对照实验（检查有无系统误差，校正测定结果）、熟练操作（减免操作误差）、改善环境因素以符合测定条件（减少环境误差）等。

2. 随机误差

随机误差系指测定值受各种因素随机变动而引起的误差，亦即由于某些难以控制的偶然因素而造成的误差，也叫偶然误差。随机误差有大小、正负的变化。一般小误差出现的机会多于大误差，而正负误差出现的机会相等。

随机误差不可能避免，又无法校正，只能减小，不能消除。减小随机误差的主要办法是多做几次重复测定（即平行测定）。随机误差影响精密度。

三、有效数字及其运算规则

化工分析中定量分析测定的结果都是用数字表示的。研究化工分析中的数字问题有两方面的内容，一是数字的正确记录，一是数字的正确运算。数字的正确记录是指对测定结果的数字位数的正确记录，因为数字的位数既反映测定结果的大小，又表示测定的准确程度。数字的正确运算，是指运用正确的运算规则计算出正确的结果，核心是有效数字的保留。

1. 有效数字

有效数字是指分析测定中实际能测量到的数字，它是除最末一位数不准外其余位数都是准确的数字。其位数由第一位非零数字开始算起。

比如用万分之一的分析天平称出某物质的质量为 0.2374g，小数点后的 2374 是有效数字，但由于受天平准确度的限制，它只能保证到小数点后第三位是准确的，而第四位的数字 4 是可疑的。

又如用一般的滴定管量取某溶液时，如测得其体积为 12.35mL，12.35 都为有效数字，

但由于滴定管的读数只能读准至 0.1mL，因而最后一位数字 5 是估计出来的，它是可疑的。

有效数字究竟记多少位，这要看仪器或量器的准确度。

如用分析天平和托盘天平称量物质的质量时（以克为单位），由于分析天平可保证小数点后第三位数字是准确的，因此称量结果可以记录到小数点后第四位；托盘天平由于它只能保证整数位是准确的，因此称量结果只能记录到小数点后第一位。

2. 有效数字的位数

（1）分析数据中"零"的作用和意义　在分析数据中，经常有"零"出现。分析数据中的"零"有两种作用：定位作用和作有效数字。

① 具体数字前的"零"，只起定位作用，本身不作有效数字。比如称得某二物质的质量分别为 0.3378g 和 0.0326g，这两个数字中共有三个"0"，这三个"0"都只起定位作用。因此，这两个数字分别有 4 位和 3 位有效数字。

② 具体数字中间或后面的"零"都作有效数字。比如称得某二物质的质量分别为 1.2057g 和 1.3200g，这两个数中共有三个"0"，这三个"0"都是有效数字。因此，这两个数字分别有 5 位有效数字。

③ 以"0"结尾的正整数，其有效数字是不确定的，如 1200 这个数，其有效数字可能是 2、3 或 4 位。如有效数字为 2 位，则写成 1.2×10^3；如有效数字为 3 位，则写成 1.20×10^3；如有效数字为 4 位，则写成 1.200×10^3。

（2）有效数字位数

① 含有对数值的有效数字位数，是由小数部分决定的，而整数部分仅表示这个数的 10 的乘方次数。例如 pH＝7.68，是两位有效数字。

② 百分数或千分数的有效数字的位数，取决于小数部分数字的位数。如 12.90％是四位有效数字，0.003％是一位有效数字。

③ 若某一数据的第一位有效数字等于或大于 8，则有效数字的位数可多算一位，如 0.0876、0.0980 可视为四位有效数字。

④ 表示误差时，无论是绝对误差或相对误差，一般只需取一位有效数字，最多取两位有效数字。

⑤ 在进行单位换算时，有效数字的位数不能改变。如 20.30mL＝0.02030L，是四位有效数字；14.0g＝1.40×10^4mg，是三位有效数字，不可写成 14000mg。

⑥ 在分析化学测定及计算中，有些有效数字位数保留是惯例。例如分析天平称量 ±0.000Xg，滴定管读数 ±0.0XmL，pH 测量 0.0X，吸光度 ±0.00X 单位等。

⑦ 分析结果中，高含量组分（＞10％）一般要求为四位有效数字，中含量组分（1％～10％）一般要求为三位有效数字，对于微量组分（＜1％）一般要求为两位有效数字。

⑧ 在分析化学中，常遇到倍数、分数关系，如 2、3、1/2，计算公式中所含的自然数，如测定次数 n＝4，化学反应计量关系数 1、2，π、e 等常数，均不是测量所得，可视为无限多位有效数字。

3. 有效数字修约规则

分析测定所得的各种数据的有效数字的位不尽相同，但往往又需要把它们放在一起进行运算，为了减小运算结果的误差和节约运算时间，就必须先对这些有效数字进行修约，把它们修约到误差接近的有效数字后再进行运算。

对数字的修约，按国家科学技术委员会颁布的《数字修约规则》进行。规则规定数字修约采用"四舍六入五成双"的法则。即当有效数字位数确定后，其余数字（尾数）应一律舍去，舍去的规则就是"四舍六入五成双"。

所谓"四舍"，即当尾数小于或等于 4 时，舍去尾数；

所谓"六入"，即当尾数大于或等于 6 时，向左进一位；

所谓"五成双"，即当尾数等于 5 时，5 后有数就进 1，5 后没有数时看单双。例如，要将 2.352 和 2.0501 均修约成两位有效数字时，因为两个数的第三位都是 5，而 5 后均有数字，故修约时均向左进一位，修约结果为 2.4 和 2.1；"5 后没有数时看单双"是指当尾数为 5，而 5 后全为零的情况。此时 5 是进还是舍，要看保留下来的末位数是奇数还是偶数，若是奇数，进位，若是偶数，则将 5 舍去，总之，应保留偶数。例如需将下列数修约为两位有效数字时，结果为：

0.205→　　0.20（因为 0 视为偶数，故 5 舍去）

0.315→　　0.32（因为 1 为奇数，故 5 进位）

0.325→　　0.32（因为 2 为偶数，故 5 舍去）

在有效数字修约时，还必须注意只能将原数字一次性修约到所需要的位数，而不能将原数字进行依次地连续修约。

4. 有效数字的运算规则

有效数字的运算规则主要指用有效数字进行加、减、乘、除运算时，有效数字的保留规则。

（1）加减法运算规则　几个有效数字相加或相减，其和或差的有效数字的位数，以参与运算的数字中小数点后位数最少的数字为准（即以绝对误差最大的数字为准）。

【例 1-3】　求 23.36、5.1201、3.05843 之和

解　在参与运算的三个有效数字中，23.36 小数点后的位数最少，仅为两位，绝对误差最大。因此三个数相加之和的有效数字的位数应以它为准，即保留到小数点后第 2 位。在相加之前，应先将其他两个数进行修约，修约到小数点后两位，然后再相加，即

$$23.36+5.12+3.06=31.54$$

【例 1-4】　求 21.25 与 3.206 之差

解　$21.25-3.206=21.25-3.21=18.04$

（2）乘除法运算规则　几个有效数字相乘或相除，其积或商的有效数字的位数，以参与运算的数字中有效数字位数最少的数字为准（即以相对误差最大的数字为准）。

【例 1-5】　求 5.42、0.12、2.1681 之积。

解　在相乘的三个数中，以 0.12 这个有效数字的位数最少（2 位），相对误差最大。因此三个数相乘之积的有效数字的位数应以它为准，即为 2 位。在相乘之前应先将其他两个有效数字进行修约，修约成两位有效数字，然后再相乘，其积保留相同的位数。即

① 修约　结果为 5.4、0.12、2.2

② 相乘　$5.4×0.12×2.2=1.4$

除法的运算和乘法一样，也是先找出参与运算的有效数字中位数最少的有效数字，以它的位数为准，对其他有效数字进行修约，然后再进行除法运算，其商保留同样的位数。

【例 1-6】　$4.05÷0.2501=4.05÷0.250=16.2$

（3）其他运算

① 在对数运算中，所取对数的位数应与真数的有效数字的位数相同。例如 lg143.7＝

2.1575，其中真数是四位有效数字，故对数也应取 4 位有效数字，即 2.1575，其中首位数 "2" 只起定位作用，它不是有效数字。

② 乘方、开方运算，其结果的有效数字的位数应与参与运算的有效数字的位数相同。如

$$121^2 = 146 \times 10^2 \qquad 6.72^2 = 45.1584 \approx 45.2$$

$$\sqrt{0.049} = 0.22$$

③ 所有计算式中的常数 π、e 的数值以及乘除因数如 $\sqrt{2}$ 等有效数字的位数，可以认为是无限的，计算过程中需几位就写几位。

在化工分析的计算中，对化学平衡的有关计算结果，习惯保留 2～3 位有效数字；相对误差和绝对误差保留 1～2 位有效数字；滴定分析和称量分析的结果一般保留 4 位有效数字；各种分析方法测量数据不足 4 位有效数字时，按最小的有效数字位数保留有效数字。

第五节　分析天平

化工分析中的定量分析几乎都涉及到物质的称量。称量所用的主要仪器是分析天平。分析天平是一种重要的精密仪器。

一、分析天平的分类

分析天平按工作原理分为杠杆天平（机械天平）和电子天平两大类。一般所说的分析天平是指最大载荷不超过 200g，具有较高灵敏度（分度值为 0.1～0.4mg）的杠杆天平。

其分类关系如下：

分析天平
- 电子天平
- 杠杆天平
  - 不等臂单盘天平——单盘减码式电光天平
  - 等臂双盘天平
    - 摆动天平
    - 阻尼天平
    - 电光天平
      - 半自动电光天平
      - 全自动电光天平

二、天平的称量原理

1. 等臂双盘杠杆天平称量原理

杠杆天平是根据物理学上的杠杆原理设计而成的天平。这种天平的横梁就是一个杠杆，横梁中心有个支点，支点两边的横梁可相等，也可以不相等。相等的叫等臂天平，不相等的叫不等臂天平。等臂天平的横梁两端各挂有一个盘，称量时，一个盘内放被称量物，一个盘内放砝码，当天平处于平衡状态时，说明被称量物的质量和砝码的质量相等。从砝码的质量即可得到被称量物的质量。

2. 不等臂单盘杠杆天平的称量原理

与等臂双盘杠杆天平不同的是，不等臂单盘杠杆天平横梁上支点两边的臂长不等，只有一个秤盘，而且砝码和秤盘处于支点一边同一个悬挂系统中。横梁上除一把作支点用的支点刀以外，还有一把承重刀。整个悬挂系统作用在承重刀上。支点刀的另一端装有一个配重砣和阻尼器，其质量和支点刀另一端的悬挂系统（包括秤盘及砝码）质量相等。空载时，天平处于平衡状态。称量时，在秤盘上加被称量物，天平不平衡，此时依次减去砝码，使天平重新恢复平衡，减去砝码的质量，即是被称量物的质量。因此，不等臂单盘电光天平，又称单

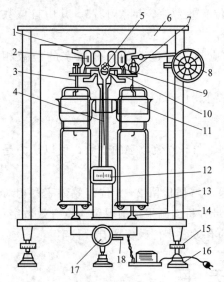

图 1-3 半自动等臂双盘电光天平结构示意图

1—天平梁；2—平衡调节螺丝；3—吊耳；
4—指针；5—支点刀；6—框罩；7—环码；
8—指数盘；9—支柱；10—托叶；11—阻
尼器；12—投影屏；13—秤盘；14—盘
托；15—天平足；16—垫脚；17—升降
旋钮；18—微动调节杆

盘减码式电光天平或双刀单盘电光天平。

上述杠杆天平，不管是等臂还是不等臂的，因其结构都有光学投影装置，所以都叫电光天平。

三、分析天平的结构和使用方法

电光天平中，一种是所有的砝码都由加码杆添加，这种天平叫全自动电光天平（A 型）；另一种是 1g 以上的砝码由人工添加，1g 以下的砝码由机械添加，这种天平叫半自动电光天平（B 型）。全自动电光天平砝码不易发生损坏，整体性能好，操作方便，但机械加码部分易发生损坏，使用不甚可靠，且价格高。所以，目前各用户广泛使用半自动电光天平。另外，由于不等臂单盘电光天平发展很快，称量方便，故也得到了一定的应用。

（一）半自动等臂双盘电光天平

半自动等臂双盘电光天平的构造如图 1-3 所示。

1. 构造

整个半自动双盘电光天平分为七个部分，即外框部分、立柱部分、横梁部分、悬挂系统、制动系统、光学读数装置和机械加码装置。

（1）外框部分　外框部分包括底板和框罩。底板一般用大理石或金属制成，主要起基座的稳定作用，同时也用于固定立柱、天平脚和制动器座架。底板下面有三只脚，后面一只固定，前面两只可以旋转升降以调节天平，使之处于水平位置。

（2）立柱部分　立柱垂直固定在天平底板的中央，主要起支撑横梁的作用。立柱是一根空心的金属柱，天平制动器的升降拉杆穿过空心孔带动大小翼翅板上下运动，起着制动作用。立柱上还装有阻尼器支架、气泡水准器、中刀承和翼翅板等部件。立柱及安装在其上的零件如图 1-4 所示。

（3）横梁部分　机械天平是根据杠杆原理制成的，而天平的横梁则是杠杆的主要部件。横梁一般用铝合金或铜-钛合金制成，这是因为这些材料具有质量轻、承重不变形、膨胀系数小、抗腐蚀等特殊性能。对于高精密的天平，横梁则用不锈钢或纯钛等高质量材料做成。整个横梁由主柱上的翼翅板托住，随翼翅板上下起落。天平横梁及安装在其上的主要零件如图 1-5 所示。

（4）悬挂系统　悬挂系统的主要作用是把被称量物品和砝码悬挂于天平横梁两端，它由吊耳、阻尼器和秤盘组成。

（5）制动系统　制动系统就是天平工作和休止的控制系统。它由开关、升降拉杆、托梁架、盘托和盘托翼翅板几个部分组成。

（6）光学读数装置　电光天平光学读数装置是对微分标尺进行光学放大以利读数的构件，如图 1-6 所示。它由一只小变压器把室内 220V 交流电降至 6～8V，供光源灯泡用。开启天平时，电源接通，灯泡发亮，灯光经聚光管聚光成为平行光束照射到微分标牌上。标牌上的该刻度经放大镜放大、反射再成像在投影屏上。投影屏的光幕是一块毛玻璃，中央有一

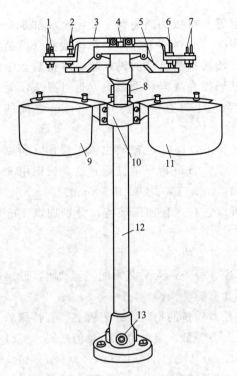

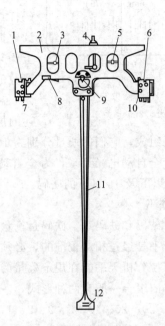

图 1-4 立柱及安装在其上的零件

1,7—托吊耳支柱螺丝；2,6—托横梁支柱螺丝；

3—大翼翅板；4—土字头；5—小翼翅板；8—气

泡水准器（立柱背后）；9,11—外阻尼筒；

10—阻尼器支架；12—立柱；13—通光孔

图 1-5 天平横梁及安装在其上的零件

1,6—承重刀（边刀）；2—横梁；3,5—平衡螺丝；

4—重心球；7,10—边刀盒；8—横梁小平板；

9—支点刀（中刀）；11—指针；12—微分标牌

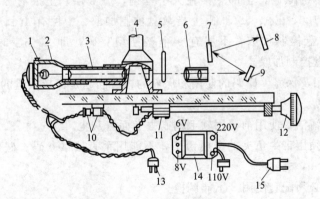

图 1-6 光学读数装置

1—灯座固定螺丝；2—照明筒；3—聚光管；4—立柱；5—微分标牌；6—放大镜筒；

7—二次反射镜；8—投影屏；9—一次反射镜；10—插头插座（连接弹簧开关）；11—弹簧开关；

12—天平开关；13—灯泡插头；14—变压器；15—电源插头

根用来确定零点和指示读数的竖直线。投影屏是活动的，由天平底座下的零点微调杆调节，可使之左右移动，以小范围地调节天平的零点。

微分标牌上有 $-10\sim0\sim+10$ mg 共 20 个大格，每一大格相当于 1mg。每一大格分为 10 小格，1 小格相当于 0.1mg。微分标牌放大的像在投影屏上可读出 0.1mg 的值。读取示例见图 1-7。

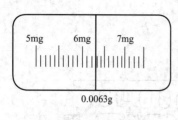

图 1-7　读数的方法

读数为 6.3mg 即为 0.0063g

（7）机械加码装置　机械加码装置主要由金属加承受架（骑放环码用）、加码杆（控制环码升降）和指数盘（控制加码杆）三部分组成。旋转指数盘，加码杆就可按指数盘上的读数把需加的环状砝码加在加码承受架上（也可以从承受架上钩起环码）。从指数盘上可直接读取 10～990mg 之间的任意数值。

对于半自动电光天平，1g 以上砝码由人工添加，所以上述的加码装置只用于添加 1mg 以下的砝码，这套砝码由 8 个环状砝码组成，它们的质量分别为 10、10、20、50、100、100、200 和 500mg。

对于全自动电光天平，为全自动机械加码，所以它有三套加码装置，分别加取 10g 以上，10g 以下及 1g 以下的砝码。

2. 砝码

（1）砝码和砝码组　砝码是衡量物质的质量标准。每一台天平必须配一套砝码，砝码和对应的天平是经过相对校准的，必须配套使用，不允许随便调换。

为了使分析天平能在规定称量的范围内称量出任意质量的物质，砝码就必须有特殊的组合。砝码的组合一般有两种形式，一种是"5、2、2、1"型，组合中各质量的砝码，克码有 100、50、20、20、10、5、2、2、1；毫克码有 500、200、200、100、50、20、20、10、5、2、2、1，另有两只用铂丝组成的 10mg 游码。另一种是"5、2、1、1"型。面值相同的砝码一般都附有不同的标记，以示区别。

半自动电光天平的砝码，1g 以上的装在砝码盒内；1g 以下的为环码悬挂在天平框内。盒内砝码一般采用"5、2、2、1"型组合；而环码一般采用"5、2、1、1"型组合。

全自动电光天平的砝码，全部悬挂在天平框内，分 3 层。上层有 8 个毫克码，即 10、10、20、50、100、100、200、500，由上指数盘控制加取；中层有 4 个鞍柱型克码，即 1、1、2、5，由中指数盘控制加取；下层有 9 个鞍柱型克码，即 5、5、5、5、10、10、50、50、50，由下指数盘控制加取。

（2）砝码的使用及保养　砝码的使用和保养的核心问题是保持质量的准确性。为此，使用时要注意下列各点。

① 保持砝码的清洁，使用前要用软毛刷刷去上面有灰尘。

② 取用砝码必须用带牛角夹的金属镊子，不能用手直接拿砝码。砝码和镊子用完后必须放回盒内。

③ 砝码和天平必须配套使用，不能调换。

④ 加减砝码的原则是"由大到小，折半加入"。

⑤ 旋转机械加码的指示盘时，不能用力过猛，动作要慢，逐挡转动，以防止环码跳落，互碰或变形。

⑥ 不能把砝码盒放在手中夹取砝码，而应放在天平台的右侧台面上。

⑦ 砝码要定期（一般一年一次）进行检定，以确定其是否超差。

3. 天平的使用方法

（1）使用前的检查　取下防尘罩，叠平，放在天平箱上。使用天平前，要检查天平是否清洁，是否水平。如不清洁，要用软毛刷扫掉灰尘；如不水平，则要调整天平底板下面的垫脚螺丝使之水平。还要检查吊耳、环码、横梁等是否安放正确，砝码是否齐备完整。

（2）测定和调整天平零点　天平的零点是指天平空载时指针所处的位置，也叫空载平衡点。

测定天平的零点用空载天平。先接通电源，关闭天平门，慢慢旋动天平的开关旋钮，开启天平，当天平处于平衡状态时，投影屏上的标线对准的微分标尺的刻度即为零点。一般要求投影屏上的标与微分标尺的刻度线重合或在 $\pm 0.2mg$ 的范围内。如达不到这个要求，则要调整天平的零点。如二者的差距在 5 个分度以上，则应小心调节横梁上的平衡螺丝（一般调横梁上左边的螺丝），如二者的差距在 5 个分度以下，则可拨动位于底座下面靠近开关旋钮的微动调节杆，移动投影屏的位置，使微分标尺上的零线对准投影屏上的标线。

（3）测定和调整天平灵敏度　天平的灵敏度是指天平的一个秤盘上增加 $1mg$ 质量时所引起指针偏移的程度，以格/mg 表示。电光天平的灵敏度较高，可达 10 格/mg，读数可准确到 $0.1mg$。天平的灵敏度不能过高，也不能过低。

使用天平前，必须先测定灵敏度。先开启天平，调节好零点，再在天平的左盘上放一个校准过的 $10mg$ 砝码或环码，再开启天平，观察天平的平衡点。此时，投影屏上标线所对准的微分标尺上的刻度值即为天平的灵敏度。如灵敏度不符合要求 [一般已使用的天平，要求灵敏度为 $(10+0.2)$ 格/mg，天平为 $(10+0.1)$ 格/mg] 则要调整。灵敏度过高时，可将横梁上的重心砣向下旋转；灵敏度过低时，可将重心向上旋转。旋转重心砣以后，必须重新调整零点，再调整灵敏度，直至二者都达到要求为止。

（4）使用天平称量的方法

① 打开天平左侧门，将被称物品放入天平左盘中央，关闭左侧门，估计被称物品大约质量（初学者可先在托盘天平上进行初称）。

② 打开天平右侧门，将稍大于被称物品质量的砝码放入右盘中央，进行试重。如指针未指向零点，说明天平不平衡（对电光天平，指针总是偏向轻盘，微分标尺总是向重盘方向移动）。这时，必须调换砝码。选取砝码的原则都是"由大到小，中间载取，逐级试验"。调换砝码时，须关闭天平。上述调换砝码的过程包括人工调换和机械加砝码调换两个过程。

③ 读数与记录，当上述过程完成后，应立即将称量所得的数据记录在记录本上，砝码的质量就是被称物的质量。这个质量包括大半右盘上克砝码的组合质量，指数盘外圈的百位毫克数，内圈的十位毫克数以及投影屏微分标尺上的毫克数之和。

④ 称量结束，关闭开关旋钮，取出砝码，将指数盘转至零位，取出称量物，切断电源，检查各部件是否回位，然后关好天平门，用布罩罩好天平。

（二）不等臂单盘电光天平

不等臂单盘电光天平性能比等臂双盘电光天平优越，称量方便，因此逐渐为用户选用，只是价格稍贵。

这种天平的特点是感量恒定，即灵敏度始终不变，不存在不等臂性误差，这是因为被称量物和砝码处在天平横梁支点的同一端，操作简便、快速，维修保养方便。

1. 构造

不等臂单盘电光天平的结构分为外框部分、起升部分、横梁部分、悬挂系统、光学读数装置和机械减码装置等六个部分，如图 1-8 所示。

（1）外框部分　主要包括框罩和底板。框罩包括天平顶盖、左右玻璃门等部分，主要起隔绝外界气流、保持温度稳定、防潮、防尘、取放被称物的作用。天平顶盖可向上举起而打开，上有隔开的小室和散热孔，以散去灯泡散发的热量，避免天平横梁因温度升高而变形。

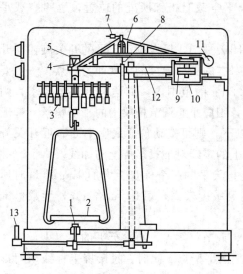

图 1-8　单盘减码式电光天平

1—盘托；2—秤盘；3—砝码；4—承重刀；5—吊耳；

6—感量调节螺丝；7—平衡调节螺丝；8—支点刀；

9—平衡锤；10—阻尼器；11—光学刻度标尺；

12—天平梁托架；13—升降旋钮

底板主要用于安装各种操作手钮和部件，如电源转换开关、停动手钮、零动手钮、微动手钮、减码手钮、减码读数窗口等，如图 1-9 所示。其中停动手钮左右各有一个，共同控制同一个停动轴，因此，从左右两边都可开关天平。底板下面有三个天平脚，脚上有减震套。前面两只脚可以调动，用于调整天平的水平（水准器位于底板前面），后一只脚固定。

（2）起升部分　起升部分的主要作用是支撑天平横梁和天平悬挂系统，实现天平的开关。转动停动手钮，可使天平开启，如朝操作者方向向前旋转 90°，则天平处于全开状态，此时横梁可在 0～100 分度范围内自由摆动；如反操作者方向向后旋动 30°，则天平处于半开状态，此时横梁可在 0～15 分度的范围内摆动。当天平处于半开状态时，用减码手钮进行减码操作，不会损伤天平刀口。

（3）横梁部分　是天平结构中的重要组成部分，横梁由刚性很好的硬铝合金制成。横梁上有很多部件，其中支点刀和承重力是用硬度和使用寿命比天然玛瑙更好的人造白宝石制成。横梁尾部是微分标尺。横梁上有配重砣，配重砣上方有阻尼片和阻尼筒，主要起平衡横梁的作用。横梁上垂直方向的螺丝是感应砣，它用于调节天平的灵敏度。横梁上水平方向的螺丝是平衡砣，用于调节天平的零点。

（4）悬挂系统　由下有承重刀垫的承重板、秤盘和砝码架几部分组成。砝码架槽中可承放 16 个柱型砝码，这 16 个砝码可组合成 99.9g 以内的任意质量数。为保证质量的稳定，砝码为整体结构。

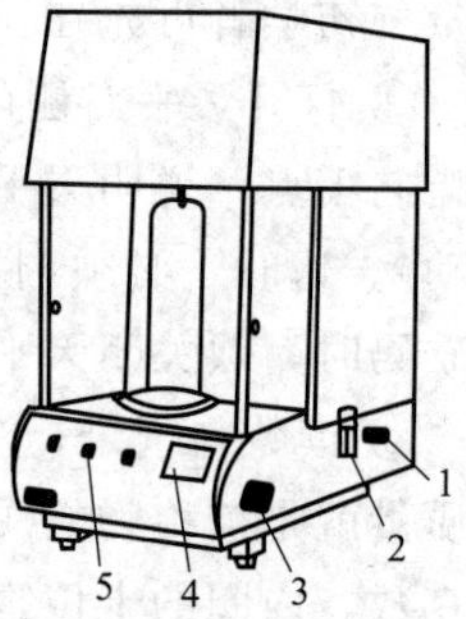

（5）光学读数装置　光学读数装置是将微分标尺进行放大，以便读数的装置。通过转动调零手钮和微读手钮，可以读出微分标尺上 1 分度（代表 1mg）的十分之一（代表 0.1mg）的数值。

（6）机械减码装置　机械减码装置由三个减码手钮及其控制的三组不同几何形状的凸轮组成。转动减码手钮，凸轮带动减码杆起落，托起砝码，实现减码操作，同时，在减码数字窗口显示出减去砝码的质量。

图 1-9　DT-100 型单盘
电光天平外形图

1—零动手钮；2—停动手钮；

3—微动手钮；4—光幕-微读
数字窗口；5—减码读数窗口

2. 使用方法

（1）使用前的检查和调整

a. 检查和调整水平　检查天平的整体状态是否良好，是否水平。如天平未处于水平状态，可通过调整底板下的螺丝脚使之水平。

b. 检查和调整零点　将各数字窗口及微读手钮指数调为零，将电源转换开关向上拨，把停动手钮向操作者方向缓慢匀速旋转 90°，使天平处于全开启状态。待天平横梁停止摆动，状态稳定后，转动调零手钮，使投影屏上微分标尺的"0"刻线位于双黑线正中位置。

（2）称量

在天平关闭的状态下，将称量物放在秤盘中央。然后将停动手钮向后转动 30°，使天平处于"半开"状态，再转动减码手钮进行减码操作。减码也遵循"由大到小，逐级试验"的原则，即先依次转动 10～90g 的大手钮，然后再转动 1～9g 的中手钮和 0.1～0.9g 的小手钮。转动减码手钮时，如投影屏上的微分标尺向负数移动（此时负数夹入黑线之间），表示砝码值过大（即砝码值大于被称物质量），应退回一个数，接着调整中手钮和小手钮；如投影屏上的微分标尺向正数移动（此时正数夹入双黑线之间），表示砝码值过小（即砝码值小于被称物质量）。

例如称量某一物体的质量时，先把大手钮由 10g 转到 20g，若此时投影屏上的微分标尺上的负数夹入双黑线之间，表示砝码值过大，应退回一个数，将大手钮转回到 10g，若此时微分标尺上的正数夹入双黑线之间，表示砝码比被称物体的质量小。由此，可以判定被称物体的质量在 10～20g 之间。接着按上述操作转动中手钮和小手钮，若当减码手钮放在 16.42 时正好合适，则关闭天平。然后再将停动手钮向操作者方向缓慢旋转 90°，

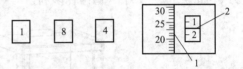

图 1-10　DT-100 型单盘电光天平读数器
1—黑双线；2—游标估计读数

使天平处于"全开"状态，此时天平横梁摆动，待摆动停止，若微分标尺移动停止在 22～23mg 之间时，转动微读手钮，使 22 刻度线夹入黑双线，此时微读数为 1.5（如图 1-10 所示），则被称物体的质量为 16.42215g。根据有效数字的取舍原则，可写为 16.4222g。

称量结束后，转动停动手钮至垂直位置，关闭天平，将减码数字窗口和微读数字窗口的数字调节到"0"位。取出称量物，切断电源，罩好天平罩，作好有关检查后，方可离开天平室。

四、分析天平的使用规则

（1）根据称量要求的精度和被称物体的质量，选择具有适当分度值和载荷的天平进行称量，被称物的质量不得超过天平的最大载荷。

常量分析一般采用分度值为 0.1～0.4mg，最大载荷为 100～200g 的一般分析天平。

（2）天平框内应放置干燥剂，以保持天平的干燥。常用的干燥剂是变色硅胶，变色硅胶应定期烘干。不能用浓 H_2SO_4 等有腐蚀性的物质作干燥剂。

（3）使用双盘电光天平时，应由左边侧门取放被称量物，由右边侧门加减砝码。关门要轻，以免天平位置发生移动。精密读数前，要关好所有的天平门，以免气流对读数的影响。

（4）加减各种砝码以及取放被称物时，都必须关闭天平门，使横梁托起，以减小对玛瑙刀口的磨损。严禁在天平开启时加减砝码，开启和关闭天平都要轻、慢。

（5）被称物不能直接放在秤盘上进行称量，而只能在干燥清洁的称量瓶、坩埚或表面皿里进行称量。对于具有腐蚀性、吸湿性和挥发性的样品，必须盛在称量瓶或其他密闭容器中进行称量。

（6）同一个实验的称量操作必须用同一台分析天平和与其配套的砝码完成，不能中途换天平。

（7）不能将过冷、过热的物品放入天平里称量。

（8）称量物和砝码必须放在秤盘中央，避免秤盘左右摆动。

五、电子天平

随着生产和科学技术的发展，人们对天平的称量速度和称量精度提出了更高的要求，电子天平是近年来发展迅速的一种，它具有操作简便、称量速度快、准确度高等优点。同时具有数字显示、自动调零、自动校准、扣除皮重、输出打印等功能。

1. 种类和规格

电子天平种类很多，除国产的各种型号的电子天平外，目前国内常用的还有德国赛多利斯 BS/BT224S、BS/BT124S 型、日本岛津 AEO-220 型、瑞士梅特勒-托利多 AE220 型、GB303 型等多种类型。电子天平的规格品种齐全，最大载荷从几十克到几千克，最小分度值可至 0.001mg。一般分析测试中所用电子天平的最大称量值为 100g 或 200g，最小分度值为 0.1mg。电子天平（德国赛多利斯 BS/BT224S 型）的结构示意见图 1-11。

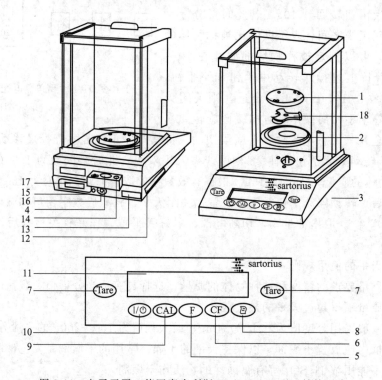

图 1-11　电子天平（德国赛多利斯 BS/BT224S 型）结构示意

1—秤盘；2—屏蔽环；3—地脚螺栓；4—水平仪；5—功能键；6—CF 清除键；7—除皮键；8—打印键（数据输出）；

9—调校键；10—开关键；11—显示器；12—CMC 标签；13—具有 CE 标记的型号牌；14—防盗装置；

15—菜单-去联锁开关；16—电源接口；17—数据接口；18—秤盘支架

2. 工作原理

尽管各种电子天平的控制方式和电路结构各种各样，但其称量的依据都是电磁力平衡原理。线圈内有电流通过，产生一个向上的电磁力，当磁场强度不变时，力的大小与通过线圈的电流强度成正比。由于物品的重力方向向下，电磁力方向与之相反，大小相等，从而达到平衡，因此通过导线的电流与被称量物品的质量成正比。位移传感器处于预定的中心位置，秤盘上物品通过放大器改变线圈的电流直至线圈回到中心位置为止，通过数字显示出物品的质量。

3. 电子天平简易操作程序

（1）调水平　调整地脚螺栓高度，使水平仪内空气气泡位于圆环中央。

（2）开机　接通电源，按开关键，直至全屏自检。

（3）预热　天平在初次接通电源或长时间断电后，至少需要预热 30min。为取得理想的测量结果，天平应保持在待机状态。

（4）校正　首次使用天平必须进行校正，按校正键 CAL，BS 系列电子天平将显示所需校正砝码质量，放上砝码直至出现 g，校正结束。BT 系列电子天平自动进行内部校准直至出现 g，校正结束。

（5）称量　使用除皮键 Tare，除皮清零。放置样品进行称量。

（6）关机　天平应一直保持通电状态（24 小时），不使用时将开关键关至待机状态，使天平保持保温状态，可延长天平使用寿命。

4. 称量操作

使用除皮键 Tare，除皮清零，显示"0.0000"后，将被称物品轻轻放在秤盘中央，关好边门。显示器上的数字不断变化，当显示数字稳定时，可以读数。取下被称物，关上边门，当画面显示"0.0000"时，可开始下一次称量。称量完毕，按 ON/OFF 键，天平处于暖机状态。若一个月以上不用时，需切断电源。

5. 使用注意事项

（1）天平使用电源必须是 220V 交流电，用户必须保证天平电源有良好的接地线。

（2）天平应放于无振动、无气流、无热辐射及不含有腐蚀性气体的环境中。

（3）天平操作台使用水泥台或其他防震的工作台。

（4）天平开机后需预热 30～60min。

六、试样的称量方法

在分析工作中，试样的称量是分析结果准确度的基础。常用的称量方法有直接称样法、指定质量称样法和递减称样法。

1. 直接称样法

此法适于称洁净干燥的器皿及在空气中不吸湿的样品和试剂，如金属和合金等。

称试剂时，先测定并调节好天平的零点；在已知质量的、清洁而干燥的表面皿或硫酸纸上放入被称样品或试剂并放在天平的秤盘上；按天平称量操作程序称取样品或试剂的质量；最后将称量物质全部转入接受容器中。

在直接称样法中，一般要事先用粗天平对样品或试剂进行粗称，称出物品的大致质量后，再用分析天平称出准确质量。

2. 指定质量称样法

此法适于称量指定质量的不与空气中各组分发生作用、不吸湿、性质稳定的粉末状物质，而不适于称量块状物质。如在分析中用基准物质配制标准溶液时，就常用这种称量法准确称量一定量的基准物质。另外，在例行分析中也常用此法称取指定质量的样品。

称量（以双盘电光天平为例）时，先调节好天平的零点。用金属镊子将干燥、洁净的深凹型表面皿（一般直径为 6cm）（或扁形称量瓶、小烧杯）放在天平的左盘上，在右盘上加砝码使之达到平衡，关闭天平。再在右盘上添加约等于所称试样质量的砝码（一般准确至 10mg 即可），然后用药匙向左盘的表面皿内逐渐加入试样，半开天平，进行试重，到所加试样只差约 10mg 以下时，便可开启天平。此时，左手拇指、中指和掌心持稳盛有试样的药匙，伸向称量容器中心上方约 2～3cm 处，以食指轻弹匙柄（或摩擦），让试样缓慢抖入表面皿内。操作时必须十分小心，眼睛既要注视药匙，又要注视微分标尺，当微分标尺正好移动到需要的刻度时，立即停止加入试样。如不小心多加了试样，应立即关闭天平，用药匙取出多余试样（注意加、取试样决不能散落在秤盘上）。再重复上述操作，直至称出的试样符合要求为止。最后，取出表面皿，将试样全部直接转入接受容器中，粘在表面皿上的粉末，可用蒸馏水吹入接受容器中。

3. 递减称样法

此法是最重要的一种称样方法，在平行测量几份试样时，用此法称样最为方便。如连续称取多份易吸水或易氧化及易与 CO_2 反应的物质。其基本要点是被称试样的量由两次称量之差值求得。

操作（以称取三份，每份质量为 0.6～0.7g 的样品为例）时，用手拿住干燥器中表面皿的边沿，连同放在表面皿上的称量瓶一并取出。用小纸片夹住称量瓶的瓶盖柄，揭开瓶盖，用药匙将大约 2g 的试样加入称量瓶中，盖上瓶盖。用 1cm 宽的清洁纸条套在称量瓶上，左手拿住纸条尾部［见图 1-12(a)］，把称量瓶放在天平左盘中央（也可用干净的纸制或细纱手套拿称量瓶），准确称出盛有试样的称量瓶的质量（准确至 0.1mg），记下称量的数据。

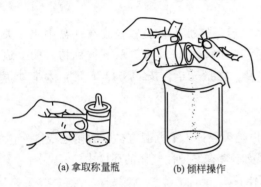

(a) 拿取称量瓶   (b) 倾样操作

图 1-12 递减称样法操作

然后，左手仍用原纸条将称量瓶从天平左盘上取下，并移动到准备盛样品的接受容器的上方，右手用纸片夹住称量瓶盖的盖柄揭开称量瓶盖，但不离开容器上方。此时，将称量瓶慢慢向下倾斜，试样移向瓶口，再用右手夹持瓶盖轻轻敲打称量瓶的上内沿，一面转动称量瓶使试样慢慢倒入容器中［见图 1-12(b)］，当倒入的试样量达总量的 1/3 时，一边继续用称量瓶盖轻敲瓶口，一边将称量瓶慢慢竖直，使粘在瓶口的试样落入接受容器或称量瓶底，盖好瓶盖。将称量瓶放回天平左盘，取出纸条，准确称其质量（准确至 0.1mg），记下第二次称量数据。将第一次称量数据减去第二次称量数据，即得倒入容器的第一份试样质量。

按照同样的方法可称出第二、第三份试样的质量，总共称量四次。称量数据按下列表格式样进行记录。

（称量瓶＋样品）质量/g(一)	（称量瓶＋样品）质量/g(二)	（称量瓶＋样品）质量/g(三)
第一次倒出后（称量瓶＋样品）质量/g	第二次倒出后（称量瓶＋样品）质量/g	第三次倒出后（称量瓶＋样品）质量/g
第一份样品质量/g	第二份样品质量/g	第三份样品质量/g

本 章 提 要

一、化工分析的任务

对化工生产中的原料、中间产物、产品以及辅助材料、副产品、燃料、工业用水"三废”等进行定量分析。

二、化工分析的方法分类

按分析的原理和使用仪器的不同，分为化学分析和仪器分析两大类。

1. 化学分析

对物质的化学组成进行以化学反应为基础的定性的或定量的分析方法，又分为称量分析法、滴定分析法和气体分析法。

（1）称量分析法 通过称量操作，测定试样中待测组分质量，以确定其含量的分析方法。

（2）滴定分析法 通过滴定操作根据所需滴定剂的体积和浓度，以确定试样中待测组分含量的一种分析方法。该法又分为酸碱滴定法、氧化还原滴定法、沉淀滴定法、配位滴定法。

（3）气体分析法 以气体物质为分析对象的方法。

2. 仪器分析

使用光、电、电磁、热、放射能等测量仪器进行的分析方法。

根据测定原理和测定仪器的不同，此法又分为光学分析法、电光学分析法、色谱分析法、质谱分析法。

三、试样的采取、制备和分解

1. 采样

从总体中取出有代表性的试样的操作。

2. 试样

用于进行分析以便提供能代表该总体特征量值的少量物质。

3. 固体试样的采取

先采“粗样”，然后进行破碎、过筛、混合、缩分得到分析试样。缩分一般采用“四分法”。

4. 固体试样的分解方法

（1）溶解法 将试样溶解在一定的溶剂中形成溶液的试样分析方法。按溶剂不同，又分为水溶法、酸溶法、碱溶法、有机溶剂溶解法。

（2）熔融法 将固体试样与固体熔剂混合，在高温下进行复分解反应，使试样中的全部组分转化为溶于水或酸的化合物的试样分解方法。按熔剂不同，又分为酸熔法、碱熔法。

四、误差和偏差

1. 误差

测定值与真实值之差值。它表示分析结果准确度的高低。误差的表示方法有两种，即

$$绝对误差(E_a)=测定值-真实值=x_i-\bar{x}$$

$$相对误差(E_r)=\frac{绝对误差}{真实值}\times100\%=\frac{E_a}{\bar{x}}\times100\%$$

误差有正、负之分。误差按产生的原因分为系统误差和随机误差。系统误差又分为仪器误差、试剂误差、方法误差、操作误差和环境误差等。

2. 偏差

对同一样品进行多次重复测定时，某次测定值与各次测得值的算术平均值之间的差值。它表示分析结果精密度的高低。偏差的表示方法有两种，即

$$绝对偏差(d_i)=某次的测定值-算术平均值=x_i-\bar{x}$$

$$相对偏差(d_i\%) = \frac{绝对误差}{算术平均值} \times 100\% = \frac{d_i}{\bar{x}} \times 100\%$$

上述两种偏差均有正、负之分。

五、有效数字

1. 有效数字

分析测定中实际能测量到的数字，它是除最末一位数不准确外其余位数都是准确的数字。

2. 分析数据中"零"的作用

具体数字前面的"零"只起定位作用；具体数字中间或后面的"零"起有效数字的作用。

3. 有效数字的修约规则

"四舍六入五成双"，即当尾数小于或等于 4 时，舍去；当尾数大于或等于 6 时，向左进一位；当尾数等于 5 时，5 后有数就进 1，5 后没有数时，看单双。

4. 有效数字的运算规则

(1) 加减法运算规则 几个有效数字相加或相减，其和或差的有效数字的位数，以参与运算的数字中小数点后位数最少的数字为准。

(2) 乘除法运算规则 几个有效数字相乘或相除，其积或商的有效数字的位数，以参与运算的数字中有效数字位数最少的数字为准。

六、分析天平

1. 半自动等臂双盘电光天平的构造和使用

2. 不等臂单盘电光天平的构造和使用

3. 电子天平的结构和使用

4. 试样的称量法

(1) 直接称样法（着重称样操作过程）

(2) 指定质量称样法（着重称样操作过程）

(3) 递减称样法（着重称样操作过程）

※实验 1-1　半自动双盘电光天平的使用及直接称样法练习

一、实验目的

1. 熟悉天平各部件的名称和作用。

2. 掌握半自动双盘电光天平零点和灵敏度的测定方法。

3. 掌握直接称样法的操作，准确称量样品。

二、仪器与器材

半自动双盘电光天平　　　　　　　　50mL 小烧杯

称量瓶　　　　　　　　　　　　　　表面皿（直径 6cm）

坩埚　　　　　　　　　　　　　　　铜片

托盘天平

三、练习内容

1. 检查天平

(1) 检查天平的横梁、吊耳、秤盘、环码等部件是否处于正常位置，指数盘内外圈是否对准零位。

（2）检查天平秤盘、底板等部件是否清洁，硅胶是否呈蓝色，砝码是否齐全、对号。若秤盘和底板有灰尘或污物，应清除干净；若硅胶呈粉红色，应予以更换。

（3）检查天平是否处于水平位置。若水准气泡不在圆圈的中心，可通过调整两个垫脚螺丝将水准器气泡调到圆圈的中心。

2. 熟悉天平的构造和砝码组合

（1）对照实物熟悉天平各部件的名称、作用以及所处的位置。

（2）打开砝码盒，认识砝码，熟悉砝码的质量及在砝码盒内的正确位置。了解砝码的组合形式。熟悉指数盘上的读数及用指数盘加减砝码的方法。

（3）接通电源，轻轻地旋动旋钮，开启天平，观察天平指针的摆动情况，投影屏上微分标尺的移动情况和大小分度值。

3. 测定天平的零点

接通电源，关闭天平门，旋动开关旋钮，慢慢启动天平，若微分标尺上的零线恰好与投影屏上的标线重合或者零点在 $\pm 0.2mg$ 范围内，可记录零点的读数。重复测定 2～3 次，取平均值。若投影屏上的标线与微分标尺上的零线不重合，零点也不在 $\pm 0.2mg$ 范围内，则应根据零点相差大小，分别调整平衡螺丝或零点微调杆，直至微分标尺上的零线对准投影屏上的标线，或零点在 $\pm 0.2mg$ 范围内为止。

4. 测定天平灵敏度

测定并调整好天平的零点后，在天平的左盘上放一个校准过的 10mg 砝码（或游码），开启天平，测定其平衡点。零点和平衡点之差，即为空载天平的灵敏度。若微分标尺移至 98～102 个分度范围内，即灵敏度在（10 ± 0.2）格/mg 之间，可记录灵敏度读数。重复测定 2～3 次，取其平均值。若天平的灵敏度不在（10 ± 0.2）格/mg 范围内，应用重心砣进行调整，使之符合要求。调整灵敏度后，必须重新测定和调整零点，然后再复测灵敏度，如此反复操作，直到灵敏度和零点都符合要求为止。

5. 直接称样法练习

（1）调节好托盘天平的零点，用金属镊子将清洁干燥的表面皿放到托盘天平的左盘上，在右盘上加上适当的砝码使之平衡，称出表面皿的质量。再用金属镊子将铜片放在表面皿上，称出表面皿与铜片的总质量，准确至 0.1g。

（2）用镊子将表面皿夹放到已测定并调节好零点的分析天平左盘上，精确称量表面皿的质量。然后再用镊子将铜片放在表面皿上，精确称量表面皿和铜片的总质量（精确至 0.1mg）。两次质量之差，即为铜片的质量。

四、原始记录和数据处理

天平编号_____ 测定日期_____

1. 天平空载时灵敏度的测定

次数	1	2	3	平均值
零点	+0.1	+0.1	0.0	+0.1
平衡点（10mg）	+0.1	+10.0	+10.1	+10.1
空载灵敏度	10.1－0.1/10.0 格/mg			
空载分度值	0.1mg/格			

2. 表面皿质量/g（称量练习）

次数	1	2	3	平均值
零点				
平衡点				
砝码质量①				
表面皿质量②				

① 砝码质量为大的砝码质量＋小的砝码质量（依次相加）

② 表面皿质量＝砝码质量＋平衡点平均值－零点平均值

3. 直接称样法

表面皿粗称质量/g	
（表面皿＋铜片）粗称质量/g	
表面皿精确质量/g	
（表面皿＋铜片）精确质量/g	
铜片的精确质量/g①	

① 铜片精确质量＝（表面皿＋铜片）精确质量－表面皿精确质量

实验 1-2　不等臂单盘电光天平的使用和递减称样法练习

一、实验目的

1. 熟悉不等臂天平的构造，学会不等臂单盘电光天平零点的测定。

2. 掌握递减称样法的操作，学会用该法称量样品。

二、仪器与试剂

不等臂单盘电光天平　　　　　　　　坩埚

托盘天平　　　　　　　　　　　　　50mL 烧杯

称量瓶　　　　　　　　　　　　　　碳酸钠（固）

三、练习内容

1. 检查天平

（1）检查天平的吊耳、秤盘、砝码等部件是否处在正常位置。

（2）检查天平的秤盘、底板及其他部件是否清洁，若有灰尘或污物，应清除干净。

（3）检查天平是否处于水平位置，必要时应用底脚螺丝进行调整。

（4）将减码数字窗口和微读数字窗口的数字调节到"零"位。

2. 熟悉天平的构造

（1）对照实物指出天平各部件的名称、作用及所处正确位置。

（2）指出天平底部面板上各操作手钮及其他控制部件的名称、性能、位置及操作方法。

（3）接通电源，开启天平，观察投影屏上微分标尺的移动情况，熟悉微分标尺的读数。

3. 测定天平的零点

开启天平，测定天平的零点，使投影屏微分标尺上的"0"刻线位于黑双线中间正中位置。

4. 称量操作练习

（1）测定并调节天平的零点，重复 2～3 次，取平均值。

（2）在天平关闭的情况下，将称量瓶放在秤盘中央，将停动手钮向后旋转 30°，在天平"半开"的情况下进行减码，按使用规则和称量操作程序测定天平的平衡点，重复 2～3 次，取平均值。

（3）计算称量瓶质量，精确至 0.1mg。

5. 递减法称量样品

（1）手戴细纱手套或用纸带取一洁净干燥的称量瓶，放在已处理干净的托盘天平的秤盘上，称其质量，精确至 0.1g。然后用药匙加入约 1g 固体 Na_2CO_3 粉末，再放在托盘天平上粗称其质量。

（2）将盛有样品 Na_2CO_3 的称量瓶移置分析天平上，精确称其质量，准确至 0.1mg。

（3）按递减称样法操作程序，将样品 Na_2CO_3 分为三份分别倾入三个洁净干燥的小烧杯中，测定倾出样品的质量，并及时记录数据。

四、原始记录和数据处理

天平编码＿＿＿＿＿＿　　　　测定日期＿＿＿＿＿＿

1. 称量瓶的质量/g

次数	1	2	3	平均值
零点				
平衡点				
砝码质量				
称量瓶质量				

2. 样品（Na_2CO_3）的质量

样品号	称量瓶与样品质量/g	倾出样品后质量/g	样品质量/g

实验 1-3　电子天平的使用及称量方法的练习

一、实验目的

1. 了解电子天平称量原理及结构。

2. 掌握电子天平称量顺序。

3. 掌握称量的三种方法。

二、仪器与试剂

电子天平（德国赛多利斯 BS/BT224S 型）　一台　　　表面皿　　　　　　　　　　　　　　一个

小烧杯　　50mL 或 100mL　　　　　一个　　　试样（可用干燥后的 60 目河沙代替练习）

锥形瓶　　250mL　　　　　　　　　三个

三、练习内容

1. 了解电子天平结构、型号、规格及使用注意事项

2. 掌握电子天平简易操作程序

调水平→开机→预热→校准→称量→关机。

3. 称量方法练习（已完成以上操作程序到称量开始的）

（1）直接称量法

① 将一小烧杯放入秤盘中央，关好边门，当显示稳定数字时，即可读数，并做好记录。

② 取下小烧杯，当显示"0.0000"时，再放入一称量瓶，当显示稳定数字时，即可读数，并做好记录。

③ 重复以上操作，称表面皿的质量。

数据记录

称量物品	小烧杯	称量瓶	表面皿
质量/g			

（2）指定质量称量法

① 取一小烧杯称量后，按 Tare（除皮）键，显示"0.0000"。

② 用倾样操作从称量瓶中加 0.6～0.65g 试样于小烧杯内。

③ 称小烧杯重，显示出的是加入试样的质量，并做好记录。

数据记录

试样名称	河沙
质量/g	

（3）递减法称重

① 取一盛有试样的称量瓶称重后，按 Tare（除皮）键，显示"0.0000"。

② 用倾样操作从称量瓶中取 0.3～0.4g 试样于 1 号锥形瓶中，然后称称量瓶重，显示出 1 号试样的质量（已递减后的质量）并做好记录。

③ 按 Tare（除皮）键，重复第②步操作，可分别称取出 2、3 号试样的质量。

数据记录

试样编号	1	2	3
质量/g			

第二章 滴定分析法总论

第一节 概　　述

一、滴定分析法基本概念

滴定分析法是通过滴定操作，根据所需标准溶液的体积和浓度，以确定试样中待测组分含量的一种分析方法。

滴定分析法中，将标准溶液通过滴定管滴加到待测物质溶液中，直至化学反应按化学计量关系恰好完成为止的操作称为"滴定"。用基准物质标定或配制的已知浓度的溶液称作"标准溶液"或"滴定剂"。

在滴定过程中，当标准溶液的物质的量与待测组分的物质的量恰好符合化学反应式所表示的化学计量关系时，称为反应到达了"化学计量点"或"理论终点"。进行滴定操作时，总是希望滴定反应刚好到达化学计量点时停止滴定，因此如何准确地确定化学计量点就成为滴定分析中的一个重要问题。实际操作时，化学计量点一般是在试样溶液中加入指示剂来判断，有时也用终点指示器来判断。指示剂是指在滴定过程中，为判断试样的化学反应程度本身能改变颜色或具其他特有性质的试剂。用指示剂或终点指示器判断滴定过程中化学反应终了时的点称作"终点"或"滴定终点"。由于化学计量点是理论上的反应终点，它与滴定终点不可能恰好完全重合，两者之间存在一个很小的差距，由此而引入的误差称为"终点误差"或"滴定误差"。终点误差的大小，决定于指示剂的性质和用量。因此，为了减小误差，提高分析的准确度，就需要选择适当的指示剂，使滴定终点尽可能接近化学计量点。

二、滴定分析法的分类

根据分析过程所利用的反应类型不同，滴定分析法可以分为四类：酸碱滴定法、配位滴定法、沉淀滴定法、氧化还原滴定法。

1. 酸碱滴定法

利用酸碱之间质子传递反应进行的滴定分析法。从反应类型看，就是酸碱中和反应，反应实质是质子的传递。基本反应为

$$H^+ + OH^- \longrightarrow H_2O$$

或

$$H_3O^+ + OH^- \longrightarrow 2H_2O$$

酸碱滴定法所用的标准溶液是强酸（HCl、H_2SO_4 等）或强碱（$NaOH$、KOH 等）。用碱标准溶液可以测定各种能给出质子的物质，如强酸、弱酸和两性物质等；用酸标准溶液可以测定各种能接受质子的物质，如强碱、弱碱和两性物质。

2. 配位滴定法

利用配合物的形成及解离反应进行的滴定分析法。目前应用最广的是利用金属离子（M^{n+}）与配位体 EDTA（y^{4-}）形成 $1:1$ 稳定配合物的 EDTA 滴定法。基本反应是：

$$M^{n+} + y^{4-} \Longleftrightarrow My^{n-4}$$

随着新指示剂的不断合成，目前用 EDTA 作标准溶液，可以测定的金属离子已达数十种之多，常见的离子如 Ca^{2+}、Mg^{2+}、Zn^{2+}、Pb^{2+}、Al^{3+}、Ni^{2+}、Sn^{2+}、Co^{2+}、Fe^{3+}、Fe^{2+}、Cu^{2+} 等都可以用 EDTA 法进行测定。

3. 沉淀滴定法

利用沉淀的产生和消失进行的滴定分析法。目前应用最广的是以生成难溶银盐的反应进行沉淀滴定的方法，称"银量法"。用银量法可以测定 Cl^-、Br^-、I^-、CN^-、SCN^- 和 Ag^+ 等离子。基本反应是：

$$Ag^+ + X^- \longrightarrow AgX \downarrow$$
$$Ag^+ + SCN^- \longrightarrow AgSCN \downarrow$$

根据确定终点时选用的指示剂不同，银量法又分为莫尔法、佛尔哈德法、法扬司法。

4. 氧化还原滴定法

利用氧化还原反应进行的滴定分析法。氧化还原滴定法的实质是氧化剂和还原剂在水溶液中进行电子转移。这种滴定分析法通常用强氧化剂或较强的还原剂作标准溶液，来测定多种具有还原性或氧化性的物质。

氧化还原滴定法根据使用的标准溶液不同，又分为高锰酸钾法、重铬酸钾法、碘量法、溴量法、铈量法等。如高锰酸钾法滴定过氧化氢的反应为：

$$2MnO_4^- + 5H_2O_2 + 6H^+ \longrightarrow 2Mn^{2+} + 8H_2O + 5O_2 \uparrow$$

前面介绍的各种滴定分析方法各有其优点和适用范围，在进行分析时，应根据被测物质的性质、含量、试样的组分和对分析结果准确度的要求等，选用适当的测定方法。

三、滴定分析法的特点及其对化学反应的要求

滴定分析法通常用于常量分析，即对称样在 0.1g 以上或相对含量大于 1‰ 的试样进行的分析。在适当条件下该法准确度较高，测定结果的相对误差一般在 2×10^{-3} 左右，所用的仪器设备简单、操作过程也较简便，因而应用范围广泛。是化工分析中最常用的方法之一。

滴定分析法以化学反应为基础，利用化学反应来确定试样中有关组分的含量。实际应用中，并不是所有的化学反应都能够应用于滴定分析，适用于滴定分析的化学反应必须符合下列要求：

（1）反应必须按方程式定量地进行，无副反应，反应完全程度要求达到 99.9％以上。

（2）反应必须迅速完成，对反应速率较慢的，可通过改变反应条件来加快反应。

（3）反应不受共存物质的干扰，或有干扰但能通过一定的方法消除干扰。

（4）有比较简便可靠的方法确定滴定终点。

第二节 物质的量和等物质的量反应规则

一、物质的量（n）

"物质的量"是国际单位制（SI）的基本量之一（见表 2-1）。它与基本单元粒子数成正比，是描述一系统中给定基本单元的一个量，也是分析化学中使用最多的最基本的量。表示物质的量的符号是 n，单位名称是摩尔。

表 2-1 国际制基本单位

基本物理量	单位名称	单位符号	基本物理量	单位名称	单位符号
长度	米	m	热力学温度	开[尔文]	K
质量	千克（公斤）	kg	发光强度	坎[德拉]	cd
时间	秒	s	物质的量	摩[尔]	mol
电流强度	安[培]	A			

"摩尔"是物质的量的单位，用符号 mol 表示。它是一系统的物质的量，该系统中包含的基本单元数与 0.012kg（即 12g）碳-12 的原子数目相等，0.012kg 碳-12 所含的碳原子数目就是阿伏加德罗常数，即 6.02×10^{23} 个微粒。当某物质 B 的基本单元数和 0.012kg 碳-12 的原子数目相等时，则物质 B 的物质的量 n_B 就是 1mol。若某物质 B 的基本单元数与 0.024kg 碳-12 的原子数目相等，物质 B 的物质的量 n_B 就是 2mol。因此任何物质只要它含有 6.02×10^{23} 个基本单元，则它的物质的量即为 1mol，或 1mol 任何物质都含有 6.02×10^{23} 个基本单元。例如：

1mol O_2 含有 6.02×10^{23} 个氧分子；

1mol H 含有 6.02×10^{23} 个氢原子；

1mol H^+ 含有 6.02×10^{23} 个氢离子；

2mol CO_2 含有 $2 \times 6.02 \times 10^{23}$ 个二氧化碳分子；

3mol $\frac{1}{2}H_2SO_4$ 含有 $3 \times 6.02 \times 10^{23}$ 个 $\frac{1}{2}H_2SO_4$ 基本单元。

使用摩尔（mol）这一单位时，应指明物质的基本单元（在化学反应中进行有关计算时物质的基本单元的确定，将在本节中的"物质的量浓度"介绍）。基本单元是指组成物质的任何自然存在的原子、分子、离子、电子、光子等一切物质的粒子，也可以是按需要人为地将它们进行分割或组合，而实际上并不存在的个体或单元（即特定组合）。例如：氧原子（O）、氢分子（H_2）、Cu^{2+}、$\frac{1}{2}H_2O_2$、$\frac{1}{2}H_2SO_4$、$\frac{1}{3}H_3PO_4$、$\frac{1}{5}KMnO_4$、$\frac{1}{6}K_2Cr_2O_7$ 等。

用摩尔表示物质的量时，可采用等式的形式，将代表基本单元的符号写在与物质的量符号齐线的括弧内。例如：$n(H) = 2mol$、$n(H^+) = 2mol$、$n(H_2O) = 1mol$、$n\left(\frac{1}{2}H_2O_2\right) = 1mol$、$n\left(\frac{1}{3}H_3PO_4\right) = 1mol$、$n\left(\frac{1}{2}H_2SO_4\right) = 2mol$、$n(Fe) = 1mol$、$n\left(\frac{1}{2}Fe_2O_3\right) = 1mol$、$n\left(\frac{1}{5}KMnO_4\right) = 3mol$、$n\left(\frac{1}{6}K_2Cr_2O_7\right) = 3mol$ 等。

二、物质的量的有关导出量

1. 物质的摩尔质量（M）

一系统中某给定基本单元的摩尔质量 M 等于其总质量 m 与其物质的量 n 之比。符号是 M，单位为千克每摩尔（kg/mol），化工分析中常用克每摩尔（g/mol）。

$$M_B = \frac{m}{n_B}$$

在具体使用摩尔质量 M 时，应指明基本单元。如 $M(O_2)$、$M(H^+)$、$M(Fe^{2+})$、$M(KMnO_4)$、$M\left(\frac{1}{5}KMnO_4\right)$、$M\left(\frac{1}{2}H_2O_2\right)$、$M(K_2Cr_2O_7)$、$M\left(\frac{1}{6}K_2Cr_2O_7\right)$ 等。当基本单元确定后，物质的摩尔质量就是已知的。

在进行计算时，摩尔质量可采用等式的形式表示。如基本单元为原子，若以克为单位，则 1mol 原子的摩尔质量在数值上等于相对原子质量。例如

$$M(O)=15.9994g/mol$$

$$M(N)=14.0067g/mol$$

$$M(H)=1.0079g/mol$$

如基本单元为分子，则分子的摩尔质量在数值上等于相对分子质量。例如

$$M(NaOH)=40.00g/mol$$

$$M(H_2SO_4)=98.09g/mol$$

$$M(Na_2S_2O_3)=158.12g/mol$$

若基本单元为某些特定组合，其摩尔质量在数值上等于对应物质相对分子质量的若干分之一。例如：

$$M\left(\frac{1}{2}H_2SO_4\right)=\frac{1}{2}\times98.09g/mol=49.04g/mol$$

$$M\left(\frac{1}{5}KMn_2O_4\right)=\frac{1}{5}\times158.03g/mol=31.61g/mol$$

2. 物质的量浓度（c）

物质的量浓度可以简称浓度。物质 B 的量浓度是物质的量 n_B 与相应混合物的体积 V 之比。符号是 c，单位是摩尔每立方米（mol/m^3）。化工分析中常用摩尔每升（mol/L）。

$$c_B=\frac{n_B}{V}$$

由于物质的量 n_B 的数值取决于基本单元的选择，因此，在使用物质的量浓度时，也应指明基本单元。如 $c\left(\frac{1}{5}KMnO_4\right)=0.1000mol/L$。基本单元的选择一般可以根据标准溶液在滴定反应中的质子转移数（酸碱反应）、电子得失数（氧化还原反应）或反应的计量关系来确定。如在酸碱反应中常以 $NaOH$、HCl、$\frac{1}{2}H_2SO_4$ 为基本单元；氧化还原反应中常以 $Na_2S_2O_3$、$\frac{1}{5}KMnO_4$、$\frac{1}{6}KBrO_3$ 等为基本单元。即物质 A 在反应中转移的质子数或得失电子数为 Y_A 时，基本单元为 $\frac{1}{Y_A}$。因此，$n\left(\frac{1}{Y_A}\right)=Y_An(A)$；同理，$c\left(\frac{1}{Y_A}\right)=Y_Ac(A)$。

例如，$c(H_2SO_4)=0.1mol/L$，则 $c\left(\frac{1}{2}H_2SO_4\right)=2c(H_2SO_4)=0.2mol/L$，$c(K_2Cr_2O_7)=0.1mol/L$，则 $c\left(\frac{1}{6}K_2Cr_2O_7\right)=6c(K_2Cr_2O_7)=0.6mol/L$。

【例 2-1】 选择下列反应中划有横线的两物质的基本单元，并写出等物质的量反应表达式。

（1） $\underline{NaOH}+\underline{HCl}=NaCl+H_2O$

NaOH 的基本单元是：NaOH；HCl 的基本单元是：HCl。

等物质的量反应表达式：$n(NaOH)=n(HCl)$

（2） $\underline{2NaOH}+\underline{H_2SO_4}=Na_2SO_4+2H_2O$

NaOH 的基本单元是：NaOH；H_2SO_4 的基本单元是：$\frac{1}{2}H_2SO_4$。

等物质的量反应表达式：$n(\mathrm{NaOH}) = n\left(\dfrac{1}{2}\mathrm{H_2SO_4}\right)$

（3）$\underline{\mathrm{Na_2CO_3}} + 2\underline{\mathrm{HCl}} =\!=\!= 2\mathrm{NaCl} + \mathrm{H_2O} + \mathrm{CO_2}\uparrow$

$\mathrm{Na_2CO_3}$ 的基本单元是：$\dfrac{1}{2}\mathrm{Na_2CO_3}$；$\mathrm{HCl}$ 的基本单元是：HCl。

等物质的量反应表达式：$n\left(\dfrac{1}{2}\mathrm{Na_2CO_3}\right) = n(\mathrm{HCl})$

（4）$2\underline{\mathrm{MnO_4^-}} + 5\underline{\mathrm{H_2O_2}} + 6\mathrm{H^+} =\!=\!= 2\mathrm{Mn^{2+}} + 8\mathrm{H_2O} + 5\mathrm{O_2}\uparrow$

$\mathrm{MnO_4^-}$ 的基本单元是：$\dfrac{1}{5}\mathrm{MnO_4^-}$；$\mathrm{H_2O_2}$ 的基本单元是：$\dfrac{1}{2}\mathrm{H_2O_2}$。

等物质的量反应表达式：$n\left(\dfrac{1}{5}\mathrm{MnO_4^-}\right) = n\left(\dfrac{1}{2}\mathrm{H_2O_2}\right)$

正确选择物质在滴定反应中的基本单元，这对计算物质的量（n_B）、物质的量浓度（c_B）以及它们与摩尔质量（M_B）和质量（m）等的换算都起着重要的作用（换算公式见表 2-2）。

表 2-2 滴定分析中常用的量和单位

量		单 位		相互关系
名　称	符　号	名　称	符　号	
体积	V	升, 毫升	L, mL	
质量	m	克	g	$m = cVM$
摩尔质量	M_B	克每摩[尔]	g/mol	$M = \dfrac{m}{n}$
物质的量	n_B	摩[尔]	mol	$n = \dfrac{m}{M}$
物质的量浓度	c_B	摩[尔]每升	mol/L	$c = \dfrac{m}{MV}$
物质 B 的质量分数	w_B			$w_B = \dfrac{m_B}{m}$

【例 2-2】 称取基准物质 $\mathrm{K_2Cr_2O_7}$ 2.4530g，溶于水后，稀释定容至 500mL。求该溶液的 $c(\mathrm{K_2Cr_2O_7})$ 和 $c\left(\dfrac{1}{6}\mathrm{K_2Cr_2O_7}\right)$ 各为多少？

解
$$c(\mathrm{K_2Cr_2O_7}) = \frac{m_{\mathrm{K_2Cr_2O_7}}}{M(\mathrm{K_2Cr_2O_7})V_{\mathrm{K_2Cr_2O_7}}} = \frac{2.4530}{298.18 \times 0.5000}$$
$$= 0.01645\,(\mathrm{mol/L})$$

$$c\left(\frac{1}{6}\mathrm{K_2Cr_2O_7}\right) = \frac{m_{\mathrm{K_2Cr_2O_7}}}{M\left(\dfrac{1}{6}\mathrm{K_2Cr_2O_7}\right)V_{\mathrm{K_2Cr_2O_7}}} = \frac{2.4530}{\dfrac{298.18}{6} \times 0.5000}$$
$$= 0.09870\,(\mathrm{mol/L})$$

$c\left(\dfrac{1}{6}\mathrm{K_2Cr_2O_7}\right)$ 也可以用下式计算

$$c\left(\frac{1}{6}\mathrm{K_2Cr_2O_7}\right) = 6c(\mathrm{K_2Cr_2O_7}) = 6 \times 0.01645$$
$$= 0.09870\,(\mathrm{mol/L})$$

答：该溶液 $c(\mathrm{K_2Cr_2O_7})$ 和 $c\left(\dfrac{1}{6}\mathrm{K_2Cr_2O_7}\right)$ 分别是 0.01645mol/L 和 0.09870mol/L。

【例 2-3】 一草酸溶液的 $c\left(\dfrac{1}{2}\mathrm{H_2C_2O_4}\right)$ 为 0.1024mol/L，体积为 800mL，计算此溶液所

含 $\frac{1}{2}$ H$_2$C$_2$O$_4$ 物质的量?

解
$$n\left(\frac{1}{2}H_2C_2O_4\right)=c\left(\frac{1}{2}H_2C_2O_4\right)V_{H_2C_2O_4}=0.1024\times0.8000$$
$$=0.08192 \text{ (mol)}$$

答：此溶液所含 $\left(\frac{1}{2}H_2C_2O_4\right)$ 物质的量为 0.08192mol。

【例 2-4】 需配制 $c\left(\frac{1}{5}KMnO_4\right)$ 为 0.2mol/L 的 KMnO$_4$ 溶液 1300mL，计算应称固体 KMnO$_4$ 的质量（g）。

解
$$m_{KMnO_4}=c\left(\frac{1}{5}KMnO_4\right)V_{KMnO_4}M\left(\frac{1}{5}KMnO_4\right)=0.2\times1.3\times\frac{158.03}{5}$$
$$=8.2 \text{ (g)}$$

答：应称取固体 KMnO$_4$ 8.2g。

三、等物质的量反应规则

滴定分析中，当标准溶液和被测组分按化学反应式达到反应完全时，标准溶液的物质的量与待测组分的物质的量相等。这称作"等物质的量反应规则"。

这个规则对于两种物质（A 和 B）之间的反应式可以表示为

$$n_A=n_B \tag{2-1}$$

式中　n_A——A 物质的基本单元的物质的量，mol；

　　　n_B——B 物质的基本单元的物质的量，mol。

如果反应在溶液中进行，此规则可以表示为：

$$c_AV_A=c_BV_B \tag{2-2}$$

式中　c_A，c_B——分别表示 A、B 物质的基本单元的浓度，mol/L；

　　　V_A，V_B——分别表示 A、B 物质的体积，L。

式(2-2) 若表示成 $c_1V_1=c_2V_2$ 时就可用于浓溶液稀释的计算。

当固体物质与溶液间相互作用时，此规则可以表示为

$$c_AV_A=\frac{m_B}{M_B} \tag{2-3}$$

式中　m_B——B 物质的质量，g；

　　　M_B——B 物质的基本单元的摩尔质量，g/mol。

式(2-3) 若表示成 $c_BV_B=\frac{m_B}{M_B}$ 时，就可用于固体物质配制溶液的计算。

式(2-2) 和式(2-3) 是滴定分析计算最基本的公式，其应用可以结合下面实例说明。

【例 2-5】 中和 23.50mL $c(HCl)$ 为 0.1010mol/L 的 HCl 溶液，用去 NaOH 溶液 24.90mL，计算 NaOH 溶液的物质的量浓度。

解
$$c(NaOH)V_{NaOH}=c(HCl)V_{HCl}$$

则
$$c(NaOH)=\frac{0.1010\times23.50}{24.90}=0.09532 \text{ (mol/L)}$$

答：NaOH 溶液的物质的量浓度是 0.09532mol/L。

【例 2-6】 配制 $c(NaCl)=0.50$mol/L 的 NaCl 溶液 500mL，应称取固体 NaCl 的质量是多少?

解
$$c(NaCl)V_{NaCl} = \frac{m_{NaCl}}{M(NaCl)}$$

则
$$m_{NaCl} = 0.50 \times 0.50 \times 58 = 14.5 \quad (g)$$

答：应称取固体 NaCl 14.5g。

【例 2-7】　配制 $c(HNO_3)$ 为 0.35mol/L 的 HNO_3 溶液 2000mL，需用 $c(HNO_3)$ 为 14mol/L 的浓 HNO_3 和水各多少毫升？

解
$$c_1V_1 = c_2V_2$$

$$V_1 = \frac{0.35 \times 2000}{14} = 50 \quad (mL)$$

$$V_水 = 2000 - 50 = 1950 \quad (mL)$$

答：需加 $c(HNO_3)$ 为 14mol/L 的浓 HNO_3 50mL，水 1950mL。

第三节　标准溶液和一般溶液

一、标准溶液

用基准物质标定或配制的已知浓度的溶液，称为标准溶液。标准溶液浓度一般用物质的量浓度（c）表示。在滴定分析中无论采用什么类型的滴定方法或滴定方式，都离不开标准溶液。标准溶液的配制方法有直接法和标定法两种。

1. 直接法配制标准溶液

由于受物质的性质、生产工艺及检测手段的限制，大多数化学试剂都不能直接用来配制标准溶液。能够直接配制标准溶液的化学试剂（即基准物质）必须具备下列条件。

（1）纯度较高。一般要求纯度 99.9％以上，而杂质的含量应低于分析方法允许的误差限度。

（2）物质的组成应与它的化学式（包括结晶水在内）完全符合。

（3）在一般条件下稳定。不易吸潮，不吸收空气中的 CO_2，不风化失水，不易被空气氧化等。

（4）应易溶解，其基本单元的摩尔质量要大，这样可以减小称量时的相对误差。

（5）试剂参加滴定反应时，应严格按反应式定量进行，无副反应。

常用的基准物质（见表 2-3）虽然符合上述条件，但由于贮存过程中吸收空气中水分等因素的影响会带来一定的误差。因此，在使用前要根据基准物质的性质及所含杂质的种类，用适当的方法经过一定的处理，才能用于制备标准溶液。

表 2-3　常用基准物质的干燥条件和应用

基准物质		干燥后组成	干燥条件/℃	标定对象
名　称	化　学　式			
无水碳酸钠	Na_2CO_3	Na_2CO_3	270~300	酸
碳酸钠	$Na_2CO_3 \cdot 10H_2O$	Na_2CO_3	270~300	酸
硼砂	$Na_2B_4O_7 \cdot 10H_2O$	$Na_2B_4O_7 \cdot 10H_2O$	放在含 NaCl 和蔗糖饱和液的干燥器中	酸
碳酸氢钾	$KHCO_3$	K_2CO_3	270~300	酸
草酸	$H_2C_2O_4 \cdot 2H_2O$	$H_2C_2O_4 \cdot 2H_2O$	室温空气干燥	碱或 $KMnO_4$
邻苯二甲酸氢钾	$KHC_8H_4O_4$	$KHC_8H_4O_4$	110~120	碱

续表

基 准 物 质		干燥后组成	干燥条件/℃	标定对象
名　称	化 学 式			
重铬酸钾	$K_2Cr_2O_7$	$K_2Cr_2O_7$	140~150	还原剂
溴酸钾	$KBrO_3$	$KBrO_3$	130	还原剂
碘酸钾	KIO_3	KIO_3	130	还原剂
铜	Cu	Cu	室温干燥器中保存	还原剂
三氧化二砷	As_2O_3	As_2O_3	室温干燥器中保存	氧化剂
草酸钠	$Na_2C_2O_4$	$Na_2C_2O_4$	130	氧化剂
碳酸钙	$CaCO_3$	$CaCO_3$	110	EDTA
锌	Zn	Zn	室温干燥器中保存	EDTA
氧化锌	ZnO	ZnO	900~1000	EDTA
氯化钠	$NaCl$	$NaCl$	500~600	$AgNO_3$
氯化钾	KCl	KCl	500~600	$AgNO_3$
硝酸银	$AgNO_3$	$AgNO_3$	280~290	氯化物
氨基磺酸	$HOSO_2NH_2$	$HOSO_2NH_2$	在真空 H_2SO_4 干燥器中保存 48h	碱
氟化钠	NaF	NaF	铂坩埚中 500~550℃ 下保存 40~50min 后，H_2SO_4 干燥器中冷却	

直接配制的方法。准确称取一定量的基准物质，全部溶解并转入容量瓶，稀释至一定体积，再计算出溶液的浓度。

【例 2-8】 有 $CaCO_3$ 含量为 $(100.00 \pm 0.02)\%$ 的基准物质，需制备 $c(Ca^{2+})$ 为 $0.01000mol/L$ 的标准溶液 500mL。应如何配制？

解 （1）根据标准溶液的浓度和体积，计算出所需 $CaCO_3$ 的质量。

$$n(Ca^{2+}) = n(CaCO_3) \qquad n(CaCO_3) = \frac{m_{CaCO_3}}{M(CaCO_3)}$$

$$m_{CaCO_3} = n(CaCO_3)M(CaCO_3) = c(CaCO_3)V_{CaCO_3}M(CaCO_3)$$
$$= 0.01000 \times 0.5000 \times 100.09 = 0.5004(g)$$

（2）配制。在分析天平上准确称取基准物质 $CaCO_3$ 0.5004g 置于 300mL 烧杯中，加少量蒸馏水润湿，滴加（1+1）盐酸 10mL 左右，为了保证溶解完全，可加热至微沸，溶解完全后，冷却，定量转入 500mL 容量瓶中，加水至刻度，摇匀即制得 $c(Ca^{2+})$ 为 0.01000mol/L 的标准溶液 500mL。

采用直接法配制标准溶液，所用的物质必须是基准物质。

2. 标定法配制标准溶液

对于不具备基准物质条件的物质，在配制标准溶液时，只能采用标定法配制。例如 NaOH 易吸收 H_2O 和 CO_2，市售 HCl 易挥发、含量不准确，且浓度在存放过程中变化大，$KMnO_4$、$Na_2S_2O_3$ 等不稳定。

标定法配制标准溶液，一般分为配制和标定两个步骤。

（1）配制　将试剂先配成近似所需浓度的溶液。

（2）标定　用基准物质或其他已知浓度的标准溶液来确定其准确浓度。一般有如下两种方法。

① 用基准物质标定　准确称取一定量的基准物质，溶解后用待标定的溶液进行滴定，

反应完全后,根据基准物质的质量和待标定溶液所消耗的体积按式(2-3)即可以计算出溶液的准确浓度。

② 用已知浓度的标准溶液进行标定 准确吸取一定量的待标定溶液,用已知准确浓度的标准溶液滴定,也可以准确吸取一定量的已知准确浓度的标准溶液,用待标定溶液滴定。根据二者所消耗的体积和标准溶液的浓度,按式(2-2)计算出待标定溶液的准确浓度。

【例2-9】 移取 25.00mL 待标定的 NaOH 溶液,用 $c(HCl)$ 为 0.1020mol/L 的 HCl 标准溶液滴定 NaOH 溶液,二者完全反应时,消耗 HCl 标准溶液的体积为 24.61mL,则 NaOH 溶液的准确浓度是多少?

解
$$c(NaOH) = \frac{c(HCl)V_{HCl}}{V_{NaOH}} = \frac{0.1020 \times 24.61}{25.00} = 0.1004(mol/L)$$

答:NaOH 溶液的准确浓度为 0.1004mol/L。

标准溶液配制的两种方法,直接法比较简单,但要使用较多的基准物质,而基准物质相对昂贵,要制备大量的标准溶液时,经济上不划算。因此,这种方法不适用于制备大量的标准溶液。而标定法可以用便宜的一般级别的物质配制,然后用少量的基准物质(或其他标准溶液)进行标定就可以制备大量的标准溶液。但是,标定法要求所利用的标准溶液浓度一定要准确,不然就会直接影响被标定溶液浓度的准确性。

配制好的标准溶液,常常不是短时间用完。所以应注意保存,必须做到以下几点。

(1) 要密封保存,防止水分蒸发使溶液变浓,器壁上如有水珠,在使用前应摇匀。

(2) 对见光易分解的溶液如 $KMnO_4$、$Na_2S_2O_3$、$AgNO_3$ 以及易挥发的 I_2 等,应贮于棕色瓶中或放于暗处保存。用之前最好进行一次复标。

(3) 对玻璃有腐蚀的溶液如 NaOH、KOH、EDTA 等,应贮于聚乙烯塑料瓶中。

(4) 盛装标准溶液的试剂瓶上都要贴好标签。标签的书写格式如图 2-1 所示。

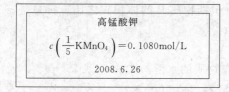

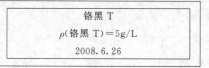

$Na_2S_2O_3$ 标准溶液		
标定日期	浓度	标定者

图 2-1 标签的书写格式

二、一般溶液浓度的表示和配制

在滴定分析中,除标准溶液外,还有多种辅助溶液。辅助溶液的浓度除用物质的量浓度表示外,还有多种其他表示方法。下面介绍常用的几种。

1. 质量浓度 (ρ)

物质 B 的总质量 m_B 与相应混合物的体积 V(包括物质 B 的体积)之比。符号是 ρ,单位为千克每立方米(kg/m^3),化工分析中常用克每升(g/L)表示。

$$\rho_B = \frac{m_B}{V}$$

质量浓度常用在固态物质组成的溶液中。如碱、氧化剂、还原剂、沉淀剂、指示剂等。

【例 2-10】 如何配制 ρ（甲基橙）为 $0.5g/L$ 的溶液 $50mL$？

解 （1）计算所需甲基橙的质量。

$$\rho(甲基橙) = \frac{m_{甲基橙}}{V}$$

$$m_{甲基橙} = 0.5 \times 50 \times 10^{-3} = 0.025 \ (g)$$

（2）配制 在分析天平上称取固体甲基橙 $0.025g$，溶于蒸馏水中，稀释至 $50mL$。

2. 质量分数（w）

物质 B 的质量 m_B 与相应混合物的质量 m（包括物质 B 的质量）之比。符号是 w。

$$w_B = \frac{m_B}{m}$$

质量分数也可以作为一种浓度表示，如某市售的浓 HCl 的密度为 $1.185g/mL$，其质量分数 $w(HCl)$ 为 0.3727（即 37.27%）。

【例 2-11】 如何配制 $w(NaCl)$ 为 20% 的 NaCl 溶液 $500g$？（注意：绝不能表示成 $500mL$）

解 （1）计算所需 NaCl 的质量。

$$w(NaCl) = \frac{m_{NaCl}}{m}$$

$$m_{NaCl} = 0.20 \times 500 = 100 \ (g)$$

（2）配制 在托盘天平上称取固体 NaCl $100g$，溶解于 $400g$ 水中。

3. 体积分数（φ）

物质 B 的体积 V_B 与相应混合物的体积 V（包括物质 B 的体积）之比。符号是 φ。

$$\varphi_B = \frac{V_B}{V}$$

体积分数作为浓度的表示方法，常用于液态物质的水溶液中。

【例 2-12】 如何用无水乙醇配制成 75% 的酒精溶液 $500mL$？

解 （1）计算所需无水乙醇的体积。

$$\varphi(CH_3CH_2OH) = \frac{V_{CH_3CH_2OH}}{V}$$

$$V_{CH_3CH_2OH} = 0.75 \times 500 = 375 \ (mL)$$

（2）配制 用量筒量取无水乙醇 $375mL$，加蒸馏水稀释到 $500mL$。

4. 加合浓度

将两种或两种以上的物质按体积或质量加合在一起。体积加合常用于 HCl、H_2SO_4、HNO_3、$NH_3 \cdot H_2O$ 等稀溶液中，如（1+1）盐酸、（1+6）硝酸、（1+3）氨水等。要注意的是，前一个数值表示市售浓溶液体积，后一个数值表示蒸馏水的体积。质量加合常用在 EDTA 配位滴定中的固体指示剂的配制。

【例 2-13】 如何配制（1+5）的硫酸溶液 $500mL$？

解
$$V_{浓H_2SO_4} = 500 \times \frac{1}{1+5} = 83 \ (mL)$$

$$V_{水} = 500 \times \frac{5}{1+5} = 417 \text{（mL）}$$

用量筒量取 83mL 浓 H_2SO_4，在不断搅拌下慢慢加入到 417mL 的蒸馏水中混匀。

【例 2-14】　今需酸性铬蓝 K＋萘酚绿 B＋KNO_3＝1＋2.5＋50 的固体指示剂 30 克，问如何配制？

解　此题是固体物质质量的加合浓度配制。计算公式与例 2-13 相同。

$$m_{酸性铬蓝K} = \frac{1 \times 30}{1+2.5+50} = 0.6 \text{（g）}$$

$$m_{萘酚绿B} = \frac{2.5 \times 30}{1+2.5+50} = 1.4 \text{（g）}$$

$$m_{KNO_3} = \frac{50 \times 30}{1+2.5+50} = 28 \text{（g）}$$

在天平上分别称取酸性铬蓝 K 0.6g，萘酚绿 B 1.4g，KNO_3 28g，在研钵中研细混匀即可。

化工分析中也常常使用物质的质量密度（ρ），简称密度。其定义是：质量与体积之比，单位为克每立方米，（g/m^3）。常用单位是克每毫升，（g/mL）。

$$\rho = \frac{m}{V}$$

式中　ρ——物质的密度，g/mL；

　　　m——物质的质量，g；

　　　V——物质的体积，mL。

在实际配制溶液中，经常会遇到物质的量浓度与密度、质量分数之间的相互换算，计算公式如下：

$$\frac{\rho V w}{M} = cV \times 10^{-3}$$

即

$$c = \frac{1000\rho w}{M} \tag{2-4}$$

有时需要由高浓度溶液稀释配制低浓度溶液，在配制过程中溶质的物质的量保持不变，即 $c_1 V_1 = c_2 V_2$，称之为稀释定律。

【例 2-15】　现有密度为 1.83g/mL，质量分数为 0.980 的浓硫酸，需配制 $c(H_2SO_4)$ 为 3.00mol/L 的稀 H_2SO_4 溶液 500mL，应量取多少毫升浓 H_2SO_4？

解　（1）计算 1L 浓 H_2SO_4 中 H_2SO_4 的质量。

$$m_{H_2SO_4} = 1000 \times 1.83 \times 0.980 = 1793.4 \text{（g）}$$

（2）计算浓 H_2SO_4 的浓度。

$$c(H_2SO_4) = \frac{m_{H_2SO_4}/M(H_2SO_4)}{V} = \frac{1793.4/98.09}{1} = 18.3 \text{（mol/L）}$$

（3）计算所需浓 H_2SO_4 的体积 V_1。

据
$$c_1 V_1 = c_2 V_2$$

$$18.3 V_1 = 3.00 \times 500$$

$$V_1 = 82.0 \text{（mL）}$$

此题也可以直接根据式(2-4)及稀释定律，代入有关数据进行计算。即

$$\frac{1000 \times 1.83 \times 0.980}{98.09} V_1 = 3.00 \times 500$$

$$V_1 = 82.0 \ (mL)$$

答：应量取浓硫酸 82.0mL。

第四节　滴定方式及分析结果的计算

滴定分析法有多种不同的滴定方式。最常用的有直接滴定、返滴定、置换滴定和间接滴定。但无论采用何种滴定方式，最后结果的计算都必须依据等物质的量反应规则。

一、直接滴定法

直接滴定法是指用标准溶液直接滴定被测物质溶液的滴定方法。如果滴定反应能完全满足滴定分析法对反应的要求，就可以直接滴定。例如用 NaOH 标准溶液可滴定 HCl、HAc 等，用 $K_2Cr_2O_7$ 标准溶液可滴定 Fe^{2+} 等，用 EDTA 标准溶液可滴定 Ca^{2+}、Mg^{2+}、Zn^{2+} 等，以及用基准物质标定溶液的浓度等。直接滴定具有操作简便、快速、引入误差小的优点。是化工分析中常用的最基本的滴定方式。

【例 2-16】　测定某 $H_2C_2O_4 \cdot 2H_2O$ 样品的纯度，称取试样 $H_2C_2O_4 \cdot 2H_2O$ 0.1689g，溶解后，用 $c(NaOH)$ 为 0.1050mol/L 的 NaOH 标准溶液滴至终点，用去 NaOH 标准溶液 24.75mL。求 $w(H_2C_2O_4 \cdot 2H_2O)$。

解　反应式　　　　　$H_2C_2O_4 + 2NaOH \Longrightarrow Na_2C_2O_4 + 2H_2O$

$$n(NaOH) = n\left(\frac{1}{2} H_2C_2O_4\right)$$

$$c(NaOH)V_{NaOH} = \frac{m_{H_2C_2O_4}}{M\left(\frac{1}{2} H_2C_2O_4\right)}, \text{即} \ m_{H_2C_2O_4} = c(NaOH)V_{NaOH}M\left(\frac{1}{2} H_2C_2O_4\right)$$

根据质量分数的计算公式，则

$$w(H_2C_2O_4 \cdot 2H_2O) = \frac{c(NaOH)V_{NaOH}M\left(\frac{1}{2} H_2C_2O_4 \cdot 2H_2O\right)}{m_{\text{样}}}$$

$$= \frac{0.1050 \times 24.75 \times 10^{-3} \times 63.03}{0.1689} = 0.9698$$

答：试样中 $H_2C_2O_4 \cdot 2H_2O$ 的质量分数是 0.9698。

二、返滴定法

返滴定法又称作剩余量回滴法。它是在试样溶液中准确加入适当的标准溶液与待测组分反应，再用另一种标准溶液滴定余量部分，从而求出待测组分含量的滴定法。这种方法主要用于反应较慢、需加热，或被测组分是固体，以及用直接滴定无合适指示剂等的反应。例如 Al^{3+} 与 EDTA 反应慢，不能用 EDTA 标准溶液直接滴定。常采用的方法是在 Al^{3+} 试样中加入过量的 EDTA 标准溶液，加热使反应完全，冷却后用 Zn^{2+} 标准溶液滴定剩余的 EDTA，从而计算出试样中 Al^{3+} 的含量。

【例 2-17】　称取铝盐样品 0.2321g，溶解后加入 $c(EDTA)$ 为 0.02188mol/L 的过量 EDTA（H_2Y^{2-}）标准溶液 35.05mL，调节 pH 值至 4.0，煮沸使 Al^{3+} 完全配位，冷却后用 $c(Zn^{2+})$ 为 0.01956mol/L 的 Zn^{2+} 标准溶液滴定剩余的 EDTA 至终点，用去 Zn^{2+} 标准溶

液 13.02mL，求试样中铝的质量分数。

解 反应

$$Al^{3+} + H_2Y^{2-}（过量）\Longrightarrow AlY^- + 2H^+$$

$$Zn^{2+} + H_2Y^{2-}（余量）\Longrightarrow ZnY^{2-} + 2H^+$$

$$n(Al^{3+}) = n(H_2Y^{2-}) - n(Zn^{2+})$$

（过量）

$$m_{Al} = [c(H_2Y^{2-})V_{H_2Y^{2-}} - c(Zn^{2+})V_{Zn^{2+}}]M(Al)$$

根据质量分数计算公式，则

$$w(Al) = \frac{[c(H_2Y^{2-})V_{H_2Y^{2-}} - c(Zn^{2+})V_{Zn^{2+}}]M(Al)}{m_样}$$

$$= \frac{[0.02188 \times 35.05 - 0.01956 \times 13.02] \times 10^{-3} \times 26.98}{0.2321}$$

$$= 0.05954$$

答：试样中铝的质量分数是 0.05954。

三、置换滴定法

置换滴定法是指用一种试剂与待测物质反应，使它定量地置换出另一种物质，再用标准溶液滴定置换出的物质，最后测得待测物含量的滴定法。这种滴定方法主要适于试样中有干扰测定的组分，或反应无固定计算关系而不能用于直接滴定法和返滴定法的滴定分析。

【例 2-18】 测定某胆矾样品中 $CuSO_4 \cdot 5H_2O$ 的含量。准确称取胆矾试样 0.6300g 溶解于水，经酸化等处理后，加入过量 KI，反应完全后用 $c(Na_2S_2O_3) = 0.1020mol/L$ 的 $Na_2S_2O_3$ 标准溶液滴定至终点，用去 $Na_2S_2O_3$ 标准溶液 24.50mL，求试样中 $CuSO_4 \cdot 5H_2O$ 的质量分数。

解 反应式

$$2Cu^{2+} + 4I^- = 2CuI \downarrow + I_2 \qquad I_2 + 2S_2O_3^{2-} = 2I^- + S_4O_6^{2-}$$

$$n(Cu^{2+}) = n(Na_2S_2O_3)$$

$$w(CuSO_4 \cdot 5H_2O) = \frac{c(Na_2S_2O_3)V_{Na_2S_2O_3}M(CuSO_4 \cdot 5H_2O)}{m_样}$$

$$= \frac{0.1020 \times 24.50 \times 10^{-3} \times 249.68}{0.6300} = 0.9904$$

答：胆矾样品中 $CuSO_4 \cdot 5H_2O$ 的质量分数是 0.9904。

四、间接滴定法

间接滴定法是指当某些待测组分不能直接与标准溶液反应时，但可通过其他的化学反应间接测定其含量的滴定法。例如用高锰酸钾法测定样品中 Ca^{2+} 的含量时，而高锰酸钾不能直接与 Ca^{2+} 反应，但能与 $C_2O_4^{2-}$ 直接反应，所以可以先用 $H_2C_2O_4$ 与 Ca^{2+} 反应生成 CaC_2O_4 沉淀，将沉淀用 H_2SO_4 溶解后，再用 $KMnO_4$ 标准溶液滴定 $C_2O_4^{2-}$，从而间接测定 Ca^{2+} 的含量。反应为

$$Ca^{2+} + C_2O_4^{2-} \longrightarrow CaC_2O_4 \downarrow$$

$$CaC_2O_4 + SO_4^{2-} \longrightarrow CaSO_4 + C_2O_4^{2-}$$

$$2MnO_4^- + 5C_2O_4^{2-} + 16H^+ \longrightarrow 2Mn^{2+} + 10CO_2 \uparrow + 8H_2O$$

在计算滴定分析结果时，对固体试样，通常用质量分数（w_B）表示；对液体试样一般用质量浓度（ρ_B）表示。

综上所述，不同滴定方式的分析结果若用 w_B 表示，其待测物质溶液的物质的量与标准溶液的物质的量相等的表达式和计算公式可以表示如下。

1. 直接滴定法

待测组分的"物质的量"＝标准溶液的"物质的量"

$$w_B = \frac{c_A V_A M_B}{m_{样}}$$ (2-5)

式中 w_B——待测组分的质量分数；

    c_A——标准溶液的物质的量浓度，mol/L；

    V_A——消耗标准溶液的体积，L；

    M_B——待测组分的摩尔质量，g/mol；

    $m_{样}$——试样的质量，g。

2. 返滴定法

待测组分的"物质的量"等于第一种过量的标准溶液的"物质的量"减去第二种标准溶液的"物质的量"。

$$w_B = \frac{(c_{A_1} V_{A_1} - c_{A_2} V_{A_2}) M_B}{m_{样}}$$ (2-6)

式中 c_{A_1}——第一种过量的标准溶液的物质的量浓度，mol/L；

    V_{A_1}——第一种过量的标准溶液的体积，L；

    c_{A_2}——第二种标准溶液的物质的量浓度，mol/L；

    V_{A_2}——消耗第二种标准溶液的体积，L。

3. 置换滴定法

待测组分的"物质的量"＝被置换出物质的"物质的量"＝标准溶液的"物质的量"。可用式(2-5)计算。

4. 间接滴定法

待测组分的"物质的量"＝中间产物的"物质的量"＝标准溶液的"物质的量"，可用式(2-5)计算。

可以看出，无论选用什么滴定方式分析，只要正确找出滴定反应中互为计算关系两种物质（即待测物质与标准溶液）相等的物质的量，就能按式(2-5)、式(2-6)进行滴定分析结果的有关计算。

第五节 滴定分析仪器

在滴定分析中，除需准确称量物质质量的分析天平外，还需几种用于准确测量溶液体积的玻璃容量仪器，即滴定管、容量瓶、移液管和吸量管等。

一、滴定管

是用于滴定分析，具有精确容积刻度、下端具有活塞或嵌有玻璃珠的橡胶管的管状玻璃器具。

1. 种类

滴定管按容积大小及刻度值的不同，可分为常量、半微量和微量滴定管。化工分析中常用的是容量为 50mL、刻度值为 0.1mL 的常量滴定管。滴定管按颜色不同，可分为普通透明和棕色滴定管。棕色滴定管主要用来盛装对光敏感或有色的试剂，如 $AgNO_3$、I_2、$KMnO_4$ 等溶液。普通滴定管按其下端构造不同，分为酸式滴定管和碱式滴定管。

（1）酸式滴定管　下端具有活塞的滴定管。如图 2-2（a）所示。它用来盛酸性、中性及氧化性溶液。严禁盛装碱性溶液，因为玻璃磨口活塞易受碱腐蚀以至不能转动。

（2）碱式滴定管　下端嵌有玻璃珠的橡皮管的滴定管。如图 2-2（b）所示。它用来盛装碱性和无氧化性的溶液，凡是腐蚀橡皮管的物质都不能盛装，如 $KMnO_4$、I_2、$AgNO_3$ 溶液等。

2. 滴定管的准备和使用

（1）滴定管的洗涤　滴定管的外侧可用洗洁精或肥皂水刷洗，管内无明显油污的滴定管可直接用自来水冲洗，但不可刷洗，以免划伤内壁，影响体积的准确测量。若有油污，可根据玷污的程度采用铬酸洗液洗涤。酸式滴定管可在关闭活塞后直接将 10～15mL 洗液倒入滴定管中，两手横持滴定管，不断转动使洗液布满滴定管内壁，操作时管口对准洗液瓶口，以防洗液洒出。洗完后将洗液分别由两端放出。如果滴定管太脏，可将洗液装满滴定管浸泡一段时间。最后，用自来水、蒸馏水清洗滴定管，内壁被水均匀润湿或不挂水珠即为洗净。

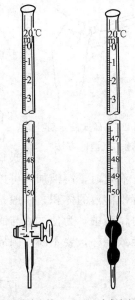

(a) 酸式滴定管　　(b) 碱式滴定管

图 2-2　滴定管

碱式滴定管由于带有橡皮管，严禁接触铬酸洗液，可将橡皮管取下，将玻璃管两端分别插入洗液中浸泡 5～10min，取出旋转润湿整个内壁，用水冲洗干净后用蒸馏水 5～10mL 润洗 2～3 次。

（2）滴定管试漏和涂油　滴定管在洗涤过程中就可检查是否漏液，碱式滴定管漏液只需更换橡皮管或玻璃珠即可。酸式滴定管一般不会漏液，因活塞是配套磨制的，若检查时不漏液，而在使用过程中漏液，往往是由于操作不熟练，将活塞向外拉松造成的，当活塞无油时容易造成向外拉松沾塞的错误操作导致漏液，所以给活塞涂油非常重要，但涂得过多又易造成活塞堵塞，正确的活塞涂油操作如图 2-3 所示。

(a) 用小布卷擦干净活塞槽

(b) 活塞用布擦干净后，在粗端涂少量凡士林，细端不要涂，以免沾污活塞槽上、下孔

(c) 活塞涂好凡士林，再将滴定管的活塞槽的细端涂上凡士林

(d) 活塞平行插入活塞槽后，向一个方向转动，直至凡士林均匀

图 2-3　酸式滴定管涂油操作示意图

最后用小橡皮圈套住活塞，将其固定在活塞槽内，以防止活塞脱落破碎。

（3）滴定管的使用

① 装液　滴定管经洗净，涂油后就可装溶液，装溶液前用待装的标准溶液润洗 2～3 次，每次用量为 5～10mL，然后装满标准溶液，将活塞上下或玻璃珠上下的气泡排尽，如图 2-4 所示，再将标准溶液加至 0 刻度以上，调整液面至 0 刻度，（调整 0 刻度的方法应与滴定管读数方法相同）即可滴定。

② 读数　读数时，手拿着滴定管上端，使其垂直，读无色或浅色溶液时，眼睛视线应与溶液弯月面最低点在同一水平面上，如图 2-5（a）所示；读深色溶液时，眼睛视线与液面

图 2-4 碱式滴定管
逐去气泡的方法

两侧最高点相切,如图 2-5(b) 所示;读白背蓝线滴定管时,应取直线上下两尖端相交点的位置读数,如图 2-5(c) 所示;图 2-5(d) 是借黑纸卡读数。对分度值为 0.1mL 的常量滴定管,读数时应读到小数点后第二位,即估计到 0.01mL。

③ 操作 酸式滴定管操作,用左手小指和无名指向手心弯曲,拇指和食指及中指握住活塞,转动活塞,但不要往外拉,如图 2-6 所示。

碱式滴定管操作,用左手小指和无名指夹握住出口管,拇指与食指挤压玻璃珠外面的胶皮管,使溶液从玻璃珠旁空隙处流出,如图 2-7 所示。

滴定时,溶液加入可以采用逐滴连续加入、一滴一滴加入和半滴加入三种方法。终点控制标准溶液的体积,一般是加半滴,使滴液悬而未落,用三角瓶内壁接触,然后用少量水冲洗进试液中,为使试液与滴定剂混合均匀,反应及时进行完全,与滴定管同时配套使用的锥形瓶或烧杯,要不断作圆周运动或不断搅拌试液,操作如图 2-6、图 2-7 所示。

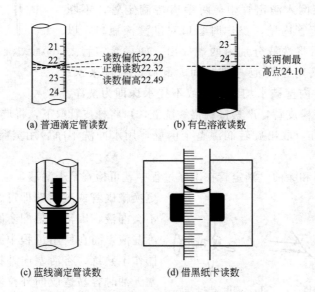

(a) 普通滴定管读数   (b) 有色溶液读数

读数偏低22.20
正确读数22.32
读数偏高22.49

读两侧最高点24.10

(c) 蓝线滴定管读数   (d) 借黑纸卡读数

图 2-5 滴定管读数示意图

图 2-6 使用酸式滴定管的滴定操作   图 2-7 使用碱式滴定管的滴定操作

二、移液管和吸量管

它们是一类转移液体用的具有精确容积刻度的管状玻璃器具,如图 2-8 所示。移液管常见的有 100mL、50mL、25mL、10mL 等多种规格;吸量管常有 10mL、5mL、2mL、1mL

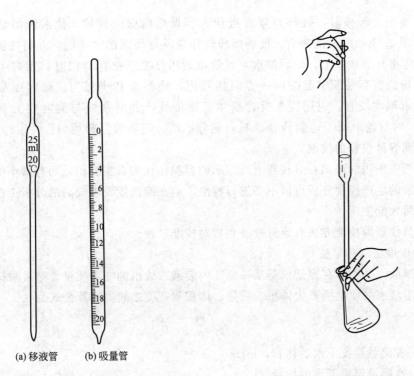

(a) 移液管　　(b) 吸量管

图 2-8　移液管和吸量管

图 2-9　用移液管注入溶液

和小于 1mL 的多种规格。移液管和吸量管吸取溶液时必须利用洗耳球，用左手持洗耳球，排去其中气体，再用右手持移液管插入待移的溶液中，用洗耳球吸取溶液在刻度线以上，调到刻度线后转移溶液，如图 2-9 所示。洗涤时，吸取占管长 1/4 的铬酸洗液，旋转移液管进行润洗，用自来水冲洗后用蒸馏水洗 3 次。使用前用滤纸将管口尖端内外的水吸净，再用待移的溶液洗 2～3 次。

三、容量瓶

用以配制溶液，颈细长且有精确容积刻度线的具塞玻璃容器，如图 2-10 所示。容量瓶有 1000mL、500mL、250mL、100mL、50mL、25mL 等多种规格。使用前装水塞好倒立，检查是否漏水，如不漏水即可用铬酸洗液、自来水、蒸馏水依次洗涤后使用。

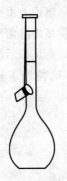

图 2-10　容量瓶

图 2-11　转移溶液

容量瓶的作用主要是用来将一定量的固体物质配成一定体积的溶液，也可将一定量的浓溶液稀释成一定体积的稀溶液。当配制的物质是固体时，应先在烧杯中溶解，然后转移到容量瓶中。转移时，烧杯口紧靠近伸入容量瓶内壁的玻棒，使溶液沿玻棒和瓶内壁流入，如图 2-11 所示。洗净后，玻璃棒和烧杯应反复用蒸馏水冲洗，并将洗液转入容量瓶中，一般应重复五次以上，然后加水至容量瓶的四分之三左右容积时，用右手食指和中指夹住瓶塞扁头将容量瓶拿起按同一方向摇几周，使溶液初步混匀。最后用蒸馏水加至刻度线（接近刻度线时，应用胶头吸管滴加至刻度线，此时视线与刻度线关系和滴定管读数相同），然后盖上塞子，倒转容量瓶，充分摇动，使溶液混合均匀。

四、玻璃容量仪器的校准

滴定分析中使用的玻璃容量仪器上所标示的容积往往和真实容积之间有微小的误差。这种误差对一般的生产控制分析可以不必进行校准，但在准确度要求较高的分析工作中，就必须进行校准后才能使用。

玻璃容量仪器的校准方法有绝对校准和相对校准二种。

1. 绝对校准法（称量法）

绝对校准法，是称量在容量仪器某一刻度内装满或放出的纯水质量。然后根据在测量温度时水的密度将水的质量换算为体积。质量、体积和密度之间的换算公式为

$$V = \frac{m}{\rho}$$

式中　V——在测量温度下水的体积，mL；

　　　m——在测量温度下水的质量，g；

　　　ρ——在测量温度下水的密度，g/mL。

把测出的 V 值与容量仪器上所标示的体积刻度值相比，即得到仪器容积校正值。将校正值代入实际使用之中。

2. 相对校准法（比较法）

相对校准法是相对比较两种容器所盛溶液体积的比例关系。这种校准法常用于配套使用的两种容量仪器。如容量瓶和移液管，在滴定分析时，经常是将一定量试液或将已配成基准物质溶液稀释、定容，然后用移液管从已定容的容量瓶中移取一定量进行滴定。此时，重要的不是要知道所用容量瓶和移液管各自的绝对容积，而是容量瓶与移液管的容积比是否正确，这就需要对两种容量仪器进行相对校准，例如 250mL 的容量瓶的容积是否为 25mL 移液管所放出液体体积的 10倍。校准的具体做法是：用已经校准过的 25mL 的移液管，连续 10 次将蒸馏水移入干燥的 250mL容量瓶中，观察液面是否与容量瓶的刻度线相符合，如不符合，可在瓶颈上重刻一新标线。使用时，把容量瓶内溶液稀释至新刻度，再用与之配套的移液管吸取容量瓶内的溶液，每次吸取容量瓶中溶液体积的 1/10。经过校准后的容量瓶和移液管要作出标记，以保证以后配套使用。

玻璃容量仪器都是厂方按一定规格生产并在 20℃ 时经过准确校准了体积的。使用时，应尽量在 20℃ 左右室温下使用，严禁加热容量仪器和用容量仪器盛装热溶液，否则将引起容量仪器变形而使测量的体积不准确。

本 章 提 要

本章重点介绍了化工分析中使用最多的最基本的量——物质的量及其有关导出量，如摩尔质量、物质的量浓度等的定义、符号、单位以及等物质的量反应规则和有关计算。同时，通过滴定操作练习介绍了滴定分析中常用玻璃量具的正确使用方法。

一、滴定分析法的基本概念及其分类

1. 滴定分析法基本概念

滴定分析法是通过滴定操作，根据所需标准溶液的体积和浓度，以确定试样中待测组分含量的一种分析方法。

滴定分析中，常常使用的术语有：滴定、标准溶液（滴定剂），化学计量点、指示剂、滴定终点、终点误差和常量分析等。

2. 滴定分析法的分类

（1）按反应类型不同滴定分析分为酸碱滴定法、配位滴定法、沉淀滴定法、氧化还原滴定法。

（2）按滴定方式不同滴定分析的分类

① 直接滴定法　用标准溶液直接滴定被测物质溶液的滴定方法。

② 返滴定法　在试样溶液中加入一定量（过量）的标准溶液与待测组分反应，再用另一种标准溶液滴定过量部分，从而求出待测组分含量的测定法。

③ 置换滴定法　用一种试剂与待测物质反应，使它置换出另一种物质，再用标准溶液滴定置换出的物质。从而求得待测组分含量的滴定法。

④ 间接滴定法　某些待测组分不能直接与标准溶液反应，但可通过其他的化学反应间接测定其含量的滴定法。

二、化工分析中常用的量及其有关导出量的符号、单位

量的名称	符号	单位表示
物质的量	n	mol
摩尔质量	M	g/mol
物质的量浓度	c	mol/L
质量浓度	ρ	g/mL
质量分数	w	
体积分数	φ	

在使用 n、M、c 时一定要注明物质的基本单元。

三、等物质的量反应规则

滴定分析中，当标准溶液和被测组分按化学反应式到达反应完全时，标准溶液的物质的量与待测组分的物质的量相等。这称作"等物质的量反应规则"。表达式为 $n_A = n_B$，或 $c_A V_A = c_B V_B$，或 $c_A V_A = \dfrac{m_B}{M_B}$。

四、标准溶液和一般溶液

1. 标准溶液

标准溶液浓度一般用物质的量浓度（c）表示。标准溶液的配制有两种方法：

（1）直接法　准确称取一定量的基准物质，全部溶解并转入容量瓶，稀释至一定体积，再计算出溶液浓度的方法。

（2）标定法　一般分为以下两个步骤。

配制　用试剂先配成近似所需浓度的溶液。

标定　然后用基准物质或其他已知浓度的标准溶液来确定其准确浓度。

2. 一般溶液浓度的表示

一般溶液浓度的表示有多种方法，如质量浓度 ρ、质量分数 w、体积分数 φ，以及加合浓度等。

五、不同滴定方式的分析结果的计算公式

滴定分析中，无论采用何种滴定方式，最后结果的计算都必须依据等物质的量反应规则。只有在正确找出反应中互为计算关系两种物质（即标准溶液和待测组分）相等的物质的量，才能利用下述公式计算出正确的分析结果。

直接滴定法、置换滴定法、间接滴定法计算公式：

$$w_B = \frac{c_A V_A M_B}{m_{样}}$$

返滴定法计算公式：

$$w_B = \frac{(c_{A_1} V_{A_1} - c_{A_2} V_{A_2}) M_B}{m_{样}}$$

六、化工分析中常用的准确量器

滴定管、容量瓶、移液管和吸量管都是化工分析中常用的准确量器。通过实验使学生掌握这类量器的正确使用方法。

※实验 2-1　　滴定分析仪器的洗涤和使用

一、实验目的

1. 掌握玻璃容量仪器的洗涤方法。
2. 掌握滴定管、容量瓶、移液管等的使用和滴定操作。
3. 学习观察和判断滴定终点。

二、仪器与试剂

1. 仪器

酸式滴定管	50mL	一支	量筒	10mL、20mL	各一个
碱式滴定管	50mL	一支	洗瓶	500mL	一个
容量瓶	250mL	一个	玻璃棒		一支
锥形瓶	250mL	三个	洗耳球		一支
移液管	25mL	一支	托盘天平		一台
吸量管	5mL	一支	毛刷		一支
烧杯	300mL、100mL	各一个			

还可备有微量滴定管、半微量滴定管、自动滴定管以及棕色滴定管等供参观学习用。

2. 试剂

无水 Na_2CO_3	基准物质
浓 HCl	密度 1.18～1.19g/mL
酚酞指示剂	$\rho(酚酞)=10g/L$ 的酒精(90%)溶液
甲基橙指示剂	$\rho(甲基橙)=2g/L$ 的水溶液
铬酸洗液	
洗衣粉或去污物	
凡士林	

三、实验步骤

1. 仪器的洗涤及准备

锥形瓶、烧杯、量筒、玻璃棒等用毛刷蘸取去污粉先洗刷干净，再用自来水将洗衣粉冲

洗干净，如玻璃仪器内壁不挂水珠即为洗净，否则要重新洗，最后用蒸馏水荡洗 2～3 次，每次用量 5～10mL。

滴定管按本章第五节中的"滴定管的准备和使用"进行洗涤和试漏。

容量瓶按本章第五节中所述的方法进行试漏和洗涤。

移液管、吸量管按本章第五节中所述的方法洗涤。

2. 仪器的使用练习

（1）容量瓶的使用练习　使用容量瓶将固体物质配成一定浓度和体积溶液的练习。

配制 $c\left(\dfrac{1}{2}Na_2CO_3\right)=0.1mol/L$ 的 Na_2CO_3 溶液 250mL。

① 在托盘天平上称取 1.3～1.4g 无水 Na_2CO_3 于 100mL 烧杯中，加入少量蒸馏水使之溶解。

② 溶解后，再定量转移至 250mL 容量瓶中。在转移过程中，用玻璃棒插入容量瓶内，下端要靠近瓶颈内壁，不要太接近瓶中，烧杯嘴紧靠玻璃棒，使溶液沿玻璃棒慢慢流入容量瓶中，如图 2-11 所示。待溶液流完后，将烧杯沿玻璃棒稍向上提，同时直立，使附在烧杯嘴上的一滴溶液流回烧杯中。残留在烧杯中的少许溶液，可用少量蒸馏水洗 4～5 次，洗液按上述方法转移到容量瓶中。

③ 加蒸馏水稀释，定容至液面与标线相切为止。注意在接近标线时应用胶头滴管逐滴加入。塞好瓶塞，一手按住瓶塞，另一手指尖顶住瓶底边缘，将容量瓶倒转摇荡，使气泡上升到顶，如此反复 10～20 次，使溶液充分混合均匀。

（2）移液管的使用练习　用 25mL 的移液管移取上述 Na_2CO_3 溶液。

将洗净的移液管尖端的水用洗耳球吹净或用滤纸吸干，否则会因水滴的引入而改变溶液的浓度。然后用洗耳球与移液管配合使用，移取 Na_2CO_3 溶液 5～10mL 润洗移液管 2～3 次，以除去残留在移液管壁的水分。

在吸取溶液时，用右手拇指和中指拿住移液管上端，将移液管插入 Na_2CO_3 溶液的液面下，左手拿洗耳球，排除其中的气体，将洗耳球口对准移液管，按紧勿使漏气，然后慢慢松开左手，使溶液从移液管下端徐徐上升。待液面超过移液管标线时，移去洗耳球，同时迅速用右手食指按紧移液管口，将移液管提出液面，使出口尖端靠着容器壁，稍稍松动，使溶液缓缓流出，到弯月面下缘与标线相切时（观察时应使眼睛与移液管的标线处在同一水平面上），立即用食指按紧移液管上口，使溶液不再流出。将管尖在容器口轻刮几下或用滤纸擦拭管尖，反复练习，直到能熟练地使溶液严格控制在移液管标线处为止。

按上述作法移取 25mL Na_2CO_3 溶液于 250mL 的锥形瓶中，使移液管出口尖端靠着锥形瓶内壁，让锥形瓶稍倾斜，移液管应保持垂直，松开食指，使溶液自由地顺壁流下，如图 2-9 所示。待移液管内液面不再下降后，再等 15s，取出移液管，留在管尖的少量液体不要吹净（一般以尖端刻线为准），此时移液管取的溶液恰是 25mL。连续移取三份分别于三个锥形瓶中。

（3）滴定管的使用及滴定管操作练习

① 用 10mL 的量筒量取浓 HCl 2.5～3.0mL，加入盛有 300mL 蒸馏水的烧杯中，用玻璃棒搅动混合均匀，即配得 $c(HCl)$ 为 0.1mol/L 的 HCl 溶液。

② 在使用滴定管之前，将洗净的酸式滴定管用 $c(HCl)$ 为 0.1mol/L 的 HCl 溶液润洗 2～3 次，每次用量 5～10mL。然后注入 $c(HCl)$ 为 0.1mol/L 的 HCl 溶液至"0"刻度线以上，检查尖嘴管有无气泡，若有气泡按本章第五节中所述方法排尽气泡，调节酸式滴定管中

液面至"0"刻度（视线与溶液弯月面最低点在同一水平面上）。

③ 向盛有 $c\left(\frac{1}{2}Na_2CO_3\right)$ 为 0.1mol/L 的 Na_2CO_3 溶液的锥形瓶中加酚酞指示剂 1～2 滴。用 $c(HCl)$ 为 0.1mol/L 的 HCl 溶液滴至红色恰好消失为滴定终点（接近滴定终点时，要一滴一滴，甚至半滴半滴地加入 HCl 溶液）。然后读出并记录消耗的 HCl 的体积数。

④ 在红色刚消失的锥形瓶中加入甲基橙指示剂 2～3 滴，溶液呈黄色，继续用 $c(HCl)$ 为 0.1mol/L 的 HCl 溶液滴定至橙色为滴定终点，读出并记录消耗的 HCl 的体积数。

将滴定管重新装 $c(HCl)$ 为 0.1mol/L 的 HCl 溶液，调节液面至"0"刻度，再按前面 ③、④步骤滴定第二、第三份锥形瓶中的 Na_2CO_3 溶液。比较上述平行测定时消耗 HCl 溶液体积彼此接近的程度，若不满意，可将锥形瓶洗净后再次移取 Na_2CO_3 溶液，按前面的步骤反复练习，直至各自体积彼此接近（相差不超过 0.02mL）为止。

滴定完毕，倒出滴定管的剩余溶液，用自来水冲洗滴定管数次，再用蒸馏水荡洗，然后将滴定管倒立夹好，其他仪器洗净后，有序放置，备用。

碱式滴定管的使用练习，可按本章第五节所述方法，取自来水进行练习。

四、计算

绝对偏差＝某次的测得值－算术平均值

五、使用滴定管及滴定操作应注意的事项

(1) 溶液必须从试剂瓶中（本实验是烧杯盛装的 HCl 溶液）直接转入滴定管中，不得经过任何其他器皿。以防溶液被稀释或玷污。

(2) 滴定管的操作必须用左手，酸式滴定管用左手拇指、食指和中指控制活塞，无名指和小指向反方向顶住，以防活塞松脱。如图 2-6 所示，碱式滴定管也要用左手拇指和食指捏玻璃珠外面的胶皮管，使溶液从玻璃珠旁空隙处流出，如图 2-7 所示。

(3) 滴定速度不宜过快，应与反应速率相适应。边滴定边用右手摇动锥形瓶或烧杯，使它们作圆周运动或不断搅拌试液，如图 2-6、图 2-7 所示，使之混合均匀。在接近滴定终点时要一滴一滴或半滴半滴地加入，最后半滴可使之沿锥形瓶或烧杯内壁流下，再用洗瓶吹洗器壁。

(4) 读数时要使滴定管垂直，并待滴定完毕后 1～2min 让管壁溶液流下后再读数。常量滴定管可读到 0.01mL。

(5) 每次滴定都要从"0"刻度开始，以防因刻度不准带来误差。

(6) 不许用手接触滴定管有刻度部分，以防滴定管受热膨胀使体积不准确。

六、实验数据记录表

项　目	V_{NaOH}/mL	加入酚酞指示剂消耗 V_{HCl}/mL	加入甲基橙指示剂消耗 V_{HCl}/mL
第一次	25.00		
第二次	25.00		
第三次	25.00		
绝对偏差			

第三章　酸碱滴定法

第一节　概　　述

酸碱滴定法是利用酸碱之间质子传递反应的滴定分析方法。酸碱滴定法所涉及到的反应是酸碱反应，由于它的反应速率快，反应过程简单，副反应少。在滴定过程中，溶液中的 H^+ 发生改变，有多种指示剂可供选择，以指示化学计量点的到达。因此，酸碱滴定法广泛应用于化工生产过程中的中控分析和成品分析。

一、酸碱的定义

质子理论认为，凡能给出质子（H^+）的物质是酸，凡能接受质子的物质是碱。

如：
$$HCl \longrightarrow H^+ + Cl^-$$
$$HSO_4^- \rightleftharpoons H^+ + SO_4^{2-}$$
$$NH_4^+ \rightleftharpoons H^+ + NH_3$$

根据酸碱质子理论，酸和碱不是孤立存在的，酸给出质子后生成相应的碱，而碱接受质子后又生成相应的酸。像这种相差一个质子的对应酸碱对，称为共轭酸碱对。如上述反应式可表示为：
$$酸 \rightleftharpoons H^+ + 碱$$

这就是说，酸给出一个质子后新生成的碱称为它的共轭碱；碱接受一个质子后新生成的酸称为它的共轭酸。酸越强，它的共轭碱就越弱；酸越弱，它的共轭碱就越强。常见共轭酸碱对如表 3-1 所示。

表 3-1　常见共轭酸碱对

酸		共　轭　碱	
名　　称	化 学 式	化 学 式	名　　称
高氯酸	$HClO_4$	ClO_4^-	高氯酸根
硫酸	H_2SO_4	HSO_4^-	硫酸氢根
氢碘酸	HI	I^-	碘离子
氢溴酸	HBr	Br^-	溴离子
盐酸	HCl	Cl^-	氯离子
硝酸	HNO_3	NO_3^-	硝酸根
水合氢离子	H_3O^+	H_2O	水
硫酸氢根	HSO_4^-	SO_4^{2-}	硫酸根
磷酸	H_3PO_4	$H_2PO_4^-$	磷酸二氢根
亚硝酸	HNO_2	NO_2^-	亚硝酸根
醋酸	CH_3COOH	CH_3COO^-	醋酸根

续表

酸		共 轭 碱	
名　称	化 学 式	化 学 式	名　称
碳酸	H_2CO_3	HCO_3^-	碳酸氢根
氢硫酸	H_2S	HS^-	硫氢根
铵离子	NH_4^+	NH_3	氨
氢氰酸	HCN	CN^-	氰根
水	H_2O	OH^-	氢氧根

从表中可以看出：（1）酸和碱既可以是分子，也可以是阳离子或阴离子；（2）有的分子或离子在某个共轭酸碱对中是酸，但在另一个共轭酸碱对中却是碱，它们属于两性物质，如 HSO_4^-、H_2O 等。

二、酸碱反应

酸碱质子理论认为：酸碱反应的实质是酸与碱之间质子的传递。如强酸和强碱反应❶

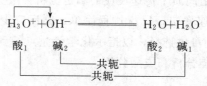

在反应中，H_3O^+ 是酸，放出质子传递给 OH^-，然后转变成它的共轭碱（碱₁ 的 H_2O）；OH^- 是碱，接受质子后转变成它的共轭酸（酸₂ 的 H_2O）。

酸碱质子理论不仅扩大了酸和碱的范围，还可以把电离理论中的电离作用、中和作用、水解作用及同离子效应等，统统包括在酸碱反应的范围之内。下面是一些常见酸碱反应的例子。

（1）$HAc+H_2O \Longrightarrow H_3O^+ +Ac^-$

（2）$H_2O+NH_3 \Longrightarrow NH_4^+ +OH^-$

（3）$H_3O^+ +OH^- \Longrightarrow H_2O+H_2O$

（4）$HAc+NH_3 \Longrightarrow NH_4^+ +Ac^-$

（5）$H_2O+H_2O \Longrightarrow H_3O^+ +OH^-$

（6）$H_2O+Ac^- \Longrightarrow HAc+OH^-$

（7）$NH_4^+ +H_2O \Longrightarrow H_3O^+ +NH_3$

质子传递反应：

$$共轭酸_1+共轭碱_2 \Longrightarrow 共轭碱_1+共轭酸_2$$

按照电离理论，在上述反应中：（1）、（2）是弱酸、弱碱的离解；（3）、（4）是中和反应；（5）是水的离解；（6）、（7）是盐类水解。实质上它们都是酸碱反应，即都是在水溶液中的质子传递反应。

一般的酸、碱以及能与酸、碱直接或间接进行质子传递的物质，几乎都可以利用酸碱滴定法进行滴定。所以酸碱滴定法是应用广泛的基本分析方法之一。

三、弱电解质的电离平衡

1. 电离常数

---

❶ 强酸在水溶液中先离解生成水合氢离子。如　$HCl+H_2O \longrightarrow H_3O^+ +Cl^-$

弱电解质在溶液中只部分电离，在一定条件下达到平衡，这个平衡状态叫电离平衡状态。以 HA 表示一元弱酸，则在一定温度下达到平衡，溶液中存在分子和离子之间的电离平衡。

$$HA \rightleftharpoons H^+ + A^-$$

其电离平衡常数表达式为 $K_a^{\ominus} = \dfrac{c(H^+)c(A^-)}{c(HA)}$

以 BOH 表示一元弱碱，在一定温度下达到平衡，存在下列电离平衡。

$$BOH \rightleftharpoons B^+ + OH^-$$

其电离平衡常数表达式为 $K_b^{\ominus} = \dfrac{c(B^+)c(OH^-)}{c(BOH)}$

$K_a^{\ominus}$、$K_b^{\ominus}$ 分别表示弱酸、弱碱的标准电离常数。一般情况下，为了表明具体的弱电解质，在表示弱电解质的电离平衡常数时应注明其化学式，如 $K_a^{\ominus}(HAc)$、$K_b^{\ominus}(NH_3 \cdot H_2O)$ 分别表示醋酸和氨水的电离常数。

电离常数的大小表示弱电解质电离的难易程度。K 值越大，表示电离程度越大，弱电解质越强；K 值越小，表示电离程度越小，弱电解质越弱。例如在 298K 时，甲酸的电离常数为 1.77×10^{-4}，醋酸的电离常数为 1.8×10^{-5}，当浓度相同时，甲酸的酸性比醋酸的酸性强。

2. 水的电离

水有微弱的导电性，是一种极弱的电解质。在水溶液中，存在着下列电离平衡

$$H_2O \rightleftharpoons H^+ + OH^-$$

其电离平衡常数 $\qquad K^{\ominus} = \dfrac{c(H^+)c(OH^-)}{c(H_2O)}$

由于水的电离非常微弱，仅能电离出少量的 H^+、OH^-，绝大部分仍以水分子形式存在，因此常温下 $c(H_2O)$ 可看做是一个常数。则

$$c(H^+)c(OH^-) = K^{\ominus}c(H_2O) = K_w^{\ominus}$$

$K_w^{\ominus}$ 称为水的离子积常数。经测定，298K 时纯水中 $c(H^+) = c(OH^-) = 10^{-7}\,mol/L$，因此 $K_w^{\ominus} = 10^{-14}$。水的离子积常数不仅适用于纯水，对于其他电解质的稀溶液同样适用，也就是说无论是在纯水中还是在各种电解质的水溶液中，都同时存在 H^+、OH^-，只是相对浓度不同，其相对关系如下。

$$c(H^+) = c(OH^-) = 10^{-7}\,mol/L \qquad 中性溶液$$

$$c(H^+) > c(OH^-) \qquad\qquad\qquad 酸性溶液$$

$$c(H^+) < c(OH^-) \qquad\qquad\qquad 碱性溶液$$

由于 $c(H^+)$、$c(OH^-)$ 的数值一般都很小，使用起来不方便，因此常采用 pH 值来表示溶液的酸碱性。

$$pH = -\lg c(H^+)$$

溶液的酸碱性与 pH 值的关系如下。

$$pH < 7 \qquad\qquad 酸性溶液$$

$$pH = 7 \qquad\qquad 中性溶液$$

$$pH > 7 \qquad\qquad 碱性溶液$$

溶液的酸碱性还可以用 pOH 来表示，即 $pOH = -\lg c(OH^-)$

四、溶液 pH 值的计算

1. 强酸

$$pH = -\lg[H^+]$$

【例 3-1】 计算 0.1mol/L HCl 溶液的 pH 值。

解 $pH = -\lg 0.1 = 1$

答：0.1mol/L HCl 溶液的 pH 值为 1。

【例 3-2】 计算 0.1mol/L H_2SO_4 溶液的 pH 值。

解 $pH = -\lg(0.1 \times 2) = -\lg 0.2 = 0.7$

答：0.1mol/L H_2SO_4 溶液的 pH 值为 0.7。

2. 一元弱酸（一元弱碱）

设 HA 为一元弱酸，其电离平衡常数为 $K_a^\ominus$，浓度为 c，则

$$HA \Longrightarrow H^+ + A^-$$

电离前 　　　　　　　　c　　0　　0

电离过程中 　　　　　　x　　x　　x

电离平衡时 　　　　　$c-x$　x　　x

则

$$K_a^\ominus = \frac{c(H^+)c(A^-)}{c(HA)} = \frac{x \cdot x}{c-x} = \frac{x^2}{c-x}$$

当 $\dfrac{c}{K_a^\ominus} \geqslant 500$ 时，x 很小，$c-x \approx c$

上式变为

$$K_a^\ominus = \frac{x^2}{c}$$

则

$$[H^+] = x = \sqrt{K_a^\ominus c}$$

$$pH = -\lg[H^+] = -\lg \sqrt{K_a^\ominus c}$$

若为一元弱碱，只需要将 $[H^+]$ 换为 $[OH^-]$，$K_a^\ominus$ 换为 $K_b^\ominus$ 即可。

【例 3-3】 已知在 298K 时，$K_a^\ominus(HAc) = 1.8 \times 10^{-5}$，计算该温度下 0.1mol/L HAc 溶液的 pH 值。

解 设平衡时 $c(H^+)$ 为 x

$$HAc \Longrightarrow H^+ + Ac^-$$

初始浓度 　　　　　0.1　　0　　0

平衡浓度 　　　　0.1$-x$　x　x

$$K_a^\ominus(HAc) = \frac{c(H^+)c(Ac^-)}{c(HAc)} = \frac{x^2}{0.1-x} = 1.8 \times 10^{-5}$$

因为 $\dfrac{c(HAc)}{K_a^\ominus(HAc)} > 500$，可以近似认为 $0.1-x \approx 0.1$

$$x = c(H^+) = \sqrt{1.8 \times 10^{-5} \times 0.1} = 1.3 \times 10^{-3} \text{mol/L}$$

$$pH = -\lg(1.3 \times 10^{-3}) = 2.89$$

3. 盐类水解

以 NaAc 为例进行讨论。

$$Ac^- + H_2O \rightleftharpoons HAc + OH^-$$

水解前　　　　　　　　c　　　　　　　0　　　　0

水解过程中　　　　　　x　　　　　　　x　　　　x

水解平衡时　　　　　$c-x$　　　　　　x　　　　x

则
$$K_b^\ominus = \frac{x \cdot x}{c-x} = \frac{x^2}{c-x}$$

当 $\dfrac{c}{K_b^\ominus} \geqslant 500$ 时，x 很小，$c-x \approx c$

上式变为
$$K_b^\ominus = \frac{x^2}{c}$$

则
$$[OH^-] = x = \sqrt{K_b^\ominus c}$$

溶液的 pH 值为

$$pH = 14 - pOH = 14 - (-\lg[OH^-]) = 14 + \lg[OH^-] = 14 + \lg\sqrt{K_b^\ominus c}$$

4. 缓冲溶液

一元弱酸与其盐组成的缓冲溶液，其 $pH = pK_a^\ominus - \lg\dfrac{c(\text{酸})}{c(\text{盐})}$

一元弱碱与其盐组成的缓冲溶液，其 $pOH = pK_b^\ominus - \lg\dfrac{c(\text{碱})}{c(\text{盐})}$

第二节　酸碱指示剂

一、酸碱指示剂的变色原理

酸碱指示剂是指在不同 pH 值的溶液中显示不同颜色的有机弱酸或有机弱碱。它们的共轭酸碱对具有不同结构，当溶液的 pH 值改变时，指示剂的共轭酸碱对之间发生质子传递反应，使结构发生改变，引起颜色的变化。例如酚酞和甲基橙。

酚酞是一种有机弱酸，属于单色指示剂[❶]。在溶液中存在着下列平衡：

无色（内酯式）　　　　　　无色　　　　　　　无色（羟式）　　　　红色（醌式）

若增大 $[OH^-]$ 使溶液呈碱性，平衡向右移动，酚酞由无色变为红色；若增大 $[H^+]$ 使溶液呈酸性，平衡向左移动，酚酞由红色变为无色。

甲基橙是一种弱碱，属于双色指示剂[❷]，在溶液中存在着下列平衡：

红色（醌式）　　　　　　　　　　　　　黄色（偶氮式）

---

❶ 只有酸式或碱式具有颜色的指示剂称为单色指示剂。

❷ 酸式与碱式均有颜色的指示剂，称为双色指示剂。

若增大溶液的酸度，平衡向左移动，甲基橙显红色；若降低溶液的酸度，平衡向右移动，甲基橙显黄色。

同理，其他酸碱指示剂，也是在不同 pH 值的溶液中因质子传递使结构改变而显不同的颜色。

二、指示剂的变色范围

酸碱指示剂的颜色根据溶液 pH 值变化分为酸色和碱色，而指示剂的颜色变化是随着溶液的 pH 值变化而逐渐改变的。当溶液 pH 值在某一数值以下变化时，人们仅能观察到指示剂的酸色，而在另一数值以上变化时，又仅能观察到指示剂的碱色，只有当溶液的 pH 值在这两个数值之间变化时，人们才明显地观察到指示剂颜色的变化。把指示剂颜色变化时溶液的 pH 值范围称为指示剂的变色范围。当溶液的 pH 值小于指示剂变色范围的 pH 值时，酸碱指示剂所显示的颜色称为酸色；当溶液的 pH 值大于指示剂变色范围的 pH 值时，酸碱指示剂所显示的颜色称为碱色。常用的酸碱指示剂变色范围及颜色变化如表 3-2 所示。

表 3-2　常用酸碱指示剂

指示剂	变色范围 pH 值	颜色		质量分数	用量 (滴/10mL 试液)
		酸色	碱色		
百里酚蓝	1.2～2.8	红	黄	0.1%的 20%酒精溶液	1～2
甲基黄	2.9～4.0	红	黄	0.1%的 90%酒精溶液	1
甲基橙	3.1～4.4	红	黄	0.1%水溶液	1
溴酚蓝	3.0～4.6	黄	紫	0.1%的 20%酒精溶液或其钠盐的水溶液	1
甲基红	4.4～6.2	红	黄	0.1%的 60%酒精溶液或其钠盐的水溶液	1
溴百里酚蓝	6.2～7.6	黄	蓝	0.1%的 20%酒精溶液或其钠盐的水溶液	1
中性红	6.8～8.0	红	黄	0.1%的 60%酒精溶液	1
酚红	6.4～8.0	黄	红	0.1%的 60%酒精溶液或其钠盐的水溶液	1
酚酞	8.0～10.0	无	红	0.5%的 90%酒精溶液	1～3
百里酚酞	9.4～10.6	无	蓝	0.1%的 90%酒精溶液	1～2

在某些酸碱滴定中，使用一般的指示剂在滴定终点时颜色变化不明显，这时可以选用混合指示剂。混合指示剂特点是利用颜色的互补作用，使颜色变化更为敏锐，或变色范围更小。

混合指示剂的配制方法有两种。一种是由两种或两种以上指示剂混合而成。另一种是由一种指示剂和一种惰性染料（如靛蓝、亚甲基蓝等，它们不随 pH 值变化而改变颜色）混合而成。

如由两种指示剂溴甲酚绿和甲基红组成的混合指示剂，在滴定过程中颜色变化如表 3-3 所示。

表 3-3　溴甲酚绿和甲基红及其混合指示剂的颜色变化

溶液 pH 值	溴甲酚绿颜色	甲基红颜色	溴甲酚绿＋甲基红颜色
<4.0	黄色	红色	橙色
4.0～6.2	绿色	橙红色	灰色
>6.2	蓝色	黄色	绿色

显而易见，单一指示剂的颜色变化不够明显，难以辨别，而混合指示剂的颜色变化非常敏锐，容易辨别，能清楚地判断终点。

把甲基红、甲基黄、溴百里酚蓝、百里酚蓝和酚酞按一定比例混合，溶于酒精配成的混合指示剂，随溶液 pH 值变化而逐渐变色，适用于 pH 为 1.0～14.0 范围，称为广泛指示剂。常用的酸碱混合指示剂如表 3-4 所示。

表 3-4 常用的混合指示剂

指示剂溶液的组成	变色点 pH 值	颜 色		备 注
		酸色	碱色	
一份 0.1%甲基黄酒精溶液 一份 0.1%次甲基蓝酒精溶液	3.25	蓝紫	绿	pH 值 3.4 绿色 pH 值 3.2 蓝紫色
一份 0.1%甲基橙水溶液 一份 0.25%靛蓝水溶液	4.1	紫	黄绿	
三份 0.1%溴甲酚绿酒精溶液 一份 0.2%甲基红酒精溶液	5.1	酒红	绿	
一份 0.1%溴甲酚绿钠盐水溶液 一份 0.1%氯酚红钠盐水溶液	6.1	黄绿	蓝紫	pH 值 5.4 蓝绿色,pH 值 5.8 蓝色,pH 值 6.0 蓝带紫,pH 值 6.2 蓝紫色
一份 0.1%中性红酒精溶液 一份 0.1%次甲基蓝酒精溶液	7.0	紫蓝	绿	pH 值 7.0 紫蓝色
一份 0.1%甲酚红钠盐水溶液 三份 0.1%百里酚蓝钠盐水溶液	8.3	黄	紫	pH 值 8.2 玫瑰色 pH 值 8.4 清晰的紫色
一份 0.1%百里酚蓝 50%酒精溶液 三份 0.1%酚酞 50%酒精溶液	9.0	黄	紫	从黄到绿再到紫
二份 0.1%百里酚酞酒精溶液 一份 0.1%茜素黄 R 酒精溶液	10.2	黄	紫	

三、指示剂的用量

由于酸碱指示剂本身是一种有机弱酸或有机弱碱，在滴定过程中指示剂用量对颜色变化的影响有两个方面。一是指示剂用量过多（或浓度过高）时，会使滴定终点颜色变化不明显，且指示剂本身也消耗一定的滴定剂；二是指示剂用的改变会引起单色指示剂变色范围的变动，影响滴定的准确度。如在 50～100mL 溶液中加入 2～3 滴 0.1%酚酞，pH≈9.0 时出现红色，而在相同条件下加入 10～15 滴 0.1%酚酞，则在 pH＝8.0 时出现红色。因此，在不影响指示剂变色灵敏度的条件下，指示剂的用量越少越好，通常被测试液在 20～30mL 时，指示剂的用量为 1～2 滴。

第三节 酸碱滴定曲线及指示剂的选择

在酸碱滴定过程中，由于酸碱反应相互作用的物质不同，溶液 pH 值的变化不同，所以滴定曲线的形状也不相同。滴定曲线就是以横坐标代表滴定剂的体积或浓度，纵坐标代表待测组分的特征量值的关系曲线。滴定曲线的绘制，以及如何根据滴定曲线选择相应的酸碱指示剂，是酸碱滴定法的重要内容。

一、强碱滴定强酸或强酸滴定强碱

（一）滴定过程溶液 pH 值的变化

以 0.1000mol/L 的 NaOH 溶液滴定 20.00mL 0.1000mol/L 的 HCl 为例。滴定反应

式为

$$HCl + NaOH \longrightarrow NaCl + H_2O$$

整个滴定过程分为四个阶段。

1. 滴定前溶液的 pH 值

滴定前，溶液的组成为 HCl，溶液中 $[H^+]$ 等于 HCl 的浓度，即

$$[H^+] = c(HCl) = 0.1000 mol/L$$

$$pH = -lg\ [H^+] = -lg0.1000 = 1.0$$

2. 滴定开始后至化学计量点前溶液的 pH 值

随着滴定剂 NaOH 的逐渐加入，HCl 溶液中的 H^+ 不断与 OH^- 反应而使 $[H^+]$ 降低，这时溶液的组成为 HCl+NaCl 的混合溶液，溶液的 $[H^+]$ 取决于剩余的 HCl 的浓度。当加入 NaOH 19.98mL 时，$[H^+]$ 为

$$[H^+] = \frac{0.1000 \times (20.00 - 19.98)}{20.00 + 19.98} = 5.00 \times 10^{-5}\ (mol/L)$$

$$pH = -lg[H^+] = -lg(5.00 \times 10^{-5}) = 4.3$$

3. 化学计量点时溶液的 pH 值

化学计量点是指 NaOH 与 HCl 恰好完全反应的点，此时溶液组成为 NaCl 及 H_2O，溶液的 $[H^+]$ 由 H_2O 的离解决定。即

$$[H^+] = [OH^-] = 1.00 \times 10^{-7}\ (mol/L)$$

$$pH = -lg[H^+] = -lg1.00 \times 10^{-7} = 7.0$$

此时溶液呈中性。

4. 化学计量点后溶液的 pH 值

化学计量点后，溶液的组成为 NaCl+NaOH，溶液的 $[H^+]$ 由过量的 NaOH 来决定。当加入 NaOH 20.02mL 时，溶液中的 $[OH^-]$ 为

$$[OH^-] = \frac{0.1000 \times (20.02 - 20.00)}{20.00 + 20.02} = 5.00 \times 10^{-5}\ (mol/L)$$

$$pOH = -lg[OH^-] = -lg(5.00 \times 10^{-5}) = 4.3$$

$$pH = 14 - pOH = 14 - 4.3 = 9.7$$

用类似的方法可计算出滴定过程各点的 pH 值。计算结果列于表 3-5。

表 3-5　室温下用 0.1000mol/L NaOH 滴定 20.00ml 0.1000mol/L HCl 时 pH 的变化

加入的 NaOH		剩余的 HCl		溶 液	
体积分数/%	V/mL	体积分数/%	V/mL	$[H^+]$ mol/L	pH 值
0	0	100.0	20.00	1.00×10^{-1}	1.00
90.00	18.00	10.00	2.00	5.26×10^{-3}	2.28
99.00	19.80	1.00	0.20	5.02×10^{-4}	3.30
99.90	19.98	0.10	0.02	5.00×10^{-5}	4.30
100.00	20.00	0	0	1.00×10^{-7}	7.00
		(以下为过量的 NaOH)			
100.1	20.02	0.10	0.02	2.00×10^{-10}	9.70
101.0	20.20	1.00	0.20	2.01×10^{-11}	10.70
110.0	22.00	10.00	2.00	2.10×10^{-12}	11.68
200.0	40.00	100.0	20.00	5.00×10^{-13}	12.52

（4.30、7.00、9.70 为突跃部分）

（二）滴定曲线的形状和滴定突跃

以 NaOH 标准溶液的加入量（mL 数或体积百分数）为横坐标，溶液的 pH 值为纵坐标，绘出的曲线即为强碱滴定强酸的滴定曲线。如图 3-1 所示。

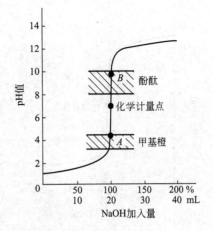

从表 3-5 和图 3-1 可以看出，整个滴定过程溶液的 pH 值变化趋势是缓慢→突跃→缓慢。滴定开始后，随着 NaOH 加入量的增加，溶液 pH 值变化很小，曲线比较平坦。从滴定开始到加入 19.98mL NaOH 溶液（此时 99.9％ HCl 被滴定），溶液的 pH 值从 1.0 到 4.3，增加了 3.3 个单位。但是从 99.9％ HCl 被滴定（0.1％ HCl 未被滴定）到 0.1％ NaOH 过量（NaOH 加入量仅 0.04mL，约 1 滴溶液），溶液的 pH 值从 4.3 到 9.7，增加了 5.4 个 pH 单位，溶液从酸性变为碱性。溶液的

图 3-1　强碱滴定强酸的滴定曲线

pH 值有一个突变，这一段曲线几乎是垂直线。像这种在化学计量点前后 ±0.1％ 相对误差范围内的 pH 值的突跃变化称为滴定突跃，突跃所在的 pH 范围称为 "滴定突跃范围"。此后继续加入 NaOH，溶液 pH 值的变化逐渐减小，曲线又趋于平坦。

（三）指示剂的选择

酸碱指示剂的选择主要根据滴定的突跃范围来决定。最理想的指示剂应该是恰好在化学计量点时变色。实际上，凡在突跃范围之内变色的指示剂都可以选择作为这一滴定的指示剂。因此，指示剂选择的原则是：只要指示剂的变色范围全部或部分包含在滴定突跃范围之内，都可以作为这一滴定的指示剂。对于强碱滴定强酸（滴定突跃范围 pH4.30～9.70），甲基红（变色范围 pH4.4～6.2）、酚酞（变色范围 pH8.0～10.0）都是合适的指示剂。甲基橙的变色范围（pH3.1～4.4）在滴定突跃的边缘，用它做指示剂进行滴定时必加以控制，以使误差不超过 0.2％。

在具体的滴定操作中，如果指示剂使用不当也会影响到颜色变化的敏锐性。例如，酚酞由无色变为红色，颜色变化明显，容易辨别，若反过来，酚酞由红色变为无色，则容易引起滴定剂过量。同理，甲基橙由黄色变为红色，比由红色变为黄色易于辨别。因此用强酸滴定强碱，一般采用甲基橙作指示剂；用强碱滴定强酸则用酚酞作指示剂。

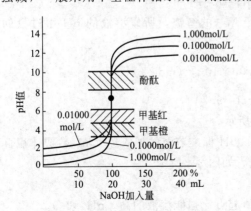

图 3-2　不同浓度的 NaOH 滴定
20.00mL 相应浓度 HCl 的滴定曲线

滴定曲线的突跃范围大小与酸和碱的浓度有关。浓度越大，突跃范围越大；浓度越小，突跃范围就越小。如以 1.000mol/L NaOH 溶液滴定 1.000mol/L HCl 溶液时，突跃范围 pH3.3～10.7，甲基橙是合适的指示剂。如果浓度减少到 0.0100mol/L，突跃范围在 pH5.3～8.7，甲基橙就不能作为这一滴定的指示剂。不同浓度的 NaOH 滴定相应浓度的 HCl，其滴定曲线如图3-2 所示。

溶液浓度越大，滴定突跃范围越大，对选择指示剂越有利。相反，溶液浓度越小，滴定突跃范围就越小，选择指示剂就受到限制。但并不是浓度越大越好。溶液浓度越大，在滴定中多用 1

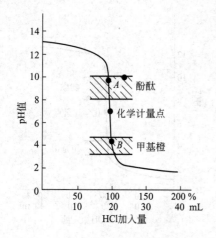

图 3-3 强酸滴定强碱

(0.1000mol/L) 的滴定曲线

滴或少用 1 滴标准溶液所引起的绝对误差就越大，对分析结果的准确度影响就越大。因此，在滴定分析中，根据实际需要来选用适当浓度的标准溶液和合适的指示剂是非常必要的。

用强酸滴定强碱时，可以得到恰好与图 3-1 的 pH 值变化方向相反的滴定曲线。如图 3-3 所示。

二、强碱滴定弱酸或强酸滴定弱碱

滴定过程中溶液 pH 的变化

以 0.1000mol/L NaOH 滴定 20.00mL 0.1000mol/L HAc 为例。

滴定反应

$$OH^- + HAc = Ac^- + H_2O \quad K_a = 1.8 \times 10^{-5}$$

① 滴定前　溶液中只有 HAc，溶液的 pH 值取决于 HAc 的离解平衡。

$$[H^+] = \sqrt{c \cdot K_a} = \sqrt{0.1000 \times 1.8 \times 10^{-5}} = 1.4 \times 10^{-3} \text{ (mol/L)}$$

$$pH = 2.87$$

② 化学计量点前　溶液中剩余的 HAc 和反应新产生的 Ac⁻ 构成 HAc-Ac⁻ 缓冲溶液。若加入 NaOH 19.98mL，则剩余 HAc 0.02mL，产生 Ac⁻ 19.98mL

$$[HAc] = \frac{0.02 \times 0.1000}{20.00 + 19.98} = 5.00 \times 10^{-5} \text{ (mol/L)};$$

$$[Ac^-] = \frac{19.98 \times 0.1000}{19.98 + 20.00} = 5.00 \times 10^{-2} \text{ (mol/L)}$$

则　$$[H^+] = K_a \times \frac{c(HAc)}{c(Ac^-)} = 1.8 \times 10^{-5} \times \frac{5.00 \times 10^{-5}}{5.00 \times 10^{-2}} = 1.8 \times 10^{-8} \text{ (mol/L)}$$

$$pH = 7.74$$

③ 化学计量点　反应完全，产物为 NaAc，可按 Ac⁻ 的离解计算溶液 pH 值。

$$[OH^-] = \sqrt{cK_b} = \sqrt{\frac{0.1000}{2} \times \frac{10^{-14}}{1.8 \times 10^{-5}}} = 5.3 \times 10^{-6} \text{ (mol/L)}$$

$$pOH = 5.28 \quad pH = 8.72$$

④ 化学计量点后　由于过量的 NaOH 抑制了 Ac⁻ 的解离，所以溶液的 pH 由过量的 NaOH 决定。若加入 NaOH 20.02mL，

$$[OH^-] = \frac{0.1000 \times 0.02}{20.00 + 20.02} = 5.00 \times 10^{-5} \text{ (mol/L)}$$

$$pOH = 4.30 \quad pH = 9.70$$

滴定过程中各阶段溶液的 pH 值变化如表 3-6 所示。

按上述方法在②～④阶段多计算几个点，以 NaOH 标准溶液的加入量（mL 数或体积百分数）为横坐标，以 pH 值为纵坐标绘制滴定曲线，如图 3-4 所示。

从表 3-6 的数据和图 3-4 的滴定曲线可以看出。

(1) 滴定前，由于 HAc 是弱酸，溶液的 pH 值起点比强酸溶液的高，pH＝2.9。

(2) 滴定开始至化学计量点前，滴定曲线形成一个由倾斜到平坦又到倾斜的坡度。这是因为滴定开始瞬间，生成少量 Ac⁻，抑制 HAc 的离解，[H⁺] 降低，pH 值增加较快。继

续加入 NaOH，溶液中的 Ac^- 与 HAc 组成缓冲溶液，使溶液 pH 值增加速度变慢。当到达化学计量点附近时，溶液中 HAc 浓度已经很小，同时缓冲作用减弱，弱碱 $[Ac^-]$ 增大，再继续加入 NaOH 时，溶液 pH 值变化加快。

（3）化学计量点时，由于滴定产物 Ac^- 是弱碱，化学计量点的 pH 值是 8.7。突跃范围 pH 7.7～9.7，酚酞、百里酚酞可选为这一滴定的指示剂。

（4）化学计量点后为 NaAc 和 NaOH 的混合溶液，Ac^- 是弱碱，溶液的 pH 值由过量的强碱 NaOH 控制，所以溶液的 pH 值变化与强碱滴定强酸相同。

（5）可以推论，用强碱溶液滴定比 HAc 更弱的酸时，化学计量点更偏于碱性，同时滴定突跃范围也会更窄。对于很弱的酸（或碱）在水溶液中进行酸碱滴定已

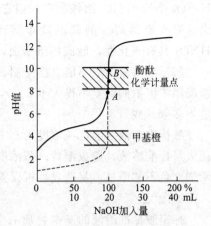

图 3-4 强碱滴定弱酸的滴定曲线

（0.1000mol/L NaOH 滴定 20.00mL 0.1000mol/L HAc）

经是不可能，因为滴定过程没有明显的突跃范围，利用一般指示剂无法确定它的滴定终点。这时就需要采取另外的分析方法，如用仪器确定终点，通过化学反应使弱酸强化，或用非水溶液滴定法等。

表 3-6 强碱滴定弱酸的溶液 pH 值变化

（用 0.1000mol/L NaOH 溶液滴定 20.00mL 0.1000mol/L HAc，25℃）

加入的 NaOH		剩余的 HAc		溶　液
体积分数/%	V/mL	体积分数/%	V/mL	pH 值
0	0	100	20.00	2.90
90	18.00	10	2.00	5.70
99	19.80	1	0.20	6.70
99.9	19.98	0.1	0.02	7.70
100	20.00	0	0.00	8.72
		（以下为过量的 NaOH）		
100.1	20.02	0.1	0.02	9.70
101	20.20	1	0.20	10.70
110	22.00	10	2.00	11.70
200	40.00	100	20.00	12.60

（6）若用强酸滴定弱碱，滴定曲线与强碱滴定弱酸相似，只是 pH 值的变化曲线相反，突跃范围亦较强酸滴定强碱小，且在酸性范围内。

第四节　酸碱标准溶液的配制和标定

一、酸标准溶液的配制和标定

1. 配制

酸碱滴定中的酸标准溶液主要有 HCl 和 H_2SO_4，一般常用 HCl 来配制。HCl 标准溶液的特点是稳定性较好，指示剂变色明显，大多数的氯化物易溶于水。因此，它在酸碱滴定中应用最多。若需要加热或在较高温度下使用，则可以选用 H_2SO_4 来配制标准溶液，虽然

H_2SO_4 溶液比 HCl 溶液稳定,但它的第二步离解不大（$K_{a_2} \approx 10^{-2}$），滴定突跃范围较小。而且有些金属离子的硫酸盐难溶于水,这些使 H_2SO_4 标准溶液的应用范围受到限制。HNO_3 具有氧化性,能破坏指示剂,且本身稳定性差,故很少被用来配制标准溶液。

酸标准溶液一般不能直接配制,即先用市售盐酸❶配制成接近所需浓度（其浓度值与所需配制浓度值的误差不得大于 5%）,再用基准物标定。考虑到浓 HCl 的挥发性,配制时应适当多取一些。

酸标准溶液一般配成浓度为 0.1mol/L。若浓度过高,则会增大试样的称量质量,且消耗大量标准溶液,造成浪费。若浓度过低,则滴定突跃范围小,不利于指示剂的选择,且指示剂变色不够明显,易造成分析误差。

2. 标定

标定酸标准溶液的基准物质有无水 Na_2CO_3 和 $Na_2B_4O_7 \cdot 10H_2O$。其中 Na_2CO_3 易提纯,价格便宜,因此最常用作标定酸溶液的基准物质。但它有强烈的吸湿性,因此在称量前必须在 270~300℃下干燥至恒重,然后置于干燥器中冷却后备用。

用基准物质无水 Na_2CO_3 标定 HCl 溶液时化学计量点 pH 值为 3.9,滴定突跃范围是 pH 值 3.5~5.5。可选用甲基橙（或溴甲酚绿-甲基红混合指示剂）作指示剂。

用甲基橙（或溴甲酚绿-甲基红混合指示剂）作指示剂,以 HCl 溶液滴定至 Na_2CO_3 溶液由黄色变为橙色（或由绿色变为暗红色）时,应将溶液加热煮沸 2~3min 以赶出 CO_2,待溶液冷却后再继续滴定至溶液呈橙色（或暗红色）。同时做空白实验。

3. 计算

根据基准无水 Na_2CO_3 的质量、HCl 溶液消耗体积和空白实验 HCl 溶液的体积,计算出 HCl 标准溶液的准确浓度。计算公式:

$$c(\text{HCl}) = \frac{m_{Na_2CO_3} \times 10^3}{M\left(\frac{1}{2}Na_2CO_3\right)(V_{\text{HCl}} - V_0)} \tag{3-1}$$

式中　　$c(\text{HCl})$——HCl 标准溶液的浓度,mol/L;

　　　　$m_{Na_2CO_3}$——基准无水 Na_2CO_3 的质量,g;

$M\left(\frac{1}{2}Na_2CO_3\right)$——$\frac{1}{2}Na_2CO_3$ 的摩尔质量,g/mol;

　　　　V_{HCl}——消耗 HCl 溶液的体积,mL;

　　　　V_0——空白实验消耗 HCl 溶液的体积,mL。

二、碱标准溶液的配制和标定

NaOH、KOH 和 $Ba(OH)_2$ 等都可以作碱标准溶液,最常用的是 NaOH 溶液。

1. 配制

NaOH 具有很强的吸湿性,也易吸收空气中的 CO_2,故常含有少量 Na_2CO_3,在配制时必须除去 Na_2CO_3 等杂质。

配制 NaOH 最常用的方法是,将市售 NaOH 配制成饱和溶液,即 1 份固体 NaOH 与 1 份水制成（约 50%）。在这种浓碱溶液中,Na_2CO_3 几乎不溶解而沉降下来。摇匀后注入聚

---

❶ 市售盐酸的密度 ρ_{HCl} 为 1.19g/mL,质量分数 $w(\text{HCl})$ 为 37%,物质的量浓度 $c(\text{HCl})$ 为 12mol/L。

乙烯试剂瓶密封静置。吸取上层澄清溶液，用无 CO_2 的蒸馏水（煮沸几分钟冷却后即可使用）稀释至所需浓度。

2. 标定

标定 NaOH 溶液的基准物质有 $KHC_8H_4O_4$（邻苯二甲酸氢钾）或 $H_2C_2O_4 \cdot 2H_2O$（草酸）。其中 $KHC_8H_4O_4$ 易精制，不含结晶水，无吸湿性，摩尔质量较大。因此最常用作标定碱溶液的基准物质。使用前在 $105\sim110℃$ 温度下烘干 $2\sim3h$，然后置于干燥器中冷却备用。

$KHC_8H_4O_4$ 与 NaOH 反应的产物是 $NaKC_8H_4O_4$（邻苯二甲酸钾钠），化学计量点时溶液呈碱性。酚酞是这一滴定的适宜指示剂。

以 NaOH 溶液滴定至溶液由无色变为粉红色 30s 不褪色即为终点。同时做空白实验。

3. 计算

根据基准物质 $KHC_8H_4O_4$ 的质量、NaOH 溶液的消耗体积及空白实验 NaOH 的体积，计算出 NaOH 标准溶液的准确浓度。计算公式：

$$c(NaOH) = \frac{m_{KHC_8H_4O_4} \times 10^3}{M(KHC_8H_4O_4)(V_{NaOH} - V_0)} \tag{3-2}$$

式中　$c(NaOH)$——NaOH 标准溶液的浓度，mol/L；

$\qquad m_{KHC_8H_4O_4}$——基准物质 $KHC_8H_4O_4$ 的质量，g；

$M(KHC_8H_4O_4)$——$KHC_8H_4O_4$ 的摩尔质量，g/mol；

$\qquad V_{NaOH}$——消耗 NaOH 溶液的体积，mL；

$\qquad V_0$——空白实验消耗 NaOH 溶液的体积，mL。

第五节　酸碱滴定法的应用

一、工业烧碱中 NaOH 和 Na_2CO_3 含量的测定

NaOH 俗称烧碱，因在生产或贮存中易吸收空气中的 CO_2 而含有少量的 Na_2CO_3。对于烧碱中 NaOH 和 Na_2CO_3 含量的测定，可采用双指示剂法。

双指示剂法是指当滴定剂与被测混合物相互作用时，有两个差别较大的化学计量点，利用两种指示剂在不同的化学计量点的颜色变化，分别指示两个滴定终点。根据到达各滴定终点时标准溶液的用量，计算出各组分含量的测定方法。双指示法常用来测定混合碱的各组分的含量。

在测定过程中，先以酚酞作指示剂，用 HCl 标准溶液滴定至溶液由红色变为无色，反应达到第一个化学计量点，pH 值为 8.3。这时消耗 HCl 标准溶液的体积为 $V_1(L)$，溶液中的 NaOH 已完全反应，而 Na_2CO_3 则反应一半。反应式如下：

$$HCl + NaOH \longrightarrow NaCl + H_2O \tag{1}$$

$$HCl + Na_2CO_3 \longrightarrow NaCl + NaHCO_3 \tag{2}$$

再加入甲基橙，继续用 HCl 标准溶液滴定至溶液由黄色变为橙色，反应达到第二个化学计量点，pH 值为 3.9。这时消耗 HCl 标准溶液的体积为 $V_2(L)$，溶液中由反应（2）生成的 $NaHCO_3$ 已全部反应。反应式如下：

$$HCl + NaHCO_3 \longrightarrow NaCl + CO_2 \uparrow + H_2O \tag{3}$$

整个滴定过程消耗的 HCl 标准溶液体积如图 3-5 所示。

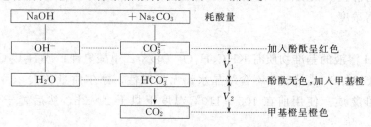

图 3-5 双指示剂法，用 HCl 滴定 NaOH 和 Na_2CO_3 混合物时耗酸量关系图

V_1—NaOH 全部被中和，Na_2CO_3 被中和成 $NaHCO_3$ 所需 HCl 标准溶液体积，L；

V_2—$NaHCO_3$ 被中和成 CO_2 所需 HCl 标准溶液的体积，L

由反应式和图 3-5 可知：

(1) 到达第一个化学计量点消耗 HCl 的体积大于第二个化学计量点，即 $V_1 > V_2$。

(2) NaOH 全部反应所消耗 HCl 的体积为 $V_1 - V_2$。

(3) Na_2CO_3 全部反应所消耗 HCl 的体积为 $2V_2$［因反应(2)与 (3) 消耗的 HCl 体积相等］。

因此，工业烧碱中各组分的含量计算式如下（以质量分数表示）：

$$w(\text{NaOH}) = \frac{c(\text{HCl})(V_1 - V_2)M(\text{NaOH}) \times 10^{-3}}{m_{样}} \tag{3-3}$$

$$w(\text{Na}_2\text{CO}_3) = \frac{c(\text{HCl})2V_2 M\left(\frac{1}{2}\text{Na}_2\text{CO}_3\right) \times 10^{-3}}{m_{样}} \tag{3-4}$$

式中　$w(\text{NaOH})$——NaOH 的质量分数；

$w(\text{Na}_2\text{CO}_3)$——$Na_2CO_3$ 的质量分数；

$c(\text{HCl})$——HCl 标准溶液物质的量浓度，mol/L；

V_1——以酚酞为指示剂，滴定至第一个化学计量点时消耗 HCl 标准溶液的体积，mL；

V_2——以甲基橙为指示剂，滴定至第二个化学计量点时消耗 HCl 标准溶液的体积，mL；

$M(\text{NaOH})$——NaOH 的摩尔质量，g/mol；

$M\left(\frac{1}{2}\text{Na}_2\text{CO}_3\right)$——$\frac{1}{2}Na_2CO_3$ 的摩尔质量，g/mol；

$m_{样}$——工业烧碱试样的质量，g。

在工业烧碱的试样中，若只含 NaOH，则 $V_2 = 0$，若只含 Na_2CO_3，则 $V_1 = V_2$。

二、混合碱中总碱量的测定

在制碱工业生产中，往往要进行 NaOH、Na_2CO_3 和 $NaHCO_3$ 混合碱的测定。在混合碱中，只可能有 NaOH 和 Na_2CO_3 或 Na_2CO_3 和 $NaHCO_3$ 两种混合形式存在。烧碱中 NaOH 和 Na_2CO_3 的总含量或纯碱中 Na_2CO_3 和 $NaHCO_3$ 的总含量，都称为混合碱的总碱量。

不论是烧碱中 NaOH 和 Na_2CO_3 混合碱的总碱量的测定，还是纯碱中 Na_2CO_3 和 $NaHCO_3$ 混合碱的总碱量的测定，都可以用甲基橙作指示剂，用 HCl 标准溶液进行滴定，直至溶液由黄色变为橙色即为滴定终点。若以 Na_2O 表示总碱量，计算式如下（以质量分数表示）：

$$w(\mathrm{Na_2O}) = \frac{c(\mathrm{HCl})V_{\mathrm{HCl}}M\left(\frac{1}{2}\mathrm{Na_2O}\right)\times 10^{-3}}{m_{样}} \tag{3-5}$$

式中　$w(\mathrm{Na_2O})$——$\mathrm{Na_2O}$ 的质量分数（总碱量）；

　　　　$c(\mathrm{HCl})$——HCl 标准溶液物质的量浓度，mol/L；

　　　　V_{HCl}——HCl 标准溶液的消耗体积，mL；

$M\left(\frac{1}{2}\mathrm{Na_2O}\right)$——$\frac{1}{2}\mathrm{Na_2O}$ 的摩尔质量，g/mol；

　　　　$m_{样}$——混合碱试样的质量，g。

若只用酚酞作指示剂，则不能测出混合碱中各组分的含量，也不能测出混合碱总碱量。

在以上测定中，取出试样后应立即进行滴定，以防止空气中 CO_2 被溶液吸收而影响分析结果。在以酚酞作指示剂进行滴定时，滴定速度不宜过快，并要不断摇动，防止局部酸的浓度过大，使 $\mathrm{Na_2CO_3}$ 不是先反应生成 $\mathrm{NaHCO_3}$，而是直接反应生成 CO_2，导致分析结果偏低。

本 章 提 要

本章重点介绍酸碱滴定法的有关概念，酸碱指示剂、滴定曲线、酸碱标准溶液的配制与标定以及酸碱滴定法的应用。

一、概述

1. 酸、碱的定义

质子理论认为：凡能给出质子（H^+）的物质是酸；凡能接受质子物质是碱。

2. 共轭酸碱对

酸给出一个质子后所生成的碱称为它的共轭碱，碱接受一个质子后所生成的酸称为它的共轭酸。它们之间的关系为

$$酸 \Longrightarrow H^+ + 碱$$

像这种相差一个质子的对应酸碱对称为共轭酸碱对。

3. 酸碱反应

酸碱反应的实质是酸与碱之间质子传递反应。如

$$\mathrm{H_3O^+} + \mathrm{OH^-} \Longrightarrow \mathrm{H_2O} + \mathrm{H_2O}$$
$$\text{酸}_1 \quad \text{碱}_2 \qquad\qquad \text{酸}_2 \quad \text{碱}_1$$
$$\text{共轭}$$
$$\text{共轭}$$

4. 酸碱滴定法

酸碱滴定法是利用酸碱之间质子传递反应的滴定分析方法。

5. 弱电解质的电离平衡

6. 溶液 pH 值的计算

二、酸碱指示剂

1. 定义

酸碱指示剂是指在不同的 pH 值溶液中显示不同颜色的有机弱酸或有机弱碱。

2. 变色原理

当溶液的 pH 值改变时，共轭酸碱对结构相互发生转变，从而引起溶液的颜色发生变化。

3. 变色范围

指示剂颜色变化时溶液的 pH 值范围称为指示剂的变色范围。

4. 混合指示剂

由两种或两种以上指示剂混合或由一种指示剂和一种惰性染料混合而成的指示剂。

三、滴定曲线和指示剂的选择

1. 滴定曲线

以横坐标代表滴定剂的体积或浓度，纵坐标代表待测组分特征量值的关系曲线即为滴定曲线。

2. 滴定突跃范围

滴定过程中，在化学计量点前后 $\pm 0.1\%$ 相对误差范围内溶液 pH 值的变化范围。

3. 选择指示剂的原则

指示剂的变色范围全部或部分包含在滴定突跃范围之内，都可以作为这一滴定的指示剂。

四、酸碱标准溶液的配制与标定

1. 酸标准溶液

(1) 配制　常用 HCl 来配制。

(2) 标定　常用基准无水 Na_2CO_3 来标定。

2. 碱标准溶液

(1) 配制　常用 NaOH 固体来配制。

(2) 标定　常用基准 $KHC_8H_4O_4$ 来标定。

五、酸碱滴定法的应用

利用"双指示剂"法进行混合碱中 NaOH 和 Na_2CO_3 含量的测定。"双指示剂法"，就是指当滴定剂与被测混合物相互作用时，有两个 pH 值差别较大的化学计量点，利用两种指示剂在不同的化学计量点颜色的变化，分析指示两个滴定终点，根据到达各滴定终点时标准溶液的用量，计算出各组分的含量的测定方法。

※实验 3-1　HCl 及 NaOH 标准溶液的配制和标定[❶]

HCl 标准溶液的配制和标定

一、实验目的

1. 掌握 HCl 标准溶液的配制方法和标定方法。

2. 掌握用混合指示剂判断滴定终点的方法。

3. 熟练掌握分析天平的使用方法。

二、实验原理

用基准无水 Na_2CO_3 标定 HCl 溶液，反应式为

---

❶ 参考国家标准 GB/T 601—2002。

$$2HCl + Na_2CO_3 \longrightarrow 2NaCl + CO_2 \uparrow + H_2O$$

反应生成物是 NaCl，化学计量点时溶液呈中性，可选用甲基橙作指示剂。

三、仪器与试剂

1. 仪器

称量瓶		一个	锥形瓶	250mL	三个
烧杯	100mL	一个	酸式滴定管	50mL	一支
试剂瓶	1000mL	一个			

2. 试剂

浓 HCl	$\rho = 1.19g/mL$
无水 Na_2CO_3	基准试剂
溴甲酚绿-甲基红混合指示剂	3 份 0.1% 的溴甲酚绿酒精溶液 + 1 份 0.2% 的甲基红酒精溶液

四、实验步骤

1. HCl 标准溶液的配制（0.1mol/L）

量取浓盐酸（$\rho = 1.19g/mL$）溶液 9mL，注入盛有 100mL 蒸馏水的烧杯中，搅匀。转入 1000mL 试剂瓶中并加水稀释至 1L，即配成 0.1mol/L HCl 溶液。

2. HCl 标准溶液的标定

用分析天平准确称取在 270～300℃ 下烘干过的基准无水 Na_2CO_3 0.16～0.2g（称准至 0.0002g），放入 250mL 锥形瓶中，加 50mL 蒸馏水溶解。加 10 滴溴甲酚绿-甲基红混合指示剂，用待标 HCl 溶液滴定至溶液由绿色变为暗红色。加热煮沸 2min，冷却至室温后继续用 HCl 溶液滴定至溶液为暗红色即为滴定终点。平行测定 2～3 次，同时做空白实验。

五、计算

$$c(HCl) = \frac{m_{Na_2CO_3} \times 10^3}{M\left(\frac{1}{2}Na_2CO_3\right)(V_{HCl} - V_0)} \tag{3-6}$$

式中　　$c(HCl)$——HCl 标准溶液物质的量浓度，mol/L；

$m_{Na_2CO_3}$——基准无水 Na_2CO_3 的质量，g；

$M\left(\frac{1}{2}Na_2CO_3\right)$——$\frac{1}{2}Na_2CO_3$ 的摩尔质量，g/mol；

V_{HCl}——HCl 标准溶液的消耗体积，mL；

V_0——空白实验 HCl 标准溶液的消耗体积，mL。

配制不同浓度 HCl（1L）所需试剂

$c(HCl)/(mol/L)$	$V(浓 HCl)/mL$	$m(基准无水 Na_2CO_3)/g$
1	90	1.9
0.5	45	0.95
0.1	9	0.2

NaOH 标准溶液的配制和标定

一、实验目的

1. 掌握 NaOH 标准溶液的配制方法和标定方法。

2. 掌握用酚酞为指示剂滴定终点的判断。

3. 熟练掌握分析天平的使用方法。

二、实验原理

用基准 $KHC_8H_4O_4$ 标定 NaOH 溶液，反应式为

反应生成物为 $NaKC_8H_4O_4$，化学计量点时溶液呈碱性，可选用酚酞作指示剂。

三、仪器与试剂

1. 仪器

称量瓶	扁形	一个	锥形瓶	250mL	三个
烧杯	1000mL	一个	量筒	5mL	一个
试剂瓶（带胶塞）	1000mL	一个	碱式滴定管	50mL	一支
塑料桶	2500mL	一个			

2. 试剂

$KHC_8H_4O_4$	基准试剂
NaOH（固体）	分析纯
酚酞指示剂	ρ(酚酞)＝10g/L 的酒精（90％）溶液

四、实验步骤

1. NaOH 标准溶液的配制（0.1mol/L）

将适量固体 NaOH 和水配成饱和溶液（称取 110g NaOH，溶解于 100mL 无 CO_2 的水中，摇匀），注入塑料桶静置。使用前用塑料管虹吸上层澄清溶液，然后量取 5.4mL NaOH 饱和溶液，注入不含 CO_2 的蒸馏水烧杯中，稀释至 1000mL，搅匀，转入 1000mL 试剂瓶中。

2. NaOH 标准溶液的标定

用分析天平准确称取在 105～110℃ 下烘干过的基准 $KHC_8H_4O_4$ 0.7～0.8g（称准至 0.0002g），放入 250mL 锥形瓶中，加入 25mL 不含 CO_2 的蒸馏水溶解（不溶时可在热浴中溶解，然后冷却至室温），加 2 滴酚酞指示剂，用待标 NaOH 溶液滴定至溶液由无色变为粉红色，30s 不褪色即为滴定终点。平行测定 2～3 次，同时做空白实验。

五、计算

$$c(\text{NaOH}) = \frac{m_{KHC_8H_4O_4} \times 10^3}{M(KHC_8H_4O_4)(V_{\text{NaOH}} - V_0)} \tag{3-7}$$

式中　$c(\text{NaOH})$——NaOH 标准溶液物质的量浓度，mol/L；

$\quad m_{KHC_8H_4O_4}$——基准 $KHC_8H_4O_4$ 的质量，g；

$M(KHC_8H_4O_4)$——$KHC_8H_4O_4$ 的摩尔质量，g/mol；

$\quad\quad V_{\text{NaOH}}$——消耗 NaOH 标准溶液的体积，mL；

$\quad\quad\quad V_0$——空白实验消耗 NaOH 标准溶液的体积，mL。

六、思考题

1. 标定 HCl 标准溶液时，基准无水 Na_2CO_3 为什么必须进行预处理？

2. 用 $KHC_8H_4O_4$ 标定 NaOH 标准溶液时，为什么选用酚酞作指示剂？

配制不同浓度 NaOH 所需试剂

$c(\text{NaOH})/(\text{mol/L})$	V(饱和 NaOH 溶液)/mL	m(基准邻苯二甲酸氢钾)/g
1	54	7.5
0.5	27	3.6
0.1	5.4	0.75

※实验 3-2　工业硫酸纯度的测定[❶]

一、实验目的
1. 掌握称量液体试样的方法。
2. 掌握移液管、容量瓶的使用。
3. 掌握工业硫酸纯度的测定方法。
4. 掌握混合指示剂的使用。

二、实验原理
用 NaOH 标准溶液测定 H_2SO_4 的含量，反应式为

$$H_2SO_4 + 2NaOH \longrightarrow Na_2SO_4 + 2H_2O$$

生成物是 Na_2SO_4，化学计量点时溶液呈中性。指示剂可选用甲基红-亚甲基蓝混合指示剂。

三、仪器与试剂
1. 仪器

滴瓶	30mL	一个	移液管	25mL	一支
烧杯	250mL	一个	锥形瓶	250mL	三个
容量瓶	250mL	一个	碱式滴定管	50mL	一支

2. 试剂

工业 H_2SO_4 溶液

NaOH 标准溶液　　　　$c(NaOH) = 0.1000mol/L$

甲基红-亚甲基蓝混合指示剂（0.12g 甲基红＋0.08g 亚甲基蓝溶于 100mL 酒精中）

四、实验步骤
用胶帽滴瓶在分析天平上准确称取工业 H_2SO_4 样品 1.5～2.0g（约 25～30 滴称准至 0.0002g），放入已装有 100mL 蒸馏水的 250mL 烧杯中，搅拌，冷却至室温，定量转入容量瓶中，用水稀释至刻度，摇匀。用移液管吸取 25mL 该试液至锥形瓶中，加甲基红-亚甲基蓝混合指示剂 2 滴，用 0.1000mol/L NaOH 标准溶液滴定至溶液由红紫色变为灰绿色即为滴定终点。平行测定 2～3 次。

五、计算

$$w(H_2SO_4) = \frac{c(NaOH)V_{NaOH}M\left(\frac{1}{2}H_2SO_4\right) \times 10^{-3}}{m_{样} \times \frac{25}{250}} \tag{3-8}$$

式中　$w(H_2SO_4)$——工业 H_2SO_4 的质量分数；

$\quad c(NaOH)$——NaOH 标准溶液物质的量浓度，mol/L；

$\quad V_{NaOH}$——NaOH 标准溶液的消耗体积，mL；

$\quad M\left(\frac{1}{2}H_2SO_4\right)$——$\frac{1}{2}H_2SO_4$ 的摩尔质量，g/mol；

$\quad m_{样}$——工业 H_2SO_4 试样的质量，g。

---

❶ 参考国家标准 GB/T 534—2002。

六、思考题

1. 用 NaOH 标准溶液滴定 H_2SO_4 时，能否选用酚酞作指示剂？为什么？
2. 为什么 H_2SO_4 溶液应在烧杯内稀释并冷却后再转入容量瓶内？

※实验 3-3   冰醋酸（HAc）中总酸量的测定[●]

一、实验目的

1. 掌握冰醋酸中总酸量测定的方法。
2. 进一步掌握用酚酞指示剂判断终点的方法。

二、实验原理

冰醋酸的主要成分是 HAc，此外还含有其他弱酸，用 NaOH 标准溶液滴定，可测出总酸量，都以 HAc 表示。反应式为

$$NaOH + HAc = NaAc + H_2O$$

化学计量点时溶液呈碱性，可用酚酞作指示剂。

三、仪器与试剂

1. 仪器

吸量管	2mL	一支	锥形瓶	250mL	三个
移液管	25mL	一支	碱式滴定管	50mL	一支
容量瓶	250mL	一个			

2. 试剂

冰醋酸样品

NaOH 标准溶液　　　　　$c(NaOH) = 0.1000mol/L$

酚酞指示剂　　　　　　$\rho(酚酞) = 10g/L$ 酒精（90%）溶液

四、实验步骤

用 2mL 吸量管吸取 2.00mL HAc 溶液，移入 250mL 的容量瓶中，用蒸馏水稀释至刻度，摇匀。用移液管吸取 25.00mL 上述容量瓶的试液，移入锥形瓶中，加 2 滴酚酞指示剂。用 0.1000mol/L NaOH 标准溶液滴定至溶液由无色变为粉红色，保持 30s 颜色不褪色即为终点平行测定 2～3 次。

五、计算

$$\rho(HAc) = \frac{c(NaOH)V_{NaOH}M(HAc)}{\frac{25}{250} \times V_{HAc}} \tag{3-9}$$

式中　$\rho(HAc)$——冰 HAc 中总酸量（按 HAc 计）的质量浓度，g/L；

$\quad c(NaOH)$——NaOH 标准溶液物质的量浓度，mol/L；

$\quad V_{NaOH}$——消耗 NaOH 标准溶液的体积，mL；

$\quad M(HAc)$——HAc 的摩尔质量，60.05g/mol；

$\quad V_{HAc}$——冰 HAc 试样的体积，mL。

六、思考题

测定冰醋酸时，为什么要先稀释？

[●] 参考国家标准 GB 676—90。

实验 3-4　工业烧碱中 NaOH 和 Na$_2$CO$_3$ 含量的测定

一、实验目的

1. 掌握双指示剂的使用方法，利用酚酞、甲基橙判断滴定分析第一、第二化学计量点的到达。

2. 掌握 NaOH 和 Na$_2$CO$_3$ 混合碱各组分质量分数的计算方法。

二、实验原理

双指示剂法测定烧碱中 NaOH 和 Na$_2$CO$_3$ 含量时，先以酚酞作指示剂，用 HCl 标准溶液滴定至溶液由红色变为无色，即到达第一个化学计量点。这时溶液中 NaOH 已完全反应，Na$_2$CO$_3$ 则反应为 NaHCO$_3$。反应式为

$$HCl + NaOH \longrightarrow NaCl + H_2O$$
$$HCl + Na_2CO_3 \longrightarrow NaCl + NaHCO_3$$

再加入甲基橙指示剂，继续用 HCl 标准溶液滴定至溶液由黄色变为橙色，即达到第二个化学计量点。此时溶液中的 NaHCO$_3$ 则完全反应。反应式为

$$HCl + NaHCO_3 \longrightarrow NaCl + CO_2 \uparrow + H_2O$$

三、仪器与试剂

1. 仪器

烧杯	150mL	一个	锥形瓶	250mL	三个
容量瓶	250mL	一个	酸式滴定管	50mL	一支
移液管	25mL	一支			

2. 试剂

工业烧碱样品

HCl 标准溶液　　　　　$c(HCl) = 0.1000mol/L$

酚酞指示剂　　　　　　$\rho(酚酞) = 10g/L$ 酒精（90%）溶液

甲基橙指示剂　　　　　$\rho(甲基橙) = 1g/L$ 水溶液

四、实验步骤

用分析天平准确称取 2g（称准至 0.0002g）混合碱试样，放入烧杯中，用少量蒸馏水溶解，必要时可微微加热（如有不溶性残渣应过滤除去）。将溶液定量移入 250mL 容量瓶中（如用滤纸过滤，应用少量蒸馏水将滤纸洗涤 2～3 次，洗涤液并入容量瓶中）。最后用蒸馏水稀释至刻度，摇匀。

用移液管吸取上述试液 25.00mL 于 250mL 锥形瓶中，加入 1～2 滴酚酞指示剂，用 0.1000mol/L HCl 标准溶液滴定至粉红色恰好消失为止，记下消耗 HCl 标准溶液的体积 V_1(mL)，再加入甲基橙指示剂 2～3 滴，继续用 HCl 标准溶液滴定至溶液由黄色变为橙色为止。记下消耗 HCl 标准溶液体积 V_2(mL)，平行测定 2～3 次。

五、计算

$$w(NaOH) = \frac{c(HCl)(V_1 - V_2)M(NaOH) \times 10^{-3}}{m_{样} \times \dfrac{25}{250}} \tag{3-10}$$

$$w(Na_2CO_3) = \frac{2c(HCl)V_2 M\left(\dfrac{1}{2}Na_2CO_3\right) \times 10^{-3}}{m_{样} \times \dfrac{25}{250}} \tag{3-11}$$

式中　$w(NaOH)$——混合碱中 NaOH 的质量分数；

$\quad c(HCl)$——HCl 标准溶液物质的量浓度，mol/L；

$\quad V_1$——以酚酞作指示剂，滴定到第一个化学计量点时消耗 HCl 标准溶液的体积，mL；

$\quad V_2$——以甲基橙作指示剂，滴定到第二个化学计量点时消耗 HCl 标准溶液的体积，mL；

$\quad M(NaOH)$——NaOH 的摩尔质量，g/moL；

$\quad m_{样}$——混合碱 NaOH＋Na$_2$CO$_3$ 试样的质量，g；

$M\left(\dfrac{1}{2}Na_2CO_3\right)$——$\dfrac{1}{2}Na_2CO_3$ 的摩尔质量，g/mol；

$\quad w(Na_2CO_3)$——混合碱中 Na$_2$CO$_3$ 的质量分数。

六、思考题

1. 为什么烧碱中常含有 Na$_2$CO$_3$ 杂质？
2. 什么是双指示剂法？

实验 3-5　尿素中氮含量的测定

一、实验目的

1. 掌握尿素中氮含量的测定方法。
2. 掌握通风橱的使用方法。

二、实验原理

$CO(NH_2)_2$ 在 H_2SO_4 的作用下，加热发生反应，生成的 NH_3 又和 H_2SO_4 作用生成 $(NH_4)_2SO_4$。反应式为

$$CO(NH_2)_2 + H_2SO_4 + H_2O \xrightarrow{\triangle} CO_2 \uparrow + (NH_4)_2SO_4$$

以甲基红作指示剂，用 NaOH 中和过量的 H_2SO_4。生成的 $(NH_4)_2SO_4$ 与 HCHO 反应，反应式为

$$6HCHO + 2(NH_4)_2SO_4 =\!=\!= (CH_2)_6N_4 + 2H_2SO_4 + 6H_2O$$

以酚酞作指示剂，用 NaOH 标准溶液滴定生成的 H_2SO_4。根据反应的关系，即可求出 $CO(NH_2)_2$ 中 N 的质量分数。

三、仪器与试剂

1. 仪器

称量瓶	一个	短颈漏斗	二个
锥形瓶　300mL	三个	石棉网	一个
洗瓶	一个	电炉	一个
量筒　50mL、5mL	各一个	碱式滴定管　50mL	一支

2. 试剂

工业 $CO(NH_2)_2$ 样品

浓 H_2SO_4　　　　　$\rho = 1.84g/mL$

HCHO 溶液　　　　25％（使用前以酚酞为指示剂，用 0.5000mol/L 标准溶液调节至中性）

酚酞指示剂　　　　$\rho(酚酞) = 10g/L$ 酒精（90％）溶液

甲基红指示剂　　　$\rho(甲基红) = 1g/L$ 酒精（60％）溶液

NaOH 溶液　　　　　30%

NaOH 标准溶液　　　$c(\text{NaOH}) = 0.5000\,\text{mol/L}$

四、实验步骤

称取 $CO(NH_2)_2$ 试样 0.5g（称准至 0.0002g），置于 30mL 锥形瓶中，用少量蒸馏水洗下粘在壁上的 $CO(NH_2)_2$，沿瓶内壁加入 3mL H_2SO_4（$\rho = 1.84\,\text{g/mL}$）溶液，摇匀。瓶上放一短颈漏斗，在通风橱内，于石棉网上缓慢加热至无剧烈的 CO_2 气泡逸出，然后加热到液体沸腾，直至无 CO_2 逸出和出现大量白烟时停止加热。用不含 CO_2 的蒸馏水洗涤漏斗和瓶内壁，再加 30mL 不含 CO_2 的蒸馏水，冷却。

在锥形瓶中加入 2 滴甲基红指示剂，在冷却下小心用 30% NaOH 溶液中和至接近终点时，改用 0.5000mol/L NaOH 标准溶液中和，直至溶液由红色变为橙色。再加入适量不含 CO_2 的蒸馏水，使溶液总体积达 100~150mL。

在已中和的溶液中，加入 20mL 25% 的 HCHO 溶液和 7 滴酚酞指示剂，摇匀。静置 5min，在不低于 20℃下，用 0.5000mol/L NaOH 标准溶液滴定至溶液由无色变为粉红色，保持 30s 不褪色即为滴定终点。平行测定 2~3 次，同时做空白实验。

五、计算

$$w(\text{N}) = \frac{c(\text{NaOH})(V_{\text{NaOH}} - V_0)M(\text{N}) \times 10^{-3}}{m_{样} \times (100 - x_{\text{H}_2\text{O}})}$$

式中　$w(\text{N})$——$CO(NH_2)_2$ 中 N 的质量分数（干基计）；

$\quad c(\text{NaOH})$——NaOH 标准溶液物质的量浓度，mol/L；

$\quad V_{\text{NaOH}}$——消耗 NaOH 标准溶液的体积，mL；

$\quad V_0$——空白实验消耗 NaOH 标准溶液的体积，mL；

$\quad M(\text{N})$——N 的摩尔质量，g/mol；

$\quad m_{样}$——试样的质量，g；

$\quad x_{\text{H}_2\text{O}}$——$CO(NH_2)_2$ 中 H_2O 的质量分数。

说明：$x_{\text{H}_2\text{O}}$ 可由教师按照卡尔·费休法测定后直接给出。

六、思考题

1. 为什么此实验要在通风橱中进行？

2. 加入浓 H_2SO_4 溶液应注意什么事项？

实验 3-6　工业甲醛中甲醛及游离酸含量的测定

一、实验目的

1. 掌握工业甲醛中甲醛及游离酸含量的测定方法。

2. 掌握置换滴定的操作方法。

二、实验原理

1. HCHO 含量的测定

HCHO 与过量 Na_2SO_3 发生反应，生成定量的碱，可用百里酚酞为指示剂，用 H_2SO_4 标准溶液滴定，间接地测出 HCHO 的质量分数。反应式为

$$HCHO + Na_2SO_3 + H_2O \Longrightarrow (CH_2OH)SO_3Na + NaOH$$

$$H_2SO_4 + 2NaOH \Longrightarrow Na_2SO_4 + 2H_2O$$

2. 游离酸含量的测定

以酚酞为指示剂，用 NaOH 标准溶液直接滴定甲醛中的游离酸（以 HCOOH 计），反应式为

$$HCOOH + NaOH \Longrightarrow HCOONa + H_2O$$

三、仪器与试剂

1. 仪器

酸式滴定管	50mL	一支	移液管	10mL	一支
碱式滴定管	50mL	一支	吸量管	5mL	一支
锥形瓶	250mL	三个	量筒	50mL	一个

2. 试剂

工业 HCHO 样品

NaOH 标准溶液 $c(NaOH) = 0.01000mol/L$

H_2SO_4 标准溶液 $c\left(\frac{1}{2}H_2SO_4\right) = 1.0000mol/L$

百里酚酞指示剂 ρ（百里酚酞）$= 1g/L$ 酒精（20%）溶液

酚酞指示剂 ρ（酚酞）$= 10g/L$ 酒精（90%）溶液

Na_2SO_3 溶液 $c(Na_2SO_3) = 1mol/L$（新制）

四、实验步骤

1. HCHO 含量的测定

在 250mL 锥形瓶中，加入 50mL 1mol/L Na_2SO_3 溶液和 3 滴百里酚酞指示剂，用 $c\left(\frac{1}{2}H_2SO_4\right) = 1.0000mol/L$ H_2SO_4 标准溶液中和至浅蓝色（不计量）。

用吸量管吸 HCHO 试样 3.00mL，移入已中和过的上述 1mol/L Na_2SO_3 溶液中，再用 $c\left(\frac{1}{2}H_2SO_4\right) = 1.0000mol/L$ H_2SO_4 标准溶液滴定溶液至蓝色恰好褪去为终点。平行测定 2~3 次。

2. 游离酸的测定

用移液管移取 10mL HCHO 试样于 250mL 锥形瓶中，加入 50mL 无 CO_2 的蒸馏水和 2 滴酚酞指示剂。用 0.01000mol/L NaOH 标准溶液滴定至粉红色不消失，即为滴定终点。平行测定 2~3 次。

五、计算

1. HCHO 的含量的计算

$$\rho(HCHO) = \frac{c\left(\frac{1}{2}H_2SO_4\right)V_{H_2SO_4}M(HCHO)}{V_{样}}$$

式中 $\rho(HCHO)$——HCHO 的质量浓度，g/L；

$c\left(\frac{1}{2}H_2SO_4\right)$——$H_2SO_4$ 标准溶液物质的量浓度，mol/L；

$V_{H_2SO_4}$——消耗 H_2SO_4 标准溶液的体积，mL；

$M(HCHO)$——HCHO 的摩尔质量，30.03g/mol；

$V_{样}$——HCHO 试样的体积，mL。

2. 游离酸（按 HCOOH 计）含量的计算

$$\rho(HCOOH) = \frac{c(NaOH)V_{NaOH}M(HCOOH)}{V_{样}}$$

式中　$\rho(HCOOH)$——按 HCOOH 计游离酸的质量浓度，g/L；

$\quad\quad c(NaOH)$——NaOH 标准溶液物质的量浓度，mol/L；

$\quad\quad V_{NaOH}$——消耗 NaOH 标准溶液的体积，mL；

$\quad\quad M(HCOOH)$——HCOOH 的摩尔质量，46.03g/mol；

$\quad\quad V_样$——HCHO 试样的体积，mL。

六、思考题

1. HCHO 含量的测定为什么采用间接滴定法？

2. 测定 HCHO 含量时为什么要用 H_2SO_4 中和 Na_2SO_3 溶液？

第四章　配位滴定法

第一节　概　述

一、配合物

在共价键中，如果共用电子对由某一原子单独提供的称为配位键，由配位键形成的化合物叫配位化合物，简称配合物。

在蓝色的硫酸铜溶液中，加入少量的浓氨水，就会出现浅蓝色的 $Cu(OH)_2$ 沉淀。反应为

$$Cu^{2+} + 2NH_3 \cdot H_2O \longrightarrow Cu(OH)_2 \downarrow + 2NH_4^+$$

若继续加入过量的浓氨水，则沉淀溶解，生成深蓝色的溶液。反应为

$$Cu(OH)_2 + 4NH_3 \cdot H_2O \longrightarrow [Cu(NH_3)_4]^{2+} + 4H_2O + 2OH^-$$

生成的 $[Cu(NH_3)_4]^{2+}$ 叫铜氨配离子，全称为四氨合铜（Ⅱ）配离子。价键理论认为：氨分子中氮原子上的一对孤对电子（$:NH_3$）投入到 Cu^{2+} 的空轨道中形成配位键，从而结合成配离子 $[Cu(NH_3)_4]^{2+}$，如下所示。

$$\left[\begin{array}{c} NH_3 \\ H_3N : Cu : NH_3 \\ NH_3 \end{array} \right]^{2+} \quad 或 \quad \left[\begin{array}{c} NH_3 \\ H_3N \longrightarrow Cu \longleftarrow NH_3 \\ NH_3 \end{array} \right]^{2+}$$

配离子是配合物的特征组合，它的性质和结构与其他离子有很大区别，因此在写配合物化学式时，常用方括号把配离子括起来。

配离子在通常情况下，是由一个简单的正离子（即中心离子）和一定数目的中性分子或负离子（即配位体）以配位键结合起来的难以电离的复杂离子。配离子及配合物组成如下。

内界 　　　外界

中心离子　配位数

$[Cu \quad (NH_3)_4] \quad SO_4$

配位键　配位体　离子键

二、配位平衡

配合物的内、外界之间是靠离子键相结合的，在水溶液中全部电离为配离子和外界离子，而配离子是中心离子和配位体以配位键相结合的，在水溶液中仅部分发生电离。配离子在水溶液中的电离程度可表示配合物在水溶液中的稳定性。

在配合物的溶液中，存在着解离与配位的平衡，称为配位平衡。如

$$Ag(CN)_2^- \rightleftharpoons Ag^+ + 2CN^-$$

它同其他电离平衡一样，在一定条件下，反应达平衡时，其浓度比是一个常数。如

$$K_{不稳} = \frac{[Ag^+][CN^-]^2}{[Ag(CN)_2^-]}$$

$K_{不稳}$称不稳定常数，$K_{不稳}$越大，配合物越不稳定。配合物的稳定性除了可用$K_{不稳}$表示外，更经常使用的是配合物的稳定常数，用$K_{稳}$表示，如

$$K_{稳} = \frac{[Ag(CN)_2^-]}{[Ag^+][CN^-]^2}$$

可见：$K_{稳} = \dfrac{1}{K_{不稳}}$

不同的配合物都有自己的稳定常数，$K_{稳}$越大，表示形成配合物的倾向越大，配合物越稳定。

三、配位滴定法

利用配合物的形成和解离反应进行的滴定称作配位滴定法。形成配合物的反应称作配位反应，配位反应具有普遍性，多数金属离子在溶液中以配离子形式而存在，但只有具备下列条件的配位反应才能用于滴定分析。

（1）反应完全，生成的配合物稳定性高，一般稳定常数大于10^8。

（2）在一定条件下，配位反应必须按一定的反应式进行（配位数固定）。

（3）配位反应速率必须快。

（4）有适当的方法确定滴定终点。

滴定用的配位剂可分为无机配位剂和有机配位剂。但由于大多数无机配位剂与金属离子形成的配合物稳定性都不高，并且还存在逐级配合现象，致使确定终点困难，无法计算分析结果，所以不符合上述滴定的条件，不能用于配位滴定。

随着有机化学的发展，有机配位剂逐渐增多，有机配位剂一般在一个分子中有多个原子提供孤电子对，能形成多个配位键，空间构型为环状结构，如图 4-1 所示。环状结构的配合物又叫螯合物。在螯合物中，金属离子（中心离子）处于环状结构的中心，所以很稳定。并且金属离子不易再与其他配位剂配合，所以螯合物结构简单。由于有机配位剂的结构特点能满足配位滴定法的要求，许多有机配位剂，特别是氨羧配位剂，几乎能与所有金属离子配合，氨羧配位剂是以氨基二乙酸（$-N\begin{smallmatrix}CH_2COOH\\CH_2COOH\end{smallmatrix}$）基团为主体的一类有机配位剂的总称。目前氨羧配位剂有几十种，其中应用最广的是乙二胺四乙酸，简称 EDTA。

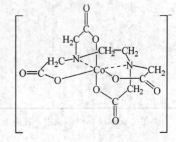

图 4-1　Co(Ⅲ)-EDTA 螯合物的立体结构

第二节　EDTA 配位滴定法

利用配位剂 EDTA 与金属离子配位反应进行滴定的方法，称为 EDTA 配位滴定法（亦称螯合滴定法）。它是应用最广泛的滴定分析方法之一。

一、乙二胺四乙酸及其二钠盐

乙二胺四乙酸含有羧基和氨基，能与许多金属离子形成稳定的螯合物。

乙二胺四乙酸可以制成结晶固体，其结构式是

$$\begin{array}{c}
\text{HOOC—H}_2\text{C} \qquad\qquad\qquad \text{CH}_2\text{—COOH} \\
\text{N—CH}_2\text{—CH}_2\text{—N} \\
\text{HOOC—H}_2\text{C} \qquad\qquad\qquad \text{CH}_2\text{—COOH}
\end{array}$$

乙二胺四乙酸简称 EDTA，或 EDTA 酸，用 H_4Y 表示。由于 EDTA 酸在水中的溶解度很小，22℃时每 100mL 水中仅能溶解 0.02g，不适于作配位滴定的滴定剂。因此，分析上滴定剂一般是采用水溶性较好的乙二胺四乙酸二钠盐（含有两分子结晶水），也称 EDTA 或 EDTA 二钠盐，用简式 $Na_2H_2Y \cdot 2H_2O$ 表示。它的溶解度较大，在 22℃时每 100mL 水可溶解 11.1g，浓度约为 0.3mol/L。由于 EDTA 滴定剂的常用浓度在 0.02mol/L 左右，所以，$Na_2H_2Y \cdot 2H_2O$ 完全能满足要求。由于 EDTA 二钠盐在溶解后主要以 H_2Y^{2-} 形体存在，所以溶液的 pH 值大约等于 4.4。

二、EDTA 与金属离子配位具有的特点

1. 配位广泛

EDTA 具有广泛的配位性能，几乎能与所有的金属离子形成配合物（见表 4-1）。

表 4-1　常见金属离子与 EDTA 所形成配合物的 $\lg K_{MY}$ 值

[25℃，$c(KNO_3) = 0.1mol/L$ 溶液]

金属离子	$\lg K_{MY}$	金属离子	$\lg K_{MY}$
Ag^+	7.32	Fe^{2+}	14.32[①]
Al^{3+}	16.30	Fe^{3+}	25.10
Ba^{2+}	7.86[①]	Li^+	2.79[①]
Be^{2+}	9.30	Mg^{2+}	8.7[①]
Bi^{3+}	27.94	Mn^{2+}	13.87
Ca^{2+}	10.69	Na^+	1.66[①]
Cd^{2+}	16.46	Pb^{2+}	18.04
Ce^{3+}	15.98	Pt^{3+}	16.4
Co^{2+}	16.31	Sn^{2+}	22.11
Co^{3+}	36.0	Sn^{4+}	7.23
Cr^{3+}	23.4	Sr^{2+}	8.73[①]
Cu^{2+}	18.80	Zn^{2+}	16.50

① 在 0.1mol/L KCl 溶液中，其他条件相同。

2. 配位比简单

EDTA 与金属离子 M^{n+} 形成配合物的配位比简单，无论金属离子是几价，在一般情况下均按 1:1 配位。

$$M^{2+} + H_2Y^{2-} \rightleftharpoons MY^{2-} + 2H^+$$

$$M^{3+} + H_2Y^{2-} \rightleftharpoons MY^- + 2H^+$$

3. 配合物的稳定性好

EDTA 配合物的立体构型如图 4-1 所示，EDTA 与 Co（Ⅲ）可以形成 5 个五元环。实验证明，具有五元环和六元环的螯合物最稳定，所以配合物 MY（略去电荷）非常稳定。

4. 配合物的颜色

大多数 MY^{n-4} 配合物无色。它利于选择适当指示剂确定终点。但若金属离子有色，形成的 MY^{n-4} 配合物颜色则更深。如

NiY^{2-}	CuY^{2-}	CoY^{2-}	MnY^{2-}	CrY^-	FeY^-
蓝色	深蓝	紫红	紫红	深紫	黄

在滴定上述离子时，应尽量使其浓度较低，以免影响滴定终点的观察。

5. 配合物易溶于水

三、MY（略去电荷）配合物的稳定常数

EDTA 与金属离子所形成的配合物在溶液中的解离平衡为

$$M + Y \Longrightarrow MY$$

其稳定常数 $K_稳$ 可表示为

$$K_稳 = \frac{[MY]}{[M][Y]}$$

式中　[MY]——EDTA-M 配合物的浓度，mol/L；

　　　[M]——未配合的金属离子浓度，mol/L；

　　　[Y]——未配合的 EDTA 阴离子的浓度，mol/L。

由于 $K_稳$ 数值一般较大，所以采用 $\lg K_稳$ 值来表示（见表 4-1）。同一配位体与不同离子形成的配合物，可以根据其稳定常数的大小比较其稳定性，如：

$$\lg K_{AgY^{3-}} = 7.32 \qquad \lg K_{AlY^-} = 16.3$$

则　　　　　　　　　稳定性　　　　　$AgY^{3-} < AlY^-$

当两种不同的配位剂与同一金属离子形成配合物时，稳定性强的配位剂可以将稳定性弱的配合物中的配位剂置换出来。

四、酸度对 EDTA 配位滴定的影响

乙二胺四乙酸中的氮原子电负性强，因此，它的两个羧基上的 H^+ 可以转移到两个氮原子上，形成双偶极离子，其结构式如下：

$$\begin{array}{c}
HOOCCH_2 \qquad\qquad\qquad CH_2COO^- \\
\underset{H}{\overset{+}{N}} - CH_2 - CH_2 - \underset{H}{\overset{+}{N}} \\
{}^-OOCCH_2 \qquad\qquad\qquad CH_2COOH
\end{array}$$

在酸度较高的溶液中，EDTA 的两个羧酸根可再接受两个 H^+ 形成 H_6Y^{2+}，这样，它就相当于一个六元酸，有六级离解常数，如表 4-2 所示。

表 4-2　EDTA 离解常数

K_{a_1}	K_{a_2}	K_{a_3}	K_{a_4}	K_{a_5}	K_{a_6}
$10^{-0.9}$	$10^{-1.6}$	$10^{-2.0}$	$10^{-2.67}$	$10^{-6.16}$	$10^{-10.26}$

可见 EDTA 在溶液中是以 H_6Y^{2+}、H_5Y^+、H_4Y、H_3Y^-、H_2Y^{2-}、HY^{3-}、Y^{4-} 等 7 种形体存在，在不同 pH 值时，EDTA 的主要存在形体如下：

$$\begin{array}{cc}
pH 值 & 主要存在形体 \\
< 1.0 & H_6Y^{2+}
\end{array}$$

$1 \sim 1.6$	H_5Y^+
$1.6 \sim 2.0$	H_4Y
$2.0 \sim 2.67$	H_3Y^-
$2.67 \sim 6.16$	H_2Y^{2-}
$6.16 \sim 10.26$	HY^{3-}
>10.26	Y^{4-}

以上表明，只有在 pH＞10.26 时，EDTA 才主要以 Y^{4-} 形体存在。在各种形体中只有 Y^{4-} 能与金属离子 M^{n+} 直接配位，形成的配合物最稳定，故溶液酸度越低，即 pH 值越大，Y^{4-} 形体组分的比例越大，EDTA 的配位能力就越强。因此溶液的酸度就成为影响配位滴定的一个主要因素。

用下式表示金属离子 M（略去电荷）与 EDTA 的配合物 MY 在溶液中的配位平衡。

$$M + Y \Longleftrightarrow MY$$
$$\Updownarrow +H^+$$
$$HY$$
$$\Updownarrow +H^+$$
$$H_2Y$$
$$\vdots$$

溶液的酸度直接影响 Y 与 M 的配位能力，当酸度增大时，Y 倾向于与 H^+ 结合为 HY、H_2Y 等，使 Y 的浓度减小，不利于配合物 MY 的形成。这种由溶液酸度引起的副反应称为酸效应。所以，EDTA 的浓度实质上是 EDTA 各种形体浓度的总和。即

$$[Y_{总}] = [H_6Y^{2+}] + [H_5Y^+] + [H_4Y] + [H_3Y^-] + [H_2Y^{2-}] + [HY^{3-}] + [Y^{4-}]$$

在 EDTA 与金属离子配位中，以上仅仅是考虑了配位体的一面，还没有考虑金属离子的影响，并不是所有的金属离子都能在 pH 值高的条件下滴定。随着溶液 pH 值的升高，还未滴定时，部分金属离子就已水解成为氢氧化物沉淀，根本无法滴定。所以每一种金属离子都有一个适于滴定的 pH 值范围，如表 4-3 所示。

表 4-3　部分金属离子与 EDTA 定量配位时所允许的 pH 值范围

金属离子	$\lg K_{MY}$	能进行配位滴定的 pH 值范围
Ba^{2+}	7.86	pH≥10
Mg^{2+}	8.70	pH=10 左右
Ca^{2+}	10.7	pH=8～13,因 pH 在 8～9 时,无合适的指示剂,故一般在 pH=10 时滴定
Mn^{2+}	13.87	pH＞6
Al^{3+}	16.30	pH=4～6
Cd^{2+}	16.46	pH＞4
Zn^{2+}	16.50	pH=4～12 均能滴定
Pb^{2+}	18.04	pH＞4
Cu^{2+}	18.80	pH=2.5～10
Hg^{2+}	21.80	pH＞2.5
Fe^{3+}	25.10	pH=2 左右
Bi^{3+}	27.94	pH=1 附近

在配位滴定中，由于滴定剂 $Na_2H_2Y \cdot 2H_2O$ 与金属离子配位时，要释放出 H^+，反应为

$$M^{n+} + H_2Y^{2-} \Longrightarrow MY^{n-4} + 2H^+$$

这样溶液的酸度会随配位反应的进行不断提高，改变了滴定条件，不利于配位反应的进行。因此，必须加入适当的缓冲溶液，以保证滴定过程自始至终溶液 pH 值基本不变，使配位反应正常进行。

第三节　金属指示剂

在配位滴定中，通常利用一种能与金属离子生成有色配合物的有机染料来指示滴定过程中金属离子浓度的变化，这种显色剂称为金属指示剂。它是配位滴定法最常用的指示剂。

一、金属指示剂的作用原理

金属指示剂（In）是一种有机染料，也是一种有机配位剂，它与金属离子（M）生成的有色配合物（B 色），其颜色与指示剂游离态的颜色不同（A 色），反应为

$$M + In \Longrightarrow MIn （略去电荷） \tag{4-1}$$

（A 色）　（B 色）

在 EDTA 配位滴定中，滴定前，金属指示剂与金属离子生成配合物（MIn）显 B 色，见式(4-1)。随着滴定剂 EDTA 的滴入，金属离子不断被配位结合，当达到反应的化学计量点时，由于指示剂与金属离子配合物的稳定性弱于 EDTA 与金属离子配合物的稳定性（即 $\lg K_{稳MIn} < \lg K_{稳MY}$），EDTA 将夺取与金属指示剂配位的全部金属离子，置换出金属指示剂，使溶液颜色从配合物 MIn 的 B 色转变为指示剂游离态 In 的 A 色。滴定终点时反应为

$$Y + MIn \Longrightarrow MY \cdots + In （略去电荷） \tag{4-2}$$

（B 色）　　　（A 色）

从而指示溶液中金属离子浓度变化的情况。由此可见，金属指示剂指示滴定终点的原理是，两种不同配位剂（In）和（Y）与同一金属离子形成配合物时（MIn 和 MY），稳定性强的配位剂（Y）可以夺取稳定性弱的配合物（MIn）中的金属离子（M），从而置换出配位剂（In），使溶液从 MIn 的颜色变为配位剂（In）的颜色，即金属指示剂游离态的颜色。大多数金属指示剂不仅具有有机配位剂的性质，而且它本身又是多元有机弱酸，能随溶液 pH 值的变化而显示不同的颜色，因此使用时必须控制在适当的 pH 值范围。以铬黑 T 金属指示剂为例。它在溶液中存在以下平衡

$$H_2In^- \overset{pK_{a_1}=6.3}{\Longrightarrow} HIn^{2-} \overset{pK_{a_2}=11.6}{\Longrightarrow} In^{3-}$$

（紫红色）　　　（蓝色）　　　（橙色）
pH<6.3　　　pH6.3～11.6　　　pH>11.6

可见铬黑 T 在不同的酸度下，显示不同的颜色。当 pH<6.3 时显紫红色，当 pH6.3～11.6 时显蓝色，当 pH>11.6 时显橙色。由于铬黑 T 与金属离子生成的配合物呈红色，因此，只有当 pH 值在 6.3～11.6 时，才能使用这种指示剂，否则指示剂本身颜色接近红色，不可能明显地指示滴定终点。

二、金属指示剂必须具备的条件

金属离子的显色剂很多，但可以作金属指示剂的只有一部分。这是因为金属指示剂必须具备下列条件。

(1) 在测定的 pH 值范围内，金属指示剂与金属离子生成的配合物颜色应与指示剂游离态的颜色有显著的区别，这样，终点时颜色变化才明显。

（2）金属指示剂与金属离子的配合物（MIn）的稳定性应比金属离子与 EDTA 配合物（MY）的稳定性小，二者的稳定常数应相差 100 倍以上才能在化学计量点时，EDTA 夺取 MIn 中的金属离子 M，置换出指示剂，从而使溶液发生颜色的转变。但 MIn 的稳定性也不能太低，否则会使终点提前，而且颜色变化不敏锐。

（3）指示剂应该有一定的选择性，即在一定条件下只对某一种（或几种）离子发生显色反应。另外，又要有一定的广泛性，即改变滴定条件时，也能作其他离子滴定时的指示剂。这样就能在连续滴定两种或两种以上离子时，避免加入多种指示剂而发生颜色干扰。

（4）金属指示剂应易于溶解，且化学性质稳定，不易被氧化剂、还原剂、日光及空气分解破坏，便于使用和保存。

（5）指示剂与金属离子之间的反应要灵敏、快速。

三、常用的金属指示剂

常用的金属指示剂如表 4-4 所示。

表 4-4　常用金属指示剂

指 示 剂	使用 pH 值范围	颜色变化		直接滴定离子	封闭离子	掩蔽剂
		HIn	MIn			
铬黑 T（EBT）	9.0～10	蓝	酒红	Mg^{2+}、Zn^{2+}、Cd^{2+}、Pb^{2+}、Mn^{2+}、Hg^{2+}	Al^{3+}、Fe^{3+}、Cu^{2+}、Co^{2+}、Ni^{2+}	三乙醇胺 KCN
二甲酚橙（XO）	<6	亮黄	紫红	pH<1　ZrO^{2+} pH1～3　Bi^{3+}、Th^{4+} pH5～6　Zn^{2+}、Pb^{2+} Cd^{2+}、Hg^{2+} 稀土	Al^{3+} Fe^{3+} Cu^{2+}、Co^{2+}、Ni^{2+}	NH_4F 抗坏血酸、KCN 邻二氮菲
PAN	1.9～12.2	黄	紫红	pH2～3　Bi^{3+}、Th^{4+} pH4～5　Cu^{2+}、Ni^{2+}		
钙指示剂	12～13	纯蓝	酒红	Ca^{2+}	与铬黑 T 相似	

1. 铬黑 T

简称 EBT 或 BT，化学名称为 1-(1-羟基-2-萘偶氮基)-6-硝基-2-萘酚-4-磺酸钠，属偶氮染料，其结构式为

铬黑 T 与金属离子的配合物为红色。为了使终点明显，最适宜的 pH 值使用范围是 9.0～10，在此条件下，可用 EDTA 直接滴定 Mg^{2+}、Zn^{2+}、Cd^{2+}、Pb^{2+}、Hg^{2+} 等离子。Al^{3+}、Fe^{3+}、Co^{2+}、Ni^{2+}、Cu^{2+} 等离子对铬黑 T 有封闭作用，可用三乙醇胺掩蔽 Al^{3+}、Fe^{3+}，用 KCN 掩蔽 Cu^{2+}、Ni^{2+}、Co^{2+}，消除对滴定的干扰。铬黑 T 对 Ca^{2+} 不够灵敏，但只要有微量 Mg^{2+} 或 Zn^{2+} 存在就可使终点明晰，所以滴 Ca^{2+}、Mg^{2+} 总量时常用铬黑 T 作指示剂。

铬黑 T 为褐色粉末，带金属光泽，在水溶液中不稳定，很易聚合，聚合后的铬黑 T 不

能再与金属离子显色，加入三乙醇胺可以防止聚合，常配成 ρ（铬黑 T）为 5g/L 的三乙醇胺溶液或乙醇溶液。

2. 二甲酚橙

简称 XO，化学名称为 3-3-双［N, N'-（二羟甲基）胺甲基］-邻甲酚磺酞，属三苯甲烷类显色剂。其结构式为

$$\underset{\substack{\text{pH}<6.3 \\ （黄色）}}{H_3In^{4-}} \xrightleftharpoons{pK_a=6.3} \underset{\substack{\text{pH}>6.3 \\ （红色）}}{H_2In^{5-} + H^+}$$

二甲酚橙与金属离子的配合物是紫红色，它只能在 pH<6.3 的酸性溶液中使用，用 EDTA 作滴定剂滴定时，终点由紫红色变黄色。

在酸性介质中，很多金属离子用二甲酚橙作指示剂，用 EDTA 直接滴定，如 ZrO^{2+}（pH<1），Bi^{3+}（pH1～2），Th^{4+}（pH2.5～3.5）；Pb^{2+}、Zn^{2+}、Cd^{2+}、Hg^{2+}、Ti^{3+} 及稀土元素（pH=6）等。终点由紫红色转为亮黄色，变色很灵敏。Fe^{3+}、Al^{3+}、Ni^{2+} 等离子封闭二甲酚橙，一般可用氟化物掩蔽 Al^{3+}，用邻二氮菲掩蔽 Ni^{2+}，Fe^{3+} 可先用抗坏血酸还原为 Fe^{2+}，再加 KCN 掩蔽。

二甲酚橙为紫色结晶，易溶于水，很稳定，可保存 2～3 周，常配成 5g/L 的水溶液使用。终点时溶液总体积约为 100mL 时，上述浓度的二甲酚橙指示剂用量为 2～3 滴。

3. 钙指示剂

化学名称为 2-羟基-1-(2-羟基-4-磺酸基-1-萘偶氮)-3-萘甲酸，其结构式为

$$\underset{\substack{\text{pH}<7.3 \\ （酒红色）}}{H_2In^-} \xrightleftharpoons{pK_{a_1}=7.4} \underset{\substack{\text{pH}8～13 \\ （蓝色）}}{HIn^{2-}} \xrightleftharpoons{pK_{a_2}=13.5} \underset{\substack{\text{pH}>13.5 \\ （酒红色）}}{In^{3-}}$$

钙指示剂与金属离子的配合物为酒红色，pH 值使用范围为 12～13 时，可用于钙镁混合物中钙的测定，终点时溶液由红色变为纯蓝色，颜色变化敏锐。

钙指示剂为紫黑色粉末，在水溶液和乙醇溶液中均不稳定。一般与干燥的氯化钠混合（混合比为 1∶100），配成固体指示剂，但混合后的指示剂也会逐渐氧化，最好是在使用时新配。

4. PAN

化学名称为 1-(2-吡啶偶氮)-2-萘酚，属偶氮类显色剂，其结构式为

PAN 在 pH 为 $1.9 \sim 12.2$ 时呈黄色，与金属离子的配合物为紫红色，只能在 pH 为 $1.9 \sim 12.2$ 范围内使用。可用 EDTA 直接滴定 Cd^{2+}、Cu^{2+}、Zn^{2+}，也可用返滴定法测 Al^{3+}、Cu^{2+}、Fe^{3+}、Pb^{2+}、Ni^{2+}、Sn^{2+}、Zn^{2+}。还可采用置换滴定法测 Al^{3+}、Ca^{2+}、Co^{2+}、Fe^{3+}、Pb^{2+}、Mg^{2+}、Hg^{2+}、Ni^{2+}、Zn^{2+}。由于 PAN 水溶性差，滴定时需适当加热并加入有机溶剂乙醇等。

PAN 常配作 $\rho(PAN)=2g/L$ 的乙醇溶液，终点时溶液总体积为 100mL 时，上述浓度的 PAN 用量为 10 滴左右。

第四节　EDTA 配位滴定法的应用

一、EDTA 标准溶液的配制

EDTA 标准溶液常用乙二胺四乙酸的二钠盐（$Na_2H_2Y \cdot 2H_2O$），常用的 EDTA 标准溶液的浓度为 $0.01 \sim 0.05mol/L$。

通常用标定法配制 EDTA 标准溶液。将一般市售的 $Na_2H_2Y \cdot 2H_2O$ 先配成所需近似浓度的溶液，然后用基准物质标定其准确浓度。常用的基准物质有 Zn、ZnO、Cu、$CaCO_3$ 及 MgO 等，其中使用最多的是 Zn、ZnO 和 $CaCO_3$。

【例 4-1】　用标定法配制 $c(EDTA)$ 为 $0.01mol/L$ 的标准溶液 5L（标定物质用 ZnO、指示剂为铬黑 T）。

解　1. 配制近似浓度的溶液

计算配制 5L $c(EDTA)$ 为 $0.01mol/L$ 所需 EDTA 质量。

$$m_{EDTA}=c(EDTA)V_{EDTA}M(EDTA)$$
$$=0.01 \times 5 \times 372.24=18.61(g)$$

在托盘天平上称取 19g EDTA（一般实际用量比理论用量多 $2\% \sim 3\%$），置于 300mL 烧杯中，加蒸馏水，用玻璃棒搅拌直至全部溶解后，转移至试剂瓶中，稀释至 5L，摇匀，待标。

2. 标定

在分析天平上准确称取已在 800℃下灼烧至恒温保存于干燥器中的基准物质 ZnO 0.25g 左右（称准至 0.0002g），置于 200mL 洁净的烧杯中，加几滴蒸馏水将 ZnO 润湿，然后滴加浓盐酸溶液（约需 2mL）溶解 ZnO，将 ZnO 盐酸溶液定量转移到 250mL 容量瓶中，加蒸馏水稀释至刻度，摇匀。

用移液管吸取上述 Zn^{2+} 溶液 25mL 于 300mL 锥形瓶中，滴加浓度为 $(1+9)$ 的氨水溶液至溶液出现浑浊（约 1mL），加入 $pH=10.0$ 的 NH_3-NH_4Cl 缓冲溶液 10mL，加 ρ（铬黑 T）$=5g/L$ 三乙醇胺溶液的指示剂 $3 \sim 4$ 滴，用待标定的 EDTA 溶液滴定至溶液由紫红变为纯蓝色为滴定终点。滴定过程反应为

$$Zn^{2+} + HIn^{2-} \Longrightarrow ZnIn^- + H^+$$

$$Zn^{2+} + H_2Y^{2-} \Longrightarrow ZnY^{2-} + 2H^+$$

终点时反应为

$$ZnIn^- + H_2Y^{2-} \Longrightarrow ZnY^{2-} + HIn^{2-} + H^+$$
$$\text{（紫红）} \qquad\qquad\qquad\qquad \text{（纯蓝色）}$$

按下式计算 EDTA 的准确浓度。

$$c(\text{EDTA}) = \frac{m_{\text{ZnO}} \times \dfrac{25}{250} \times 10^3}{M(\text{ZnO})V_{\text{EDTA}}}$$

式中　$c(\text{EDTA})$——EDTA 标准溶液浓度，mol/L；

　　　　m_{ZnO}——称取基准物质 ZnO 的质量，g；

　　$M(\text{ZnO})$——ZnO 的摩尔质量，g/mol；

　　V_{EDTA}——消耗 EDTA 的体积，mL。

配制的 EDTA 标准溶液如需长期保存，应用聚乙烯塑料瓶或硬质玻璃瓶盛装，若用软质玻璃瓶盛装，EDTA 将不同程度地溶解玻璃瓶中的 Ca^{2+} 而使 EDTA 的浓度降低，所以一般放置半月以后就应重新标定。

二、EDTA 配位滴定法的应用

1. 工业用水中 Ca^{2+}、Mg^{2+} 总量的测定

溶解在天然水中的阳离子有 Na^+、Ca^{2+}、Mg^{2+} 等，阴离子有 HCO_3^-、CO_3^{2-}、SO_4^{2-}、Cl^- 等。可溶性盐中 Ca^{2+}、Mg^{2+} 含量的多少对水质的影响很大。一般把 Ca^{2+}、Mg^{2+} 含量以 $CaCO_3$ 计，高于 75mg/L 的水称为硬水，低于 75mg/L 的水叫软水。Ca^{2+}、Mg^{2+} 含量高的硬水对人们日常生活或工农业生产都会带来不利，饮水中 Ca^{2+}、Mg^{2+} 含量过高或过低都会影响人体健康，我国生活饮用水的标准为 450mg/L（以 $CaCO_3$ 计）。

工业用水中，长期使用 Ca^{2+}、Mg^{2+} 含量较高的水，会对生产造成不利。如用作冷却水时，不仅会产生污垢，降低传热效率，严重时造成堵塞，并可能腐蚀设备，引起穿漏事故；若长期用作蒸汽锅炉水时，会在锅炉内壁形成水垢，降低传热效率，使燃料消耗增加，使蒸汽炉管局部过热而变形，严重时能引起爆炸事故；化工生产中，若使用 Ca^{2+}、Mg^{2+} 含量较高的水，还会将 Ca^{2+}、Mg^{2+} 等杂质带入产品，影响产品质量。因此，应根据水的不同用途使用前进行处理，同时作 Ca^{2+}、Mg^{2+} 含量的测定，以满足生产生活对水质的要求。

水中 Ca^{2+}、Mg^{2+} 总量的测定通常采用 EDTA 配位滴定法。Ca^{2+}、Mg^{2+} 的总量一般用质量浓度 $\rho(\text{CaO})$ 表示，单位为 mg/L。

(1) 测定原理　用氨-氯化铵缓冲溶液将水样调至 pH=10.0，以铬黑 T 为指示剂，用 EDTA 标准溶液进行直接滴定。EDTA 配位剂和铬黑 T 指示剂分别与 Ca^{2+}、Mg^{2+} 所形成的配合物的稳定性各不相同，依次为 $CaY^{2-} > MgY^{2-} > MgIn^- > CaIn^-$。水样中当 Ca^{2+}、Mg^{2+} 共存时：

① 滴定前　在水样中加入缓冲溶液及铬黑 T 指示剂后，铬黑 T 首先与 Mg^{2+} 配位形成酒红色配合物，反应式为

$$Mg^{2+} + HIn^{2-} \Longrightarrow MgIn^- + H^+$$
$$\text{（蓝色）}\qquad\text{（酒红色）}$$

② 滴定时　用 EDTA 标准溶液滴定，它首先和 Ca^{2+} 配位，然后再与 Mg^{2+} 配位。反应式为

$$Ca^{2+} + H_2Y^{2-} \Longrightarrow CaY^{2-} + 2H^+$$
$$\text{（无色）}$$

$$Mg^{2+} + H_2Y^{2-} \Longrightarrow MgY^{2-} + 2H^+$$
$$\text{（无色）}$$

③ 化学计量点时　EDTA 夺取 $MgIn^-$ 中的全部 Mg^{2+} 而使指示剂游离出去，溶液由酒

红色变为纯蓝色即为终点。反应式为

$$MgIn^- + H_2Y^{2-} \rightleftharpoons MgY^{2-} + HIn^{2-} + H^+$$

（酒红色）　　　　　　　　　（纯蓝色）

此法可以测出 Ca^{2+}、Mg^{2+} 的总含量。EDTA 配位剂也能与其他金属离子互相作用，但一般含量很少，可以忽略不计。

（2）测定步骤　见实验 4-1 的具体操作。

（3）计算

$$\rho(CaO) = \frac{c(EDTA)V_{EDTA}M(CaO)}{V_{样}} \times 10^3$$

式中　$\rho(CaO)$——水中 Ca^{2+}、Mg^{2+} 总量的质量浓度，mg/L；

$c(EDTA)$——EDTA 标准溶液的浓度，mol/L；

V_{EDTA}——耗用 EDTA 标准溶液的体积，mL；

$M(CaO)$——CaO 的摩尔质量，g/mol；

$V_{样}$——水样的体积，mL。

2. 工业氯化钙含量的测定

（1）测定原理　在 pH12～13 时，以 EDTA 为标准溶液直接滴定 Ca^{2+}，用钙作指示剂。由于 Ca^{2+} 与钙指示剂的配合物稳定性比 Ca^{2+} 与 EDTA 的配合物稳定性差，到达滴定终点时，稍过量的 EDTA 就会夺取钙与钙指示剂配合物中的 Ca^{2+} 而置换出钙指示剂，溶液由酒红色变为纯蓝色。

（2）测定步骤　称取约 3.5g 无水氯化钙或约 5g 二水氯化钙试样（精确到 0.0002g）置于 250mL 烧杯中，加水溶解，全部转移至 500mL 容量瓶中，用水稀释至刻度，摇匀。

移取上述试液 10mL，加水约 50mL，加 5mL 三乙醇胺溶液［加合浓度（1+2）］，2mL 氢氧化钠（质量浓度 100g/L），约 0.1g 钙指示剂。用 EDTA 标准溶液滴定，溶液由酒红色变为纯蓝色即为终点。同时作平行测定。

（3）计算

$$w(CaCl_2) = \frac{c(EDTA)V_{EDTA}M(CaCl_2) \times 10^{-3}}{m_{样} \times \frac{10}{500}}$$

式中　$w(CaCl_2)$——工业氯化钙的质量分数；

$c(EDTA)$——EDTA 标准溶液的浓度，mol/L；

V_{EDTA}——耗用 EDTA 标准溶液的体积，mL；

$M(CaCl_2)$——$CaCl_2$ 的摩尔质量，g/mol；

$m_{样}$——试样的质量，g。

本 章 提 要

本章介绍了配位滴定法的基本概念。重点介绍了 EDTA 配位滴定法的原理以及滴定剂 EDTA 与金属离子配位具有的特点和酸度对配位滴定的影响。介绍了金属指示剂指示 EDTA 配位滴定终点的原理。并通过标准溶液的配制和工业用水中 Ca^{2+}、Mg^{2+} 总量的测定等介绍了 EDTA 配位滴定法的应用。

一、基本概念

1. 配位滴定法——利用配合物的形成和解离反应进行的滴定法

2. 配位键——共用电子对由某一原子单独提供的共价键

3. 配合物——由配位键形成的化合物

4. 配离子——由一个简单的正离子（即中心离子）和一定数目的中性分子或负离子（即配位体），以配位键结合起来的难以电离的复杂离子

二、EDTA 配位滴定法

利用配位剂 EDTA 与金属离子进行配位反应的滴定法，称为 EDTA 配位滴定法。

1. 乙二胺四乙酸二钠盐

简称 EDTA，简写成 $Na_2H_2Y \cdot 2H_2O$。它能与许多不同价态的金属离子配位，并形成 1:1 的稳定配合物，该配合物的稳定性用 $K_稳$ 或 $\lg K_稳$ 表示。

EDTA 在水溶液中存在七种形体，随 pH 值的不同，七种形体所占比例也不同。如 pH<1.0 主要为 H_6Y^{2+}；pH1.0～1.6，主要为 H_5Y^+；pH1.6～2.0，主要为 H_4Y；pH2.0～2.67，主要为 H_3Y^-；pH2.67～6.16，主要为 H_2Y^{2-}；pH 6.16～10.26，主要为 HY^{3-}；pH>10.26，主要为 Y^{4-}。其中只有 Y^{4-} 能与金属离子直接配合。pH 值越大，Y^{4-} 占的比例越大，EDTA 的配位能力就越强，形成的配合物越稳定。

2. 滴定不同金属离子所允许的 pH 值范围

在 EDTA 配位滴定中，不是 pH 值越大就越好，应根据不同的金属离子而确立不同的 pH 范围（见表 4-3）来进行滴定。

三、金属指示剂

利用一种能与金属离子生成有色配合物的有机染料，来指示滴定过程中金属离子浓度变化的显色剂称为金属指示剂。

1. 金属指示剂的作用原理

金属指示剂也是一种有机配位剂，它与金属离子（M）生成的有色配合物（MIn）的颜色与指示剂游离态（In）的颜色不同。反应式为

$$M + In \Longrightarrow MIn（略去电荷）$$
$$（A色）\quad （B色）$$

用 EDTA（Y）作滴定剂滴定金属离子（M）到达滴定终点时，由于 $\lg K_{稳MY} > \lg K_{稳MIn}$ EDTA 就会夺取配合物（MIn）中的金属离子（M），而置换出金属指示剂，使溶液由 B 色转变为 A 色来指示滴定终点。反应式为

$$Y + MIn \Longrightarrow MY + In$$
$$（B色）\quad\quad （A色）$$

2. 金属指示剂必备的条件（见本章第三节）

常用的金属指示剂有铬黑 T、二甲酚橙、钙指示剂、PAN 等。在滴定时，必须按所用指示剂的不同，选择不同的 pH 值范围。

四、EDTA 标准溶液的配制

EDTA 标准溶液一般采用标定法配制。标定时用得最多的基准物质是 Zn、ZnO 和 $CaCO_3$。配制好的 EDTA 标准溶液，应用聚乙烯塑料瓶或硬质玻璃瓶保存。

五、EDTA 配位滴定法的应用

EDTA 配位滴定法常用于水中 Ca^{2+}、Mg^{2+} 含量的测量。本章以实验所用水样进行

Ca^{2+}、Mg^{2+} 总量的测定介绍了有关测定原理、计算及其滴定操作过程。

实验 4-1　EDTA 标准溶液的配制和标定[❶]

一、实验目的
1. 掌握 EDTA 标准溶液的配置和标定方法。
2. 掌握铬黑 T 指示剂对滴定终点的判断。

二、实验原理
在 pH＝10 时，铬黑 T 以 HIn^{2-} 形式存在，呈蓝色，它与 Zn^{2+} 的配合物 $ZnIn^-$ 呈紫红色，当用 EDTA 溶液滴定 Zn^{2+} 标准溶液时，溶液中 Zn^{2+} 与 EDTA 配合生成无色 ZnY^{2-}，滴定达到化学计量点附近时，EDTA 夺取 $ZnIn^-$ 中的 Zn^{2+} 配合而使铬黑 T 指示剂游离出来，当溶液由紫红色变为纯蓝色即为终点。

其反应为

$$Zn^{2+} + HIn^{2-} \longrightarrow ZnIn^- + H^+$$
$$\text{(蓝色)} \qquad \text{(紫红色)}$$

$$Zn^{2+} + H_2Y^{2-} \Longrightarrow ZnY^{2-} + 2H^+$$
$$\text{(无色)}$$

$$ZnIn^- + H_2Y^{2-} \Longrightarrow ZnY^{2-} + HIn^{2-} + H^+$$
$$\text{(紫红色)} \qquad\qquad\qquad \text{(纯蓝色)}$$

三、仪器与试剂
1. 仪器

酸式滴定管	50mL	一支	玻璃棒		一支
容量瓶	250mL	一个	移液管	25mL	一支
烧杯	250mL	一个	量筒	100mL、50mL、10mL 各一个	
锥形瓶	250mL	三个			

2. 试剂

EDTA（乙二胺四乙酸二钠盐，$Na_2H_2Y \cdot 2H_2O$）　　　　　　　　　　　　分析纯

ZnO　　　　　　　　　　　　　　　　　　　　　　　　　　　　　　　　基准试剂

HCl　　　　　　　　　　　　　　　　　　　　　　　　　　　　　　　　20%

氨水　　　　　　　　　　　　　　　　　　　　　　　　　　　　　　　　10%

铬黑 T 指示剂　　　　5g/L（溶解 0.50g 铬黑 T 于 85mL 三乙醇胺中，再加 15mL 乙醇）

NH_3-NH_4Cl 缓冲溶液　　pH＝10（称取 NH_4Cl 5.4g，加入 20mL 蒸馏水，35mL 浓氨水，溶解后稀释至 100mL，摇匀，备用）

四、实验步骤
1. EDTA 溶液的配制
称取下列规定量的乙二胺四乙酸二钠盐，加入适量蒸馏水，加热、溶解，待溶液冷却至室温后，用蒸馏水稀释至 1000mL，摇匀，待标定。

$c(EDTA)/(mol/L)$	m(乙二胺四乙酸二钠盐)/g
0.05	20
0.02	8

[❶] 参考国家标准 GB 601—88。

2. EDTA 溶液的标定

称取下列规定量的于 800℃下灼烧至恒重的基准氧化锌，精确至 0.0001g，用少量水湿润，加 2mL 20％的 HCl 至样品溶解，移入 250mL 容量瓶中，稀释至刻度，摇匀。用移液管准确移取 25mL Zn^{2+} 标准溶液于锥形瓶中，加 50mL 水，用 10％氨水溶液中和至开始析出 $Zn(OH)_2$ 沉淀（pH 为 7～8），再加 10mL pH＝10 的氨-氯化铵缓冲溶液及 5 滴 5g/L 的铬黑 T 指示液，用配好的 EDTA 溶液滴至溶液由紫红色变为纯蓝色，平行滴定 2～3 次，同时做空白实验。

$c(EDTA)/(mol/L)$	m（基准氧化锌）/g
0.05	1
0.02	0.4

五、计算

EDTA 标准溶液浓度按下式计算。

$$c(EDTA) = \frac{m \times 10^3}{(V_1 - V_0) \times 81.38}$$

式中　$c(EDTA)$——乙二胺四乙酸二钠标准溶液浓度，mol/L；

$\qquad m$——基准氧化锌质量，g；

$\qquad V_1$——乙二胺四乙酸二钠溶液的体积，mL；

$\qquad V_0$——空白实验乙二胺四乙酸二钠溶液的体积，mL；

$\qquad 81.38$——基准氧化锌的摩尔质量，g/mol。

六、思考题

1. 滴定达到化学计量点附近时，为什么 EDTA 能夺取 $ZnIn^-$ 中的 Zn^{2+} 配合而使铬黑 T 指示剂游离出来？

2. 此滴定为什么要加入 10％氨水及 pH＝10 的氨-氯化铵缓冲溶液？

※实验 4-2　工业循环冷却水中 Ca^{2+}、Mg^{2+} 总量的测定[❶]

一、实验目的

1. 学习 EDTA 配位滴定法的直接滴定。
2. 掌握用 EDTA 配位滴定法测定工业循环冷却水中 Ca^{2+}、Mg^{2+} 的总量。
3. 练习铬黑 T 金属指示剂的配制和使用。

二、实验原理

水样于硫酸介质中加入过硫酸钾，加热至近干，使水样中的有机磷系药剂被过硫酸钾氧化以消除干扰的同时又维持样品为酸性而防止铁、铝等离子水解，样品加水稀释后立即用三乙醇胺配合掩蔽铁、铝等干扰离子。然后再加 KOH 中和硫酸至溶液呈中性后加入 pH＝10.0 的 NH_3-NH_4Cl 缓冲溶液，用铬黑 T 作指示剂。用 EDTA 标准溶液滴定，溶液由紫红色（铬黑 T 合镁）变纯蓝色（游离铬黑 T）时为滴定终点。其反应式为

$$Mg^{2+} + HIn^{2-} \rightleftharpoons MgIn^- + H^+$$
$$\text{（纯蓝色）}\qquad\qquad\text{（紫红色）}$$

---

❶ 参考国家标准 GB/T 15452—95。

$$Ca^{2+} + H_2Y^{2-} \Longrightarrow CaY^{2-} + 2H^+$$

$$Mg^{2+} + H_2Y^{2-} \Longrightarrow MgY^{2-} + 2H^+$$

$$MgIn^- + H_2Y^{2-} \Longrightarrow MgY^{2-} + HIn^{2-} + H^+$$

（紫红色）　　　　　　　　（纯蓝色）

三、仪器与试剂

1. 仪器

酸式滴定管	50mL	一支	量筒	50mL、10mL	各一个	
锥形瓶	250mL	三支	洗耳球		一个	
移液管	50mL	一支				

2. 试剂

H_2SO_4	分析纯加合浓度（1+1）
$K_2S_2O_8$	分析纯 $\rho(K_2S_2O_8)=40g/L$（贮于棕色瓶中,有效期1个月）
三乙醇胺	分析纯加合浓度（1+2）
KOH	分析纯 $\rho(KOH)=200g/L$
EDTA标准溶液	$c(EDTA)=0.01mol/L$（配制见本章第四节所述,浓度值取有效数字第四位）
NH_3-NH_4Cl缓冲溶液	pH=10.0（在托盘天平上称取67.5g NH_4Cl溶于水,加浓氨水570mL,加水稀释至1L）
铬黑T指示剂	ρ（铬黑T）=5g/L（0.50g铬黑T溶解于85mL三乙醇胺中,再加入15mL乙醇）

四、实验步骤

用移液管吸取50mL水样于250mL锥形瓶中，加1mL H_2SO_4溶液［加合浓度（1+1）］和5mL $K_2S_2O_8$溶液［$\rho(K_2S_2O_8)=40g/L$］，加热煮沸至近干，取下，冷却至室温，加50mL蒸馏水和3mL三乙醇胺［加合浓度（1+2）］，用KOH溶液［$\rho(KOH)=200g/L$］调节pH近中性，再加5mL NH_3-NH_4Cl缓冲溶液（pH=10.0）和3滴铬黑T指示剂［ρ（铬黑T）=5g/L］，用$c(EDTA)=0.01mol/L$ EDTA标准溶液滴定，近终点时速度要缓慢，当溶液颜色由紫红色变为纯蓝色时即为终点。平行测定2~3次。

五、计算

水样中Ca^{2+}、Mg^{2+}总量用CaO的质量浓度表示，单位为mg/L。

$$\rho(CaO) = \frac{c(EDTA)V_{EDTA}M(CaO)}{V_{样}} \times 10^3$$

式中　$c(EDTA)$——EDTA标准溶液的浓度，mol/L；

　　　　V_{EDTA}——消耗EDTA标准溶液的体积，mL；

　　　　$M(CaO)$——CaO的摩尔质量，g/mol；

　　　　$V_{样}$——所取水样的体积，mL。

六、思考题

1. 用EDTA配位滴定法测水样中Ca^{2+}、Mg^{2+}总量时，为什么要加入三乙醇胺？

2. 用EDTA配位滴定法测水样中Ca^{2+}、Mg^{2+}总量时，为什么须加入pH=10.0的缓冲溶液？

※实验4-3　镍盐中镍含量的测定

一、实验目的

1. 掌握镍盐中镍含量的测定原理和测定方法。

2. 掌握配位滴定中返滴定法的操作过程。

3. 正确判断以 PAN 为指示剂的滴定终点。

二、实验原理

在镍盐试液中先加入过量的 EDTA 标准溶液，调节溶液 pH＝5.0，煮沸使 Ni^{2+} 与 ED-TA 完全配合，以 PAN 为指示剂，用硫酸铜标准溶液滴定过量的 EDTA 使溶液由绿色变为蓝紫色为终点。其反应为

$$Ni^{2+}+H_2Y^{2-}\longrightarrow NiY^{2-}+2H^+$$
（过量）

$$H_2Y^{2-}+Cu^{2+}\longrightarrow CuY^{2-}+2H^+$$
（余量） （蓝紫色）

$$PAN+Cu^{2+}\longrightarrow Cu\text{-}PAN$$
（黄色） （紫红色）

三、仪器与试剂

1. 仪器

酸式滴定管	50mL	二支	移液管 一支
容量瓶	250mL	一个	量筒 一个
锥形瓶	250mL	三个	小漏斗 一个

2. 试剂

$CuSO_4 \cdot 5H_2O$	$c(CuSO_4 \cdot 5H_2O)=0.02mol/L$
EDTA 标准溶液	$c(EDTA)=0.02mol/L$（取四位有效数字）
氨水	加合浓度（1＋9）
pH 试纸或刚果红试纸	
PAN 指示剂	$\rho(PAN)=1g/L$ 乙醇溶液（在分析天平上称取 0.1g PAN 溶于 100mL 乙醇溶液中）
HAc-NH_4Ac 缓冲溶液	［称取固体分析纯 NH_4Cl 13g，以少量蒸馏水溶解，加（1＋1）的 HAc 溶液 5mL，用蒸馏水稀释至 100mL］

四、实验步骤

1. Cu^{2+} 的标定

由滴定管准确放出 EDTA 标准溶液 25mL 左右于锥形瓶中，加水 50mL 稀释，加 PAN 指示剂 10 滴，迅速用 Cu^{2+} 溶液滴定，溶液由绿变紫红为终点。平行测定 2～3 次。

$$c(Cu^{2+})=\frac{c(EDTA)V_{EDTA}}{V_{Cu^{2+}}}$$

2. Ni 含量的测定

（1）在分析天平上准确称取 0.1～0.12g（称准至 0.0002g）$NiSO_4 \cdot 7H_2O$ 试样，置于 250mL 容量瓶中，溶解定容至 250mL，摇匀。

（2）移取 Ni^{2+} 试液 25mL 于锥形瓶中，准确加入（用滴定管加）EDTA 标准溶液 30mL 左右，滴加（1＋9）的氨水至刚果红试纸显红色（pH＝5.0）。加 HAc-NH_4Ac 缓冲溶液 20mL，煮沸，加 10 滴 PAN，迅速用 Cu^{2+} 标准溶液滴定，溶液由绿变蓝紫色为终点。平行测定 2～3 次。

五、计算

$$w(Ni)=\frac{[c(EDTA)V_{EDTA}-c(Cu^{2+})V_{Cu^{2+}}]M(Ni)\times 10^{-3}}{m_{样}}$$

式中　$c(EDTA)$——EDTA 标准溶液的浓度，mol/L；

V_{EDTA}——EDTA 标准溶液的用量，mL；

$c(Cu^{2+})$——硫酸铜标准溶液的浓度，mol/L；

$V_{Cu^{2+}}$——硫酸铜标准溶液的用量，mL；

$m_样$——镍盐样品的质量，g；

$M(Ni)$——镍的摩尔质量，g/mol。

六、思考题

1. 在待测溶液中加入 EDTA 标准溶液后为什么要煮沸？用 PAN 作指示剂时，滴定前为什么要加 HAc-NH₄Ac 缓冲溶液？

2. 什么叫返滴定法？以镍盐中镍含量的测定为例，简述返滴定法的操作过程。

第五章 沉淀滴定法

第一节 概 述

一、基本概念

利用沉淀的产生或消失进行的滴定，称沉淀滴定法。

常温下，当一种物质在水中的溶解度小于 0.01mol/L 时，通常就把这种物质称为难溶物质。如几种难溶物质及其溶解度，Ag_2CrO_4 为 8.0×10^{-5} mol/L，AgCl 为 1.4×10^{-5} mol/L，$Pb_3(PO_4)_2$ 为 1.5×10^{-9} mol/L。由于难溶物质的溶解度很小，在溶液中主要以固体（即沉淀）的形式存在，所以，就把生成难溶物质的反应叫沉淀反应。

虽然能够生成沉淀的反应很多，但是能用于沉淀滴定的沉淀反应却很少，这是由于适宜沉淀滴定的沉淀反应必须符合下列条件。

（1）沉淀反应具有确定的化学计量关系，待测组分必须定量地沉淀完全。

（2）沉淀纯净。有共沉淀时不影响滴定效果。

（3）必须有适当的方法指示滴定终点。沉淀的吸附现象不影响终点的观察。

（4）沉淀反应速率要快，并很快达到平衡，反应选择性好。

（5）沉淀的溶解度必须足够小（约 10^{-6} g/mL）。

由于受以上条件的限制，目前实际分析工作中用于沉淀滴定法的反应主要是生成难溶性银盐的反应。如

$$Ag^+ + Cl^- \longrightarrow AgCl \downarrow$$
$$（白色）$$

$$Ag^+ + SCN^- \longrightarrow AgSCN \downarrow$$
$$（白色）$$

利用生成难溶银盐的反应进行的沉淀滴定法，称为银量法。银量法可用来测定化合物中 Cl^-、Br^-、I^-、SCN^-、CN^- 及 Ag^+ 等离子的含量。

二、银量法的分类

按滴定方式的不同，银量法分为直接滴定法和返滴定法两种。

1. 直接滴定法

用沉淀剂作标准溶液，直接滴定待测物质离子，例如医用三溴合剂总溴含量的测定。以 K_2CrO_4 作指示剂，用 $AgNO_3$ 标准溶液直接滴定待测物溶液的 Br^-，直至生成砖红色的 Ag_2CrO_4 沉淀为滴定终点。反应为

$$Ag^+ + Br^- \longrightarrow AgBr \downarrow$$
$$\text{(浅黄色)}$$

$$2Ag^+ + CrO_4^{2-} \longrightarrow Ag_2CrO_4 \downarrow$$
$$\text{(砖红色)}$$

根据 $AgNO_3$ 标准溶液的用量和试样的质量，即可计算出 Br^- 的质量分数。

2. 返滴定法

在待测物质的溶液中，加入一定体积的过量沉淀剂标准溶液，再用第二种标准溶液滴定第一种标准溶液的过量（余量）部分，例如在酸性溶液中测定 Cl^-。首先向试液中加入已知量的过量的 $AgNO_3$ 标准溶液，然后以铁铵矾作指示剂，用 NH_4SCN 标准溶液返滴定过量（余量）的 Ag^+，生成 $AgSCN$ 沉淀，当 Ag^+ 与 SCN^- 反应完全以后，稍过量的 NH_4SCN 溶液便与 Fe^{3+} 反应生成红色 $FeSCN^{2+}$ 配合物指示滴定终点。反应为

$$Ag^+ + Cl^- \longrightarrow AgCl \downarrow$$
$$\text{（过量）} \qquad \text{（白色）}$$
$$Ag^+ + SCN^- \longrightarrow AgSCN \downarrow$$
$$\text{（余量）} \qquad \text{（白色）}$$
$$SCN^- + Fe^{3+} \longrightarrow FeSCN^{2+}$$
$$\text{（红色）}$$

根据 $AgNO_3$ 标准溶液和 NH_4SCN 标准溶液所用的体积及试样的质量，即可计算 Cl^- 的质量分数。

按确定终点所用的指示剂不同分为三种滴定法，即莫尔法、佛尔哈德法和法扬司法。本章着重讨论莫尔法的滴定原理、滴定条件及适用范围等。

三、溶度积

物质在溶剂中的溶解能力的大小通常用溶解度表示，溶解度的大小除主要取决于物质的本性外，还受溶剂和温度的影响。温度一定时，某难溶物质在纯水中的溶解度是个不变的数值，它溶解所形成的有关离子的浓度也是一个不变的数值，其离子浓度的乘积也是一个不变的数值，用 K_{sp} 表示。如反应

$$AgCl(固) \Longrightarrow Ag^+ + Cl^-$$
$$K_{sp} = [Ag^+][Cl^-]$$

式中　　　K_{sp}——难溶物质的溶度积常数，简称为溶度积；

$[Ag^+]$，$[Cl^-]$——分别表示饱和溶液中的离子浓度。

溶度积（K_{sp}）所表示的含义是：一定温度下，难溶物质的饱和溶液中，相应离子浓度系数次方之积为一常数。

溶度积数值的大小与物质的溶解性有关，它可以反映难溶物质的溶解能力，对同类型的难溶物质（如 AB、A_2B、AB_2 等型），K_{sp} 越小，溶解度越小（如 $AgCl$、$AgBr$ 可以由 K_{sp} 的大小来直接比较它们溶解度的大小）。

四、溶度积的应用

1. 用 K_{sp} 判断沉淀的生成和溶解

某一难溶物质溶液中，其离子浓度系数次方之积称为离子积，用符号 Q_i 表示，离子积 Q_i 有三种可能情况。

（1）$Q_i = K_{sp}$ 是饱和溶液，无沉淀生成，原有的沉淀也不溶解。

（2）$Q_i < K_{sp}$ 是不饱和溶液，无沉淀生成。若原来有沉淀，沉淀将溶解，直至饱和为止。

（3）$Q_i > K_{sp}$ 有沉淀析出，直至饱和。

以上规则称为溶度积规则。可以看出，生成沉淀的条件是必须使其离子积 Q_i 大于溶度积 K_{sp}。

2. 用 K_{sp} 判断沉淀的先后次序

当溶液中同时存在几种待沉淀的离子时，加入一种沉淀剂，此时可以用 K_{sp} 判断离子沉淀的先后次序，离子积先达到溶度积的先沉淀。这就是分级（步）沉淀原理。

【例 5-1】 在 $c(Cl^-) = c(CrO_4^{2-}) = 0.10mol/L$ 的 Cl^- 和 CrO_4^{2-} 混合溶液中，加入沉淀剂 $AgNO_3$，判断 $AgCl$ 和 Ag_2CrO_4 沉淀的次序。

解 $AgNO_3$ 和 Cl^-、CrO_4^{2-} 可能发生的反应

$$Ag^+ + Cl^- \longrightarrow AgCl \downarrow \quad K_{sp} = 1.8 \times 10^{-10}$$

$$2Ag^+ + CrO_4^{2-} \longrightarrow Ag_2CrO_4 \downarrow \quad K_{sp} = 2.0 \times 10^{-12}$$

根据溶度积计算生成 $AgCl$ 沉淀和 Ag_2CrO_4 沉淀所需的最小 $[Ag^+]$。

$$K_{sp} = [Ag^+][Cl^-]$$

$$[Ag^+] = \frac{K_{sp}}{[Cl^-]} = \frac{1.8 \times 10^{-10}}{0.10} = 1.8 \times 10^{-9} \ (mol/L)$$

$$K_{sp} = [Ag^+]^2[CrO_4^{2-}]$$

$$[Ag^+] = \sqrt{\frac{K_{sp}}{[CrO_4^{2-}]}} = \sqrt{\frac{2.0 \times 10^{-12}}{0.10}} = 4.5 \times 10^{-6} \ (mol/L)$$

从计算结果可知：生成 $AgCl$ 沉淀所需 $[Ag^+]$ 比生成 Ag_2CrO_4 沉淀所需 $[Ag^+]$ 小得多，所以逐滴加入 $AgNO_3$ 溶液时，$[Ag^+]$ 与 $[Cl^-]$ 的乘积先达到 $AgCl$ 的溶度积，则 $AgCl$ 先沉淀出来。当 $[Ag^+]$ 达到 4.5×10^{-6} mol/L 时，也就是 Ag_2CrO_4 开始沉淀时，Cl^- 浓度已降至 4.0×10^{-5} mol/L，Cl^- 已经几乎沉淀完全（当离子浓度降至 $10^{-4} \sim 10^{-5}$ mol/L 时，即可认为该离子已经沉淀完全）。

3. 用 K_{sp} 判断沉淀的转化

一种难溶物质在沉淀剂作用下，转化生成另一种更难溶的物质的现象，称为沉淀的转化。如

$AgCl$ $K_{sp} = 1.8 \times 10^{-10}$ 溶解度为 1.4×10^{-3} mol/L

$AgSCN$ $K_{sp} = 1.0 \times 10^{-12}$ 溶解度为 1.0×10^{-6} mol/L

可以看出 $AgSCN$ 是比 $AgCl$ 更难溶的物质，在 $AgCl$ 沉淀中若加入 SCN^- 溶液即可转化成 $AgSCN$ 沉淀。

$$AgCl \downarrow + SCN^- \longrightarrow AgSCN \downarrow + Cl^-$$

沉淀滴定法常利用难溶物质的溶度积 K_{sp} 的大小来选择适当的沉淀剂及其用量，使沉淀生成或转化，或判断溶液中同时存在多种待沉淀离子的沉淀次序，且定量沉淀完全，进行有关离子及其化合物含量的测定。

第二节 莫 尔 法

一、滴定原理

在中性或弱碱性溶液中，以 K_2CrO_4 作指示剂，用 $AgNO_3$ 为标准溶液滴定的银量法称莫尔法。

以测定氯化物中 Cl⁻ 含量为例，说明其滴定原理。测定时，在氯化物试液中加入 K_2CrO_4 指示剂，用 $AgNO_3$ 标准溶液滴定。其反应为

$$Ag^+ + Cl^- \longrightarrow AgCl \downarrow$$
（白色）

$$2Ag^+ + CrO_4^{2-} \longrightarrow Ag_2CrO_4 \downarrow$$
（砖红色）

以上两个反应都能生成沉淀，究竟哪一个先沉淀？通过例 5-1 计算可知 [Ag^+] 与 [Cl^-] 的乘积先达到 AgCl 的溶度积，根据分步沉淀原理，离子积先达到溶度积的先沉淀，所以在滴定过程中首先是生成 AgCl 沉淀，随着 $AgNO_3$ 溶液的不断加入，AgCl 白色沉淀不断生成，这就使溶液中的 Cl⁻ 浓度越来越小，Ag^+ 浓度越来越大，直至 [Ag^+]² 和 [CrO_4^{2-}] 之积大于 Ag_2CrO_4 的 K_{sp} 时，溶液中便出现 Ag_2CrO_4 的砖红色沉淀，当 CrO_4^{2-} 开始沉淀时，Cl⁻ 实际已沉淀完全。因此，可借生成砖红色的 Ag_2CrO_4 沉淀来指示滴定终点。

莫尔法中，终点出现的早迟与溶液中指示剂的浓度有关。如果 CrO_4^{2-} 浓度过大，则终点提早出现，使分析结果偏低；如果 CrO_4^{2-} 浓度过低，则终点推迟，使分析结果偏高。所以，为使滴定终点的显示尽可能接近化学计量点，减小终点误差，获得准确的分析结果，必须控制 CrO_4^{2-} 的浓度。通过有关计算表明，一般滴定溶液中 $c(K_2CrO_4)$ 约为 $5 \times 10^{-3} \, mol/L$ 为宜。如指示剂质量浓度 $\rho(K_2CrO_4) = 50g/L$，在 100mL 试液中加入 1～2mL 即可。进行精密测定时，可用指示剂空白试验进行校正，或在其他滴定条件相同的情况下，用 $AgNO_3$ 标准溶液对纯 NaCl 溶液进行校正。

二、滴定条件

（1）滴定只能在中性或弱碱性溶液（pH 为 6.5～10.5）中进行。若滴定在酸性溶液中进行，因铬酸钾是弱酸盐，在酸性溶液中 CrO_4^{2-} 与 H^+ 结合，使 CrO_4^{2-} 浓度降低致使在化学计量点附近不能形成 Ag_2CrO_4 沉淀。反应为

$$2CrO_4^{2-} + 2H^+ \Longleftrightarrow 2HCrO_4^- \Longleftrightarrow Cr_2O_7^{2-} + H_2O$$

若滴定在碱性强的溶液中进行，Ag^+ 将形成 Ag_2O 沉淀。反应为

$$2Ag^+ + 2OH^- \Longrightarrow 2AgOH \downarrow$$
$$\longrightarrow Ag_2O \downarrow + H_2O$$

所以，对于酸性试液，应先用适当的方法进行中和，如加入硼砂（$Na_2B_4O_7 \cdot 10H_2O$）或 NaOH 等，或改用佛尔哈德法；对于强碱性试液，应先用 HNO_3 中和，然后再进行滴定。

（2）被滴定的试液中不应含有 NH_3。因为 NH_3 与 Ag^+ 易生成 [$Ag(NH_3)_2$]⁺ 配离子，而使 AgCl、Ag_2CrO_4 沉淀溶解。如果试液中有 NH_3 存在时，必须用酸中和。当试液中有铵盐存在时，如果试液的碱性较强，也会增大 NH_3 的浓度。因此，应将试液的 pH 值控制在 6.5～7.2 内。

（3）被滴定试液中，不应含有能与 Ag^+ 生成难溶化合物或配合物的阴离子，如 PO_4^{3-}、AsO_4^{3-}、SO_3^{2-}、S^{2-}、CO_3^{2-}、$C_2O_4^{2-}$ 等；还不应含有能与 CrO_4^{2-} 生成沉淀的阳离子，如 Pb^{2+}、Ba^{2+} 等以及大量的有色金属离子，如 Cu^{2+}、Co^{2+}、Ni^{2+} 等。若有，应预先分离，以免干扰测定或影响观察滴定终点。

（4）滴定时应剧烈摇动。由于先产生的 AgCl 沉淀容易吸附溶液中的 Cl⁻，使溶液中 Cl⁻ 浓度降低，会导致滴定终点提前出现，从而引入误差，因此，滴定时应剧烈摇动，以减少吸附。如果用莫尔法测 Br⁻ 的吸附现象会更为严重，所以滴定时更要剧烈摇动，以使被

AgBr 沉淀吸附的 Br^- 释放出来。

三、应用范围及特点

莫尔法多用于 Cl^-、Br^- 的测定。两者共存时，测定的是 Cl^- 和 Br^- 的总量。在弱碱性溶液中也可用于测定 CN^-。本法不宜用于测定 I^- 和 SCN^-，因为 AgI 和 AgSCN 沉淀有更强的吸附作用，导致终点变化不明显；也不适用于以 NaCl 作标准溶液直接滴定 Ag^+，因为 Ag_2CrO_4 转化成 AgCl 的速度比较慢，使终点出现过迟。如果需要采用这种方法测定 Ag^+，应在试液中加入一定体积过量的 NaCl 标准溶液，然后用 $AgNO_3$ 标准溶液回滴过量的 Cl^-。

莫尔法的选择性较差，应用范围受到一定限制，但它是直接滴定，所以应用起来简单、方便。对含氯量较低、干扰极少的试样以及环境水质的氯离子分析等，可以得到准确的结果。所以，这类分析经常采用铬酸钾指示剂法。

四、$AgNO_3$ 标准溶液的配制

1. 直接法配制

可以直接用基准物质 $AgNO_3$ 配制 $AgNO_3$ 标准溶液，但一般大都采用标定法配制。

2. 标定法配制

用标定法配制 $AgNO_3$ 标准溶液时，先配成近似浓度的 $AgNO_3$ 溶液，再用基准物质 NaCl 或 NaCl 标准溶液进行标定。

如配制 $c(AgNO_3)=0.015mol/L$ 的 $AgNO_3$ 标准溶液 1L 的具体操作步骤如下。

(1) 配制近似浓度　计算所需 $AgNO_3$ 试剂的质量。

$$m_{AgNO_3}=c(AgNO_3)V_{AgNO_3}M(AgNO_3)$$
$$=0.015\times1\times169.88=2.5\ (g)$$

(2) 标定　由于配制的 $AgNO_3$ 溶液浓度较低，为减小误差，使标定的结果准确度高，应先将基准物 NaCl 配成已知准确浓度的标准溶液后再标定 $AgNO_3$ 溶液。

① 用直接法配制 $c(NaCl)=0.015mol/L$ 左右的 NaCl 标准溶液。在分析天平上准确称取经 $500\sim600℃$ 灼烧至恒重的基准物质 NaCl $0.2\sim0.25g$（称准至 0.0002g）于烧杯中。溶解后，定量转入 250mL 容量瓶中，加不含 Cl^- 的蒸馏水稀释至刻度，混匀。计算出 NaCl 溶液的准确浓度。

$$c(NaCl)=\frac{m_{NaCl}\times10^3}{M(NaCl)V_{NaCl}}$$

式中　$c(NaCl)$——NaCl 标准溶液的浓度，mol/L；

　　　m_{NaCl}——NaCl 基准物质的质量，g；

　$M(NaCl)$——NaCl 的摩尔质量，g/mol；

　V_{NaCl}——NaCl 标准溶液的体积，mL。

② 标定　用移液管吸取上述 NaCl 标准溶液 25mL 于锥形瓶中，加质量浓度为 50g/L 的 Ag_2CrO_4 指示剂约 20 滴，用待标定的 $AgNO_3$ 溶液滴至淡橙色为滴定终点，记录用去 $AgNO_3$ 溶液的体积。平行测定 $2\sim3$ 次。

③ 计算 $AgNO_3$ 标准溶液的准确浓度。

$$c(AgNO_3)=\frac{c(NaCl)V_{NaCl}}{V_{AgNO_3}}$$

式中　$c(AgNO_3)$——$AgNO_3$ 标准溶液的浓度，mol/L；

　　　V_{NaCl}——NaCl 标准溶液的体积，mL；

V_{AgNO_3}——$AgNO_3$ 标准溶液的体积，mL。

$AgNO_3$ 见光易分解，应保存在棕色试剂瓶中，长期存放后应重新标定。

第三节　佛尔哈德法

佛尔哈德法是在酸性介质中以铁铵矾 $[NH_4Fe(SO_4)_2 \cdot 12H_2O]$ 作指示剂确定滴定终点的一种银量法。根据滴定方式的不同，可以分为直接滴定法和返滴定法两种。

一、直接滴定法

1. 滴定原理

用 NH_4SCN 标准溶液或 $KSCN$ 标准溶液为滴定剂，以铁铵矾作指示剂，在酸性介质中测定 Ag^+ 的含量。当滴定至终点时，微过量的 SCN^- 与 Fe^{3+} 反应，生成红色的 $Fe(SCN)^{2+}$，即为终点。反应式为

终点前
$$SCN^- + Ag^+ \longrightarrow AgSCN \downarrow$$
$$\text{（白色）}$$

终点时
$$SCN^- + Fe^{3+} \longrightarrow Fe(SCN)^{2+} \downarrow$$
$$\text{（血红色）}$$

2. 滴定条件

（1）由于铁铵矾指示剂中的 Fe^{3+} 在中性或碱性条件下将会水解，因此滴定应在酸性条件下（$0.3 \sim 1mol/L$ HNO_3 溶液）进行。

（2）由于生成的 $AgSCN$ 沉淀易吸附溶液中的 Ag^+，使 Ag^+ 浓度降低，以致红色的出现略早于化学计量点，测定结果偏低。因此在滴定过程中必须剧烈振摇，使被吸附的 Ag^+ 释放出来。

3. 应用范围及特点

本方法可用于直接测定 Ag^+，并可在酸性溶液中进行。

二、返滴定法

1. 滴定原理

在酸性待测溶液中，先加入过量的 $AgNO_3$ 标准溶液，再用铁铵矾作指示剂，用 NH_4SCN 标准溶液或 $KSCN$ 标准溶液回滴剩余的 Ag^+。反应式为

终点前
$$Ag^+ + X^- \longrightarrow AgX \downarrow \qquad SCN^- + Ag^+ \longrightarrow AgSCN \downarrow$$
$$\text{（白色）}$$

终点时
$$SCN^- + Fe^{3+} \Longleftrightarrow Fe(SCN)^{2+} \downarrow$$
$$\text{（血红色）}$$

2. 滴定条件及适用范围

返滴定法测定 Cl^-，临近终点时，应避免用力振摇，以免生成的红色消失。这是因为 $AgCl$ 沉淀的溶解度大于 $AgSCN$ 沉淀的溶解度，加入的 NH_4SCN 会与 $AgCl$ 沉淀发生沉淀转化反应。

$$AgCl + SCN^- \longrightarrow AgSCN \downarrow + Cl^-$$

沉淀的转化速率较慢，滴加 NH_4SCN 溶液形成的红色由于振摇而消失。但转化作用使溶液中 SCN^- 的浓度降低，促使已生成的 $Fe(SCN)^{2+}$ 又分解，使红色褪去，误以为终点未到。所以会消失较多的 SCN^-，带来较大误差。为避免上述现象的发生，可采取下列措施。

（1）试液中加入过量的 $AgNO_3$ 标准溶液后，将溶液煮沸，使 $AgCl$ 沉淀凝聚，以减少

AgCl 沉淀对 Ag^+ 的吸附。滤去沉淀，并用稀 HNO_3 溶液洗涤沉淀，然后再进行返滴定。

（2）试液中加入过量的 $AgNO_3$ 标准溶液后，加入一定量的硝基苯或邻苯二甲酸二丁酯，剧烈振摇，使 AgCl 沉淀表面被覆盖，减少与溶液的接触，阻止转化反应的进行。

返滴定法测定 Br^-、I^- 时，由于 AgBr 和 AgI 的溶解度均小于 AgSCN 沉淀的溶解度，不会发生沉淀转化，因此不必采取以上措施。但在测定 I^- 时，必须加入过量 $AgNO_3$ 溶液，再加入铁铵矾指示剂，否则 Fe^{3+} 将与 I^- 发生氧化还原反应。

强氧化钾、铜盐、汞盐都与 SCN^- 作用，因而干扰测定，须事先除去。

第四节　法　扬　司　法

法扬司法是以吸附指示剂确定终点的一种银量法。

一、吸附指示剂的作用原理

吸附指示剂是一类有机染料，常用的吸附指示剂有荧光黄、二氯荧光黄、曙红等，它们都是有机弱酸，在溶液中可以电离出指示剂阴离子，这些阴离子很容易被带正电荷的胶体沉淀吸附，吸附后结构改变，从而引起颜色发生明显的变化，指示滴定终点的到达。

现以 $AgNO_3$ 标准滴定溶液滴定 Cl^- 为例，说明荧光黄指示剂的作用原理。

荧光黄是一种有机弱酸，用 HFIn 表示，在溶液中可电离为荧光黄阴离子 FIn^-，呈黄绿色。

$$HFIn \rightleftharpoons H^+ + FIn^-$$

具有较大表面积的卤化银沉淀，吸附力强，能吸附溶液中的离子，特别容易吸附与卤化银相同的离子（Ag^+ 或 Cl^-）。滴定终点前，溶液中含有大量的 Cl^-，生成的 AgCl 沉淀首先吸附 Cl^- 而带负电荷，由于同种电荷相斥，形成的（AgCl）·Cl^- 不吸附指示剂阴离子 FIn^-，溶液呈黄绿色。当滴定至终点时，$AgNO_3$ 溶液过量，则 AgCl 沉淀吸附 Ag^+，形成的（AgCl）·Ag^+ 带正电荷而吸附荧光黄阴离子 FIn^-，结构发生变化，呈现粉红色，指示滴定终点，指示剂变色非常敏锐。

$$(AgCl) \cdot Cl^- + FIn^- \xrightarrow{\text{吸附 } Ag^+} (AgCl) \cdot Ag^+ \cdot FIn^-$$
$$\text{（黄绿色）} \qquad\qquad \text{（粉红色）}$$

二、使用条件

为了使终点变色敏锐，应用吸附指示剂应注意以下条件。

（1）保持稳定的胶体状态　由于指示剂的颜色变化发生在沉淀的表面，所以应尽量使卤化银沉淀呈胶体状态，以具有较大的表面积，因此，在滴定前应加入糊精，以防止卤化银沉淀凝聚。

（2）避免强光照射　卤化银见光易分解，使沉淀变为灰黑色，影响终点观察，因此应避免在强光下照射。

（3）溶液酸度适当　吸附指示剂多为有机弱酸，起指示作用的是它们的阴离子。为使指示剂主要以阴离子形式存在，必须控制适当的酸度。由于不同吸附指示剂的离解常数不同，故采用的酸度条件稍有差异。如荧光黄的 $pK_a \approx 7$，可在 pH 为 $7 \sim 10$ 的条件下进行滴定。

（4）吸附指示剂选择　沉淀对被测离子的吸附能力应略大于对指示剂离子的吸附能力。若沉淀对指示剂阴离子的吸附力太强，则将在终点前变色，使终点提前；但不能太小，否则出现终点过迟。卤化银对卤化物和几种常用吸附指示剂的吸附能力的次序如下：

$$I^- > SCN^- > 曙红 > Cl^- > 荧光黄$$

因此，测定 Cl^- 不能用曙红，而应选用荧光黄。表 5-1 列出了几种常用的吸附指示剂及其应用。

表 5-1 常用吸附指示剂

指 示 剂	滴定条件	滴定剂	颜色变化	被测离子
荧光黄	pH7～10	$AgNO_3$	黄绿→粉红	Cl^-、Br^-
二氯荧光黄	pH4～10	$AgNO_3$	黄绿→红	Cl^-、Br^-
曙红	pH2～10	$AgNO_3$	橙黄→深红	Br^-、I^-、SCN^-
溴酚蓝	弱酸性	$AgNO_3$	黄绿→灰紫	生物碱盐类
甲基紫	酸性	NaCl	黄红→红紫	Ag^+

三、应用范围

法扬司法可用于测定卤族、SCN^-、生物碱盐类等。测定 Cl^- 常用荧光黄或二氯荧光黄作指示剂，测定 Br^-、I^-、SCN^- 常用曙红作指示剂。此法终点明显，方法简便，但反应条件要求较严，应注意溶液的酸度、浓度及胶体的保护。

本 章 提 要

本章介绍了沉淀滴定法的基本概念、方法分类和难溶物质的溶度积 K_{sp} 及其应用。分别介绍了莫尔法、佛尔哈德法、法扬司法的滴定原理、滴定条件、适用范围及 $AgNO_3$、NH_4SCN 标准溶液的配制。通过实验介绍了几种方法的应用。

一、基本概念

1. 沉淀滴定法——利用沉淀的产生或消失进行的滴定法。

2. 难溶物质——常温下，当一种物质在水中溶解度小于 0.01mol/L 时，该物质就称难溶物质。

3. 沉淀反应——生成难溶物质的反应。

二、银量法的分类

1. 按滴定方式的不同

(1) 直接滴定法。

(2) 返滴定法。

2. 按确定终点所用的指示剂不同

(1) 莫尔法。

(2) 佛尔哈德法。

(3) 法扬司法。

三、溶度积 K_{sp} 及其应用

一定温度下，难溶物质的饱和溶液中，相应离子浓度系数次方之积为一常数，该常数称为溶度积，用符号 K_{sp} 表示。

溶度积数值的大小与物质的溶解性有关，越难溶的物质（即溶解度小），K_{sp} 越小。

滴定分析中，常利用 K_{sp} 判断沉淀的生成和溶解，判断多种待沉淀离子对同一沉淀剂的分步沉淀次序。并能判断沉淀转化等用于沉淀滴定法。

四、莫尔法

莫尔法——在中性或弱碱性溶液中，以 K_2CrO_4 作指示剂，用 $AgNO_3$ 为标准溶液滴定的银量法。

1. 滴定原理

以测定氯化物中 Cl^- 为例，反应为

$$Ag^+ + Cl^- \longrightarrow AgCl\downarrow \qquad\qquad 2Ag^+ + CrO_4^{2-} \longrightarrow Ag_2CrO_4\downarrow$$
$$\text{（白色）} \qquad\qquad\qquad\qquad\qquad \text{（砖红色）}$$

分级（步）沉淀原理，由于 AgCl 的溶解度（1.4×10^{-5} mol/L）小于 Ag_2CrO_4 的溶解度（7.9×10^{-5} mol/L），所以上述两反应中 AgCl 沉淀先产生。当 Cl^- 反应完全时，则 CrO_4^{2-} 刚开始析出沉淀，以 Ag_2CrO_4 砖红色的沉淀出现为滴定终点。

滴定中，指示剂 Ag_2CrO_4 的用量直接影响终点的观察。所以应选择适宜浓度和用量的 Ag_2CrO_4 指示剂。一般滴定溶液中，在 100mL 试液中加入 $\rho(Ag_2CrO_4)=50$g/L，Ag_2CrO_4 $1\sim2$mL 即可。

2. 滴定条件和适用范围

莫尔法必须在中性或弱碱性溶液（pH 为 $6.5\sim10.5$）中进行；试液中若有 NH_3 必须将其中和或降低溶液 pH 值；必须排除能与 Ag^+ 或 CrO_4^{2-} 生成难溶性物质的阴离子或阳离子以及有色金属离子；滴定中必须剧烈摇动锥形瓶，以减少沉淀对相应阴离子的吸附。

莫尔法主要用于 Cl^-、Br^- 的测定，在弱碱性溶液中可测 CN^- 含量。

五、$AgNO_3$ 标准溶液的配制

$AgNO_3$ 标准溶液可以采用直接法和标定法配制，但一般大都采用标定法配制。

$AgNO_3$ 标准溶液的标定实际上也是莫尔法的应用。本章通过工业用水中 Cl^- 含量的测定，介绍了莫尔法的实际滴定操作过程。

六、佛尔哈德法

佛尔哈德法是在酸性介质中，以铁铵矾 $[NH_4Fe(SO_4)_2\cdot12H_2O]$ 作指示剂确定滴定终点的银量法。根据滴定方式的不同，可以分为直接滴定法和返滴定法两种。

1. 滴定原理

（1）直接滴定法

终点前 $\qquad\qquad\qquad\qquad SCN^- + Ag^+ \longrightarrow AgSCN\downarrow$
$$\text{（白色）}$$

终点时 $\qquad\qquad\qquad\qquad SCN^- + Fe^{3+} \longrightarrow Fe(SCN)^{2+}\downarrow$
$$\text{（血红色）}$$

（2）返滴定法

终点前 $\qquad\qquad Ag^+ + X^- \longrightarrow AgX\downarrow \qquad SCN^- + Ag^+ \longrightarrow AgSCN\downarrow$
$$\text{（白色）}$$

终点时 $\qquad\qquad\qquad\qquad SCN^- + Fe^{3+} \Longleftrightarrow Fe(SCN)^{2+}\downarrow$
$$\text{（血红色）}$$

2. 滴定条件和适用范围

（1）直接滴定法　在酸性条件下（$0.3\sim1$mol/L HNO_3 溶液）避免水解；剧烈振摇，使被吸附的 Ag^+ 释放出来。本法可以直接测定 Ag^+ 含量。

（2）返滴定法　试液中加入过量的 $AgNO_3$ 标准溶液后，加入硝基苯或邻苯二甲酸二丁酯，剧烈振摇，阻止转化反应的进行；将溶液煮沸，使 AgCl 沉淀凝聚，以减少 AgCl 沉淀

对 Ag^+ 的吸附，滤去沉淀，并用稀 HNO_3 溶液洗涤沉淀。本法可以测定 Cl^-、Br^-、I^-、SCN^-。

七、法扬司法

法扬司法是以吸附指示剂确定终点的银量法。

1. 滴定原理

吸附指示剂在溶液中电离出指示剂阴离子，被带正电荷的胶体沉淀吸附，吸附后结构改变，引起颜色发生明显的变化，指示滴定终点的到达。

以 ANO_3 标准滴定溶液滴定 Cl^- 为例，反应为

$$HFIn \Longrightarrow H^+ + FIn^-$$
（黄绿色）

$$(AgCl) \cdot Cl^- + FIn^- \xrightarrow{\text{吸附}} (AgCl) \cdot Ag^+ \cdot FIn^-$$
（黄绿色）　　　　　　　　（粉红色）

2. 滴定条件和适用范围

滴定中，应在滴定前加入糊精，以防止卤化银沉淀凝聚；避免在强光下照射；选择合适的指示剂并根据指示剂的不同控制一定的酸度。

法扬司法可用于测定卤族、SCN^-、生物碱盐类等。测定 Cl^- 常用荧光黄或二氯荧光黄作指示剂，测定 Br^-、I^-、SCN^- 常用曙红作指示剂。

※实验 5-1　工业用水中氯离子含量的测定[❶]

氯化物普遍存在于各种水体中，如海水、河水、湖泊水等。氯化物主要是钙、镁、钠的盐类。水中的氯化物可构成非碳酸盐。氯化物对建筑物、金属管道、锅炉等有腐蚀作用，因此，工业用水对氯化物含量有一定的要求。

一、实验目的

1. 学习莫尔法。正确判断以 K_2CrO_4 作指示剂的滴定终点。
2. 掌握工业用水中氯离子含量的测定方法。

二、实验原理

以 K_2CrO_4 为指示剂，在中性或弱碱性溶液中，用 $AgNO_3$ 标准溶液直接滴定 Cl^-，生成白色的 $AgCl$ 沉淀，当 $AgNO_3$ 标准溶液稍过量时，则与 K_2CrO_4 指示剂发生反应，生成砖红色 Ag_2CrO_4 沉淀，反应即到达终点。反应式为

$$Ag^+ + Cl^- \longrightarrow AgCl\downarrow \qquad 2Ag^+ + CrO_4^{2-} \longrightarrow Ag_2CrO_4\downarrow$$
　　　　　　（白色）　　　　　　　　　　　　　（砖红色）

三、仪器与试剂

1. 仪器

棕色酸式滴定管	50mL	一支	吸量管	1mL	一支
锥形瓶	300mL	三个	洗瓶	500mL	一个
移液管	100mL	一支	洗耳球		一个

2. 试剂

$AgNO_3$ 标准溶液　　$c(AgNO_3)=0.014\sim0.015mol/L$（配制方法见本章第二节所述）

K_2CrO_4 指示剂　　$\rho(K_2CrO_4)=50g/L$

---

❶ 参考国家标准 GB/T 15453—95。

酚酞指示剂	ρ(酚酞)＝10g/L 的乙醇溶液
NaOH 溶液	ρ(NaOH)＝2g/L
HNO$_3$ 溶液	加合浓度（1＋300）

四、实验步骤

为了获得较好的测定效果，可参考表 5-2，预先估计取样量，确定采用标准溶液的浓度。

表 5-2　水样中 Cl$^-$ 的含量估计表

在 5mL 水样中,加入 0.02mol/L AgNO$_3$ 溶液后,析出的 AgCl 沉淀情况和 Cl$^-$ 含量估计	测定时的参考取水样量和 AgNO$_3$ 标准溶液浓度
乳光、微弱的浑浊 1～10mg/L	水样 250mL 浓缩至 100mL,用 0.02000mol/L AgNO$_3$ 标准溶液滴定
强烈的浑浊 10～55mg/L	水样 100mL,用 0.02000mol/L AgNO$_3$ 标准溶液滴定
片状物不是立刻沉淀出 50～100mg/L	水样 100mL,用 0.05000mol/L AgNO$_3$ 标准溶液滴定
体积很大的白色沉淀大于 100mg/L	水样 50mL,用 0.1000mol/L AgNO$_3$ 标准溶液滴定

以水样中 Cl$^-$ 含量为 10～55mg/L 为例，测定水样中 Cl$^-$ 含量的操作步骤如下。

（1）用移液管移取 100mL 水样于 300mL 锥形瓶中，加入 2 滴酚酞指示剂，用 ρ(NaOH)＝2g/L 的 NaOH 溶液和加合浓度（1＋300）的 HNO$_3$ 溶液调节水样的 pH 值，使红色刚好变为无色。

（2）用吸量管吸取 1mL ρ(K$_2$CrO$_4$)＝50g/L 的 K$_2$CrO$_4$ 指示剂加入锥形瓶中，在不断摇动下，用 c(AgNO$_3$)为 0.014～0.015mol/L 的 AgNO$_3$ 标准溶液滴定至溶液由黄色变为淡橙色，颜色不消失即为终点（此淡橙色应与标定 AgNO$_3$ 标准溶液时的颜色一致）。记下消耗 AgNO$_3$ 标准溶液的体积。平行测定 2～3 次。

另取同样体积的蒸馏水，按上述操作过程做空白试验。

五、计算

水样中氯离子含量用质量浓度 ρ(Cl$^-$)表示，单位为 mg/L。按下式计算：

$$\rho(\text{Cl}^-)=\frac{c(\text{AgNO}_3)(V_{\text{AgNO}_3}-V_0)M(\text{Cl}^-)}{V_{\text{样}}}$$

式中　c(AgNO$_3$)——AgNO$_3$ 标准溶液的浓度，mol/L；

　　　V_{AgNO_3}——滴定水样消耗的 AgNO$_3$ 标准溶液的体积，mL；

　　　V_0——空白试验时消耗 AgNO$_3$ 标准溶液的体积，mL；

　　　M（Cl$^-$）——Cl$^-$ 的摩尔质量，g/mol；

　　　$V_{\text{样}}$——水样的体积，L。

六、注意事项

（1）当水样中有溴化物、碘化物、磷酸盐、硫化物、氰化物及亚硫酸盐存在时，因为这些物质均能与 Ag$^+$ 发生作用而干扰测定。可预先用 0.1mol/L HNO$_3$ 酸化试样，加 H$_2$O$_2$ 处理并煮沸 5～10min。冷却后，调节 pH 值为 6.5～10.5，然后再进行滴定。

（2）当水样颜色过深，影响滴定终点的观察时，可在滴定前用活性炭或明矾吸附脱色。也可改为电位滴定来指示滴定终点。

七、思考题

1. 是否可以用莫尔法测碘离子的含量？为什么？

2. 在工业用水中，用莫尔法测定氯离子时，有哪些滴定条件？

实验 5-2　硫氰酸铵标准溶液的制备和标定

一、实验目的

学会 0.1mol/L NH_4SCN 溶液的配制和标定方法。

二、实验原理

以铁铵矾为指示剂，用 $AgNO_3$ 标准溶液进行滴定。在化学计量点前，生成的 $AgSCN$ 为白色，在化学计量点后，过量的 SCN^- 与铁铵矾指示剂生成血红色的 $Fe(SCN)^{2+}$，从而指示终点的到达。

$$终点前：SCN^- + Ag^+ \longrightarrow AgSCN\downarrow$$
$$（白色）$$

$$终点时：SCN^- + Fe^{3+} \longrightarrow Fe(SCN)^{2+}\downarrow$$
$$（血红色）$$

三、仪器与试剂

1. 仪器

托盘天平		一台	锥形瓶	300mL	三个
量筒	10mL	一个	容量瓶	250mL	一个
移液管	25mL	一支	洗耳球		一个

2. 试剂

NH_4SCN	1.9g	HNO_3 溶液	$c(HNO_3)$ 为 0.3~1mol/L
$AgNO_3$ 标准溶液	$c(AgNO_3)=0.1mol/L$	铁铵矾指示剂	$\rho = 80g/L$

四、实验步骤

1. 0.1mol/L NH_4SCN 溶液的配制

用托盘天平称取 NH_4SCN 约 1.9g，置于盛有 100mL 蒸馏水的烧杯中，搅拌均匀，转移至 250mL 试剂瓶中并加水稀释至 250mL，即为 0.1mol/L 的 NH_4SCN 溶液。

2. 0.1mol/L NH_4SCN 溶液的标定

用移液管移取 25mL 0.1mol/L $AgNO_3$ 标准溶液于锥形瓶中，加入 2mL HNO_3 溶液酸化，再加入 80g/L 铁铵矾指示剂 1mL，在充分振摇下用待标定的 NH_4SCN 溶液滴定，终点前振摇至完全清亮后，继续滴定至出现淡红色即为终点。记录消耗 NH_4SCN 溶液的体积，平行测定 3~4 次。同时做空白实验。

五、计算

$$c(NH_4SCN) = \frac{c(AgNO_3) \cdot V(AgNO_3)}{V(NH_4SCN) - V_0}$$

式中　$c(AgNO_3)$——硝酸银溶液浓度，mol/L；

　　$V(AgNO_3)$——移取硝酸银溶液的体积，mL；

　$V(NH_4SCN)$——消耗 NH_4SCN 溶液的体积，mL；

　　　　V_0——空白实验消耗 NH_4SCN 溶液的体积，mL。

六、思考题

1. 滴定时，为什么用硝酸酸化？可否用盐酸或硫酸？

2. 终点前，为什么要摇动锥形瓶至溶液完全清亮，再继续滴定？

实验 5-3　碘化钠含量测定

一、实验目的

1. 掌握法扬司法测定卤化物的原理和方法。
2. 掌握用曙红作指示剂判断滴定终点。

二、实验原理

若以曙红作指示剂进行滴定时，用 $AgNO_3$ 标准滴定溶液滴定碘化物，溶液的酸度应控制在 pH 值 2～10 的范围。在化学计量点前，生成的 AgI 吸附 I^- 形成（AgI）· I^- 而带负电荷，溶液仍显曙红的黄色；在化学计量点后，微过量的 Ag^+ 使 AgI 沉淀吸附 Ag^+ 形成（AgI）· Ag^+ 而带正电荷，从而吸附曙红的阴离子 FIn^-，溶液呈玫瑰红色。

$$HFIn \Longrightarrow H^+ + FIn^-$$
（黄绿色）

$$(AgI) \cdot I^- + FIn^- \xrightarrow{\text{吸附}} (AgI) \cdot Ag^+ \cdot FIn^-$$
（黄绿色）　　　　　　　　　（玫瑰红色）

三、仪器与试剂

1. 仪器

半自动电光天平或全自动电光天平		一台
锥形瓶	250mL	三个
棕色酸式滴定管		一支

2. 试剂

NaI 试样	1.5g
$AgNO_3$ 标准滴定溶液	$c(AgNO_3)=0.1mol/L$
HAc 溶液	$c(HAc)=1mol/L$
曙红钠盐指示液	$\rho=5g/L$（称取 0.50g 曙红钠盐，溶于水，稀释至 100mL）

四、实验步骤

准确称取碘化钠试样 0.3～0.4g 置于锥形瓶中，以 100mL 水溶解，加 10mL HAc 溶液及 3 滴曙红钠盐指示液。用 $c(AgNO_3)=0.1mol/L$ $AgNO_3$ 标准滴定溶液滴定至沉淀由黄色变为玫瑰红色。即为终点，平行测定三次。

五、计算

$$w(NaI)=\frac{c(AgNO_3) \cdot [V(AgNO_3)-V_0] \cdot M(NaI) \times 10^{-3}}{m}$$

式中　$w(NaI)$——NaI 的质量分数；

$c(AgNO_3)$——硝酸银溶液的浓度，mol/L；

$V(AgNO_3)$——消耗硝酸银溶液的体积，mL；

V_0——空白试样消耗硝酸银溶液的体积，mL；

$M(NaI)$——NaI 的摩尔质量，g/mol；

m——称量 NaI 的质量，g。

六、思考题

1. 采用吸附指示剂，应注意什么条件？
2. 若以法扬司法测定氯化物，应选择哪种吸附指示剂？加淀粉溶液的目的是什么？

第六章 氧化还原滴定法

氧化还原滴定法是利用氧化还原反应进行的滴定分析法。根据滴定分析中所用的标准溶液的不同，可分为高锰酸钾法、重铬酸钾法、碘量法和溴量法等。

氧化还原滴定法可用于直接测定具有氧化性或还原性的物质，还可用于间接测定能与氧化剂或还原剂定量反应的物质。因此，氧化还原滴定法的应用范围较广泛。

氧化还原反应的实质是电子转移（偏移或得失）。反应复杂，速度快慢不一，并且反应进行的速率和方向等受外界条件（主要指溶液的浓度、酸度、温度）的影响较大。

第一节 氧化还原滴定法的基本原理

一、电极电位

1. 原电池

原电池是借助氧化还原反应得到电流的装置。如图 6-1 所示铜锌原电池装置。该原电池借助于导线及盐桥使自发的氧化还原反应通过电子的定向移动（形成电池）而进行。

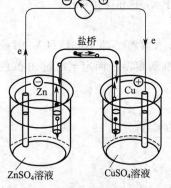

图 6-1 铜锌原电池装置

在铜锌原电池中，锌片及硫酸锌溶液组成一个半电池，锌片流出电子作为负极，发生氧化反应（$Zn-2e \Longrightarrow Zn^{2+}$）；铜片及硫酸铜溶液组成另一个半电池，铜片作为正极，发生还原反应（$Cu^{2+}+2e \Longrightarrow Cu$）。从电池反应来看，每一电极上参加反应的物质和生成的物质，都是由同一元素不同价态的物质组成的，通常把含该元素化合价较低的物质叫还原态，含该元素化合价较高的物质叫氧化态。在铜锌原电池中，锌半电池电极反应为

$$Zn-2e \Longrightarrow Zn^{2+}$$
$$\text{还原态} \qquad \text{氧化态}$$

铜半电池电极反应为

$$Cu^{2+}+2e \Longrightarrow Cu$$
$$\text{氧化态} \qquad \text{还原态}$$

在每一个半电池反应中，氧化态物质和还原态物质组成了一个氧化还原电对。如铜半电池电对的符号表示为 Cu^{2+}/Cu，锌半电池电对的符号表示为 Zn^{2+}/Zn。

实际上，几乎所有的氧化还原反应都可设计为一个原电池。同理，其相应原电池的半电池反应都可用下式表示

$$氧化态+ne\Longrightarrow 还原态$$

电对表示为氧化态/还原态，如反应 $2MnO_4^- +5H_2C_2O_4+6H^+\Longrightarrow 2Mn^{2+}+10CO_2\uparrow+8H_2O$ 的电对可分别表示为 MnO_4^-/Mn^{2+} 和 $CO_2/H_2C_2O_4$。

2. 标准电极电位

要测定某电极的电极电位时，可将待测电极与标准氢电极组成一个原电池，如图 6-2 所示。原电池的电动势等于组成该原电池的两个电极间的电位差。由于规定标准氢电极的电位为零（即 $\varphi_{H^+/H_2}^{\ominus}=0$），故测得的原电池的电动势就为待测电极的电极电位。

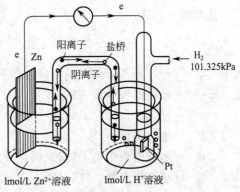

图 6-2　标准氢电极和锌电极组成原电池

电极电位的大小，主要取决于物质的本性（即氧化剂的得电子能力或还原剂的失电子能力），但也可能受温度、溶液浓度、酸度等因素的影响。标准电极电位即规定温度为 298.15K（25℃），组成电极的物质在溶液中的离子浓度（严格讲应该是活度❶）为 1mol/L，若为气体则其压强为 1.0133×10^5 Pa 时所测得的电极电位（该条件称为标准条件）。以符号 $\varphi^{\ominus}$ 表示。例如用标准氢电极测量铜电极的标准电极电位 $\varphi_{Cu^{2+}/Cu}^{\ominus}$ 设计原电池表示为

$$(-)Pt/H_2(1.0133\times10^5Pa)/H^+(1mol/L)\parallel Cu^{2+}(1mol/L)/Cu(+)$$

通过电流计的指针偏向及刻度指示可知，该电池的电动势 $E=0.337V$。又因 $E=\varphi_{Cu^{2+}/Cu}^{\ominus}-\varphi_{H^+/H_2}^{\ominus}$，故

$$\varphi_{Cu^{2+}/Cu}^{\ominus}=E+\varphi_{H^+/H_2}^{\ominus}=0.337+0$$
$$=0.337 \ (V)$$

一些常见电极反应的标准电极电位列于表 6-1 中。其他电极反应的标准电极电位见附录表 4。

表 6-1　常见电极反应的标准电极电位

电极反应式		对应的标准电极电位 $\varphi^{\ominus}$	电极反应式		对应的标准电极电位 $\varphi^{\ominus}$
氧化态	还原态		氧化态	还原态	
$K^++e\Longrightarrow K$		-2.925	$S_4O_6^{2-}+2e\Longrightarrow 2S_2O_3^{2-}$		0.08
$Zn^{2+}+2e\Longrightarrow Zn$		-0.763	$Cu^{2+}+2e\Longrightarrow Cu$		0.337
$2CO_2+2H^++2e\Longrightarrow H_2C_2O_4$		-0.49	$I_2+2e\Longrightarrow 2I^-$		0.5345
$Fe^{2+}+2e\Longrightarrow Fe$		-0.44	$Cr_2O_7^{2-}+14H^++6e\Longrightarrow 2Cr^{3+}+7H_2O$		1.33
$2H^++2e\Longrightarrow H_2$		0	$MnO_4^-+8H^++5e\Longrightarrow Mn^{2+}+4H_2O$		1.51

从上表中可以看出，一个氧化还原电对中，若氧化态物质的氧化性越强，则 $\varphi^{\ominus}$ 值越大；还原态物质的还原性越强，则 $\varphi^{\ominus}$ 值越小，反之亦然。

3. 能斯特方程

---

❶ 活度即溶液中物质的有效浓度。活度等于浓度乘以活度系数。在稀溶液中一般其离子的活度系数近似等于 1，故本书中运用活度的地方都以浓度来近似代替。

　　标准电极电位（$\varphi^{\ominus}$）是在标准条件下测得的。实际上电极反应的条件往往不是标准条件，当电极反应的反应条件发生改变时，其电极电位就会发生相应变化。对于可逆的氧化还原电对，在非标准条件下其电极电位可用能斯特方程式（即氧化态与还原态活度比与电极电位的定量关系式）表示。

　　电极反应式：

$$\text{氧化态} + ne \Longrightarrow \text{还原态}$$

　　能斯特方程式：

$$\varphi = \varphi^{\ominus} + \frac{RT}{nF} \ln \frac{[\text{氧化态}]}{[\text{还原态}]} \tag{6-1}$$

式中　φ——一定条件下的电极电位，即实际电极电位，V；

　　　$\varphi^{\ominus}$——标准电极电位，V；

　　　R——气体常数，8.314J/K·mol；

　　　T——绝对温度，K；

　　　n——电极电位中电子转移数；

　　　F——法拉第常数，96487C/mol。

　　当温度为25℃时，即 $T=273.15+25=298.15$（K）时，把各常数代入式(6-1)中，经变换得

$$\varphi = \varphi^{\ominus} + \frac{0.0592}{n} \lg \frac{[\text{氧化态}]}{[\text{还原态}]} \tag{6-2}$$

　　可以利用能斯特方程式(6-2)来计算非标准条件下电对的电极电位。应用能斯特方程式时，应注意以下几个方面。

　　(1) 如果组成电对的物质是固体，由于纯固体、纯液体的浓度为常数，故规定其电极电位为1mol/L；若为气体，则代入气体的分压进行计算。

　　(2) 若电极反应中氧化态、还原态的离子（或分子）式前的系数不为1，则代入能斯特方程式时其浓度应表示为实际浓度的系数次方。

　　(3) 若电极反应中除氧化态、还原态物质外，还有其他离子（或分子）参与反应，则也应将这些离子（或分子）的浓度表示入方程式的相应位置。

　　【例 6-1】 求铜在铜离子浓度为 0.1mol/L 的盐溶液中的电极电位（温度为 298.15K）。

　　解 已知 $\varphi^{\ominus}_{Cu^{2+}/Cu} = 0.337V$

$$Cu^{2+} + 2e \Longrightarrow Cu \qquad c(Cu^{2+}) = 0.1mol/L$$

$n=2$，将已知条件代入式(6-2)中，得

$$\varphi_{Cu^{2+}/Cu} = \varphi^{\ominus}_{Cu^{2+}/Cu} + \frac{0.0592}{2} \lg \frac{[Cu^{2+}]}{1} = 0.337 + \frac{0.0592}{2} \lg \frac{0.1}{1}$$

$$= 0.307 \ (V)$$

　　【例 6-2】 求电极反应 $MnO_4^- + 8H^+ + 5e \Longrightarrow Mn^{2+} + 4H_2O$ 在 $c(H^+) = 0.1mol/L$ 溶液中的电极电位（其他条件为标准条件）。

　　解 已知 $\varphi^{\ominus}_{MnO_4^-/Mn^{2+}} = 1.51V$

$$c(H^+) = 0.1mol/L$$

$$c(MnO_4^-) = c(Mn^{2+}) = 1mol/L$$

$n=5$，将已知条件代入式(6-2)中

得　　　$$\varphi_{MnO_4^-/Mn^{2+}} = \varphi^{\ominus}_{MnO_4^-/Mn^{2+}} + \frac{0.0592}{5} \lg \frac{0.1^8 \times 1}{1} = 1.51 + \frac{0.0592}{5} \lg \frac{0.1^8 \times 1}{1}$$

$$=1.42 （V）$$

二、氧化还原滴定曲线

在氧化还原滴定过程中，溶液的电极电位随标准溶液滴加量的改变而变化，所绘制的曲线叫氧化还原滴定曲线。氧化还原滴定曲线可由实验数据绘出，也可由能斯特方程式计算得出的数据绘出。

下面以 $0.1000mol/L$ $Ce(SO_4)_2$ 标准溶液滴定 $20.00mL$，$0.1000mol/L$ Fe^{2+} 的溶液为例，运用能斯特方程式，按滴定的不同阶段，溶液的电极电位计算如下。

设溶液的酸性由稀 H_2SO_4 提供，$c(H_2SO_4)$ 为 $0.5mol/L$，滴定反应式为

$$Ce^{4+} + Fe^{2+} \Longrightarrow Ce^{3+} + Fe^{3+} \tag{6-3}$$

1. 滴定开始至化学计量点前

此阶段滴入的 Ce^{4+} 几乎全部被还原成 Ce^{3+}，溶液的电极电位可利用 Fe^{3+}/Fe^{2+} 电对进行计算。

例如，当滴入 $Ce(SO_4)_2$ 标准溶液 $19.98mL$ 时，在 99.9% 的 Fe^{2+} 被氧化成 Fe^{3+}，余 0.1% 的 Fe^{2+} 未被氧化（Fe^{3+} 和 Fe^{2+} 浓度用百分数表示）。则得

$$\varphi_{Fe^{3+}/Fe^{2+}} = \varphi_{Fe^{3+}/Fe^{2+}}^{\ominus} + \frac{0.0592}{1}lg\frac{[Fe^{3+}]}{[Fe^{2+}]} = 0.771 + 0.0592lg\frac{99.9\%}{0.1\%} = 0.95 （V）$$

2. 化学计量点时

即滴入 $Ce(SO_4)_2$ 标准溶液 $20.00mL$ 时，溶液的电位按下面公式计算。

$$\varphi_{等} = \frac{n_1\varphi_1^{\ominus} + n_2\varphi_2^{\ominus}}{n_1 + n_2}❶ = \frac{1\times0.771 + 1\times1.61}{2}$$

$$= 1.19 （V）$$

3. 化学计量点后

由于 $Ce(SO_4)_2$ 过量，溶液的电极电位可利用 Ce^{4+}/Ce^{3+} 电对进行计算。例如，当滴入 $Ce(SO_4)_2$ 标准溶液 $20.02mL$ 时，Ce^{4+} 过量 0.1%。则得

$$\varphi_{Ce^{4+}/Ce^{3+}} = \varphi_{Ce^{4+}/Ce^{3+}}^{\ominus} + \frac{0.0592}{1}lg\frac{[Ce^{4+}]}{[Ce^{3+}]} = 1.61 + 0.0592lg\frac{0.1\%}{100\%}$$

$$= 1.43 （V）$$

表 6-2 $Ce(SO_4)_2$ 标准溶液滴定 Fe^{2+} 溶液，溶液电极电位随 Ce^{4+} 溶液滴入的变化情况

加入 $Ce(SO_4)_2$ 溶液的量		溶液的电极电位/V	加入 $Ce(SO_4)_2$ 溶液的量		溶液的电极电位/V
mL	%		mL	%	
0.00	0.0	—	19.80	99.0	0.89
2.00	10.0	0.71	19.98	99.9	0.95
4.00	20.0	0.74	20.00	100.0	1.19 }突跃
8.00	40.0	0.76	20.02	100.1	1.43 }部分
10.00	50.0	0.77	22.00	110.0	1.55
12.00	60.0	0.78	30.00	150.0	1.59
18.00	90.0	0.83	40.00	200.0	1.61

---

❶ 此计算公式适用于氧化型和还原型系数相等的氧化还原反应。

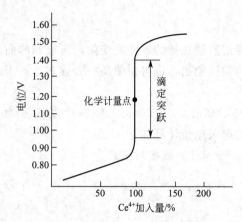

图 6-3   用 0.1000mol/L Ce^{4+} 滴定
0.1000mol/L Fe^{2+} 的滴定曲线
（0.5mol/L H_2SO_4）

以此类推，可以计算滴定不同阶段时各点溶液的电位（见表 6-2），并由该值绘得滴定曲线，如图 6-3 所示。

从图 6-3 可看出，随着 $Ce(SO_4)_2$ 溶液的滴入，溶液的电极电位随之先缓慢增大，达到化学计量点前（19.98mL，还差 0.02mL）与计量点后（20.02mL，过量 0.02mL）两点之间，电极电位有一个较大的突跃，从 0.95V 到 1.43V，增大 0.48V。计量点后随溶液的滴入电位增加又趋缓慢。

从氧化还原滴定曲线中可知，在计量点附近电位的突跃值大小受两个电对的标准电极电位的影响，两个电对的标准电极电位差越大，突跃就越大，反之亦然。一般电位差值在 0.2～0.4V 之间，可采用电位滴定法确定终点；差值超过 0.4V，则可选用氧化还原指示剂指示终点；差值小于 0.2V，滴定突跃不明显，一般不能用于氧化还原滴定。

三、氧化还原滴定指示剂

1. 氧化还原指示剂

该指示剂本身具有氧化还原性质。由于其氧化型和还原型具有不同的颜色，在滴定至化学计量点时滴入稍过量的滴定剂就可实现指示剂的形态改变，从而根据指示剂颜色的变化判断终点的到达。表 6-3 列出了几种常见的氧化还原指示剂。

表 6-3   几种常见的氧化还原指示剂

指示剂	$\varphi^{\ominus}/V$ $c(H^+)=1mol/L$	颜色		指示剂溶液
		氧化态	还原态	
亚甲基蓝	0.53	蓝绿	无色	0.05%水溶液
二苯胺	0.76	紫色	无色	0.1%浓 H_2SO_4 溶液
二苯胺磺酸钠	0.85	紫红色	无色	0.05%水溶液
邻二氮菲亚铁	1.06	浅蓝色	红色	0.025mol/L 水溶液
邻苯氨基苯甲酸	1.08	紫红色	无色	0.1% Na_2CO_3 溶液
硝基邻二氮菲亚铁	1.25	浅蓝色	紫红色	0.025mol/L 水溶液

选择该类指示剂时指示剂的变色电位应位于滴定突跃电位之内和滴定终点时溶液的色差明显。

2. 自身指示剂

氧化还原滴定中，利用滴定剂自身颜色变化所指示滴定终点的叫自身指示剂。如高锰酸钾法，在酸性介质中根据紫色的高锰酸钾被还原后生成浅粉红色（近乎无色）的 Mn^{2+}，滴定至终点后，稍过量的 $KMnO_4$ 就可使溶液由无色变为粉红色来判断终点的到达。

3. 专用指示剂

某种试剂如能与标准溶液或被滴定物产生显色反应，就可以利用该试剂作指示剂。如碘量法中，用淀粉溶液作指示剂，是因淀粉遇碘（I_2）变蓝，由此现象的出现或消失判断终点的到达。该淀粉溶液就称为专用指示剂。

第二节 常用的氧化还原滴定法

一、高锰酸钾法

1. 概述

高锰酸钾法是利用高锰酸盐标准溶液进行的滴定。在强酸性（只能由稀 H_2SO_4 提供）介质条件下，高锰酸钾溶液是一种强氧化剂，其 $\varphi^{\ominus} MnO_4^-/Mn^{2+} = 1.51V$。半电池反应为

$$MnO_4^- + 8H^+ + 5e \Longleftrightarrow Mn^{2+} + 4H_2O$$

由于在弱酸性、中性及碱性介质条件下，高锰酸钾被还原生成棕色的 MnO_2，妨碍终点的观察；同时在该条件下的电极电位减小（即氧化性减弱）亦不利于滴定分析。故一般使滴定介质为强酸性溶液，终点颜色变化为无色到刚出现浅粉红色并保持 30s 不褪色。

高锰酸钾法的优点是于强酸性介质条件下，其氧化能力强，并且在滴定时一般不需要外加指示剂。缺点是常含少量杂质，溶液稳定性不好（容易分解），且由于其氧化性强，干扰也较严重。高锰酸钾法不仅可用于直接滴定具有还原性的物质，还能间接滴定可与还原剂定量作用的物质（如 Ca^{2+} 含量的测定）及某些具有弱氧化性的物质。

2. 配制

由于市售高锰酸钾常含有少量 MnO_2 等杂质，故其标准溶液的制备只能用标定法配制。其标准溶液的制备须注意以下几个事项。

（1）由于其常含杂质，故实际用量应稍多于理论用量。如配制 0.1mol/L（1/5 $KMnO_4$）标准溶液 1L，$KMnO_4$ 实际用量 3.3g（理论用量为 3.16g）。

（2）配制时用的水应先除去还原性物质（一般用煮沸并冷却的蒸馏水）。

（3）在标定高锰酸钾溶液的浓度之前，若有沉淀（MnO_2），应用 G_4 微孔漏斗过滤除去。

（4）高锰酸钾溶液不稳定，应避光保存。

如配制 0.1mol/L（1/5 $KMnO_4$）的高锰酸钾标准溶液 500mL，用托盘天平称取分析纯的 $KMnO_4$ 固体 1.6g，放入 500mL 的烧杯中，向盛有 $KMnO_4$ 固体的烧杯中加入约 520mL 煮沸并冷却的蒸馏水，用玻璃棒搅拌使固体充分溶解，然后加热至溶液沸腾，保持微沸（不断加蒸馏水使其体积保持在 500mL）约 20min，然后再冷却至室温（观察烧杯底部有无沉淀，若有沉淀需用 G_4 微孔滤斗过滤）。将冷却至室温的 $KMnO_4$ 溶液转移入棕色试剂瓶中，并贴上标签（注明溶液名称、浓度及日期）。1～2 周后再标定其浓度。

3. 标定

高锰酸钾溶液可用基准物标定，如基准物 $Na_2C_2O_4$、$H_2C_2O_4 \cdot 2H_2O$、$(NH_4)_2Fe(SO_4)_2 \cdot 6H_2O$ 和纯铁丝，常用到的是 $Na_2C_2O_4$，准确称取一定量的 $Na_2C_2O_4$，用高锰酸钾溶液滴定至终点（溶液此时呈浅粉红色）。

MnO_4^- 与 $C_2O_4^{2-}$ 的标定反应在 H_2SO_4 介质中进行，其反应如下：

$$2MnO_4^- + 5C_2O_4^{2-} + 16H^+ \longrightarrow 2Mn^{2+} + 10CO_2 \uparrow + 8H_2O$$

为了能使标定反应能定量进行，标定时应注意以下条件。

（1）温度 $Na_2C_2O_4$ 溶液加热至 70～85℃ 再进行标定。不能使温度超过 90℃，否则 $H_2C_2O_4$ 分解，导致标定结果偏高。

（2）酸度 溶液应保持足够大的酸度，一般控制酸度为 0.5～1mol/L。如果酸度不足，

易生成 MnO_2 沉淀；酸度过高，又会使 $H_2C_2O_4$ 分解。

（3）滴定速率　MnO_4^- 与 $C_2O_4^{2-}$ 的反应开始时速率很慢，当有 Mn^{2+} 生成后，反应速率逐渐加快。因此，开始滴定时，应该等第一滴 $KMnO_4$ 溶液褪色后，再加第二滴。此后，因反应生成的 Mn^{2+} 有自动催化作用加快了反应速率，随之可加快滴定速率，但不能过快，否则加入的 $KMnO_4$ 溶液会因来不及与 $C_2O_4^{2-}$ 反应，就在热酸性溶液中分解，导致标定结果偏低。

（4）滴定终点　用 $KMnO_4$ 溶液滴定至溶液呈浅粉红色 30s 不褪色即为终点。放置时间过长，空气中还原性物质能使 $KMnO_4$ 还原而褪色。

4. 应用实例

（1）直接滴定法

【例 6-3】 用高锰酸钾法测定工业 $FeSO_4 \cdot 7H_2O$ 的含量。称取该样品 0.9108g，溶解后在强酸性条件下，用 $c\left(\dfrac{1}{5}KMnO_4\right)$ 为 0.1045mol/L 标准溶液滴定，消耗体积为 29.86mL，求试样中 $FeSO_4 \cdot 7H_2O$ 的质量分数。

解　反应式为

$$MnO_4^- + 5Fe^{2+} + 8H^+ \longrightarrow Mn^{2+} + 5Fe^{3+} + 4H_2O$$

根据化学反应得等物质的量关系式为

$$n\left(\frac{1}{5}KMnO_4\right) = n(FeSO_4 \cdot 7H_2O)$$

$$c\left(\frac{1}{5}KMnO_4\right)V_{KMnO_4} = \frac{m_{FeSO_4 \cdot 7H_2O}}{M(FeSO_4 \cdot 7H_2O)}$$

$$m_{FeSO_4 \cdot 7H_2O} = c\left(\frac{1}{5}KMnO_4\right) \cdot V_{KMnO_4} \cdot M(FeSO_4 \cdot 7H_2O)$$

$$w(FeSO_4 \cdot 7H_2O) = \frac{c\left(\dfrac{1}{5}KMnO_4\right)V_{KMnO_4}M(FeSO_4 \cdot 7H_2O)}{m_{样}}$$

$$= \frac{0.1045 \times 29.86 \times 10^{-3} \times 278.03}{0.9108} = 0.9525$$

答：$FeSO_4 \cdot 7H_2O$ 样品的质量分数为 0.9525。

（2）返滴定法

【例 6-4】 称取软锰矿试样 0.1500g，加入 0.3500g $H_2C_2O_4 \cdot 2H_2O$ 及适量稀 H_2SO_4，加热至反应完全。滴定溶液中过量 $H_2C_2O_4$，消耗 0.1000mol/L 的 $c\left(\dfrac{1}{5}KMnO_4\right)$ 标准溶液 27.92mL，求软锰矿中 MnO_2 的质量分数。

解　反应式为

$$MnO_2 + H_2C_2O_4 + 2H^+ = Mn^{2+} + 2CO_2 \uparrow + 2H_2O$$

$$2MnO_4^- + 5H_2C_2O_4 + 6H^+ = 2Mn^{2+} + 10CO_2 \uparrow + 8H_2O$$

因

$$\frac{m_{样}\, w(MnO_2)}{M\left(\dfrac{1}{2}MnO_2\right)} = \frac{m_{H_2C_2O_4 \cdot 2H_2O}}{M\left(\dfrac{1}{2}H_2C_2O_4 \cdot 2H_2O\right)} - c\left(\frac{1}{5}KMnO_4\right)V_{KMnO_4}$$

故

$$w(MnO_2) = \frac{\left[\dfrac{m_{H_2C_2O_4 \cdot 2H_2O}}{M\left(\dfrac{1}{2}H_2C_2O_4 \cdot 2H_2O\right)} - c\left(\dfrac{1}{5}KMnO_4\right)V\right]M\left(\dfrac{1}{2}MnO_2\right)}{m_{样}}$$

$$=\frac{\left(\dfrac{0.3500}{63.04}-0.1000\times\dfrac{27.92}{1000}\right)\times43.47}{0.1500}=0.7999$$

答：软锰矿中 MnO_2 的质量分数为 0.7999。

二、重铬酸钾法

1. 概述

重铬酸钾法是利用重铬酸盐标准溶液进行滴定的方法。

在强酸性介质条件下，重铬酸钾是一种强氧化剂，其 $\varphi^{\ominus}\ Cr_2O_7^{2-}/Cr^{3+}=1.33V$，半电池反应为

$$Cr_2O_7^{2-}+14H^++6e\longrightarrow2Cr^{3+}+7H_2O$$

重铬酸钾溶液自身为橙红色，在酸性介质中 $Cr_2O_7^{2-}$ 被还原生成 Cr^{3+}，显绿色。滴定至终点时溶液颜色变化不明显（仍为绿色）。故需外加滴定指示剂二苯胺磺酸钠或邻苯氨基苯甲酸。

重铬酸钾法常用于直接测定具有还原性的物质。如铁含量的测定。重铬酸钾法有如下优点。

(1) 重铬酸钾易提纯，可用直接法配制标准溶液。

(2) 重铬酸钾溶液稳定，其浓度不随存放时间而改变。

(3) 酸性介质可用稀 HCl 或 H_2SO_4 提供。

2. $K_2Cr_2O_7$ 标准溶液的配制

由于重铬酸钾易提纯，性质稳定，经干燥后可用直接法配制标准溶液。

如配制 $c\left(\dfrac{1}{6}K_2Cr_2O_7\right)=0.1000mol/L$ 标准溶液 500mL。用分析天平称取基准 $K_2Cr_2O_7$ 固体（需先在 140～150℃烘干并冷至室温）2.4515g，放入小烧杯中，以适量蒸馏水通过少量多次的方法溶解 $K_2Cr_2O_7$ 固体并无损转移入 500mL 的容量瓶中，准确配制成 500mL $c\left(\dfrac{1}{6}K_2Cr_2O_7\right)$ 为 0.1000mol/L的 $K_2Cr_2O_7$ 标准溶液，并摇匀，贴上标签。

3. 应用实例

【例 6-5】　称取铁矿石（主要含 Fe_2O_3）样品 0.2482g，小火加热使其溶于适量浓盐酸中，经 $SnCl_2$ 还原（Fe^{3+} 转变为 Fe^{2+}），再用 $HgCl_2$ 氧化过量的 $SnCl_2$，然后加入适量硫-磷混合酸，以二苯胺磺酸钠为指示剂，用 $c\left(\dfrac{1}{6}K_2Cr_2O_7\right)=0.1005mol/L$ 的标准溶液滴定至终点（颜色变化为浅绿色到紫色）。消耗 $K_2Cr_2O_7$ 溶液的体积为 25.10mL，求矿石中 Fe 及 Fe_2O_3 的质量分数。

解　反应式为

$$Fe_2O_3+6H^+\longrightarrow2Fe^{3+}+3H_2O$$
$$Sn^{2+}+2Fe^{3+}\longrightarrow2Fe^{2+}+Sn^{4+}$$
$$6Fe^{2+}+Cr_2O_7^{2-}+14H^+\longrightarrow6Fe^{3+}+2Cr^{3+}+7H_2O$$

因

$$n\left(\frac{1}{2}Fe_2O_3\right)=n(Fe^{3+})=n(Fe^{2+})=n\left(\frac{1}{6}Cr_2O_7^{2-}\right)$$

故其等量关系为

$$n\left(\frac{1}{2}Fe_2O_3\right)=n(Fe)=n\left(\frac{1}{6}Cr_2O_7^{2-}\right)$$

$$\frac{m_{Fe_2O_3}}{M\left(\frac{1}{2}Fe_2O_3\right)}=\frac{m_{Fe}}{M(Fe)}=c\left(\frac{1}{6}K_2Cr_2O_7\right)V_{K_2Cr_2O_7}$$

$$w(Fe_2O_3)=\frac{c\left(\frac{1}{6}K_2Cr_2O_7\right)V_{K_2Cr_2O_7}M\left(\frac{1}{2}Fe_2O_3\right)}{m_{样}}$$

$$=\frac{0.1005\times25.10\times10^{-3}\times\frac{1}{2}\times159.69}{0.2482}=0.8115$$

$$w(Fe)=\frac{c\left(\frac{1}{6}K_2Cr_2O_7\right)V_{K_2Cr_2O_7}M(Fe)}{m_{样}}$$

$$=\frac{0.1005\times25.10\times10^{-3}\times55.847}{0.2482}=0.5676$$

答：铁矿石中 Fe 的质量分数为 0.5676，Fe_2O_3 的质量分数为 0.8115。

三、碘量法

1. 概述

碘量法是利用碘的氧化作用和碘离子的还原作用进行的滴定。一般使用硫代硫酸钠标准溶液滴定。反应式为

$$I_2+2e\rightleftharpoons2I^-$$

其 $\varphi^{\ominus}_{(I_2/I^-)}=0.5345V$

由此可看出，I_2 的氧化性较弱，能与较强的还原剂反应，同时 I^- 具有较强的还原性，可与较强氧化剂反应，因此碘量法分为直接碘量法和间接碘量法。

（1）直接碘量法　直接碘量法是用碘标准溶液直接滴定还原性物质的方法。如滴定 $Na_2S_2O_3$ 溶液。通常以淀粉为指示剂，在微酸性或中性条件下滴定，溶液由无色变为蓝色为滴定终点。直接碘量法不能在碱性溶液中进行，因为碘与碱发生歧化反应：

$$I_2+2OH^-\longrightarrow IO^-+I^-+H_2O\qquad 3IO^-\longrightarrow IO_3^-+2I^-$$

（2）间接碘量法　间接碘量法是利用 I^- 的还原性与被测氧化性物质反应后析出 I_2，再以淀粉作指示剂，用 $Na_2S_2O_3$ 标准溶液滴定析出的 I_2 溶液由蓝色变为无色为滴定终点的方法，如测定铜盐中铜的含量。

采用碘量法滴定时需注意以下几个问题：

① 溶液的酸度对滴定的影响　碘量法只能在微酸性或中性的介质中进行滴定，不能在碱性或强酸性溶液中进行。因为在强碱性介质中 I_2 会发生歧化反应，强酸性介质中 $Na_2S_2O_3$ 易分解，I^- 在此条件下易被（空气中 O_2）氧化生成 I_2。

② 防止 I_2 的挥发和 I^- 的氧化　可加入过量的 KI（溶解 I_2，反应式为 $I^-+I_2\rightleftharpoons I_3^-$）；避光放置，反应温度控制为室温以及滴定速度的控制（先快后慢）。

③ 适时加入淀粉指示剂和对滴定终点的正确判断。直接碘量法可先加入指示剂，终点颜色变化由无色变为蓝色；间接碘量法一般在溶液的颜色被滴定至呈浅黄色时加入淀粉指示剂，终点颜色变化由蓝色变为无色。

2. 标准溶液的配制

（1）碘标准溶液的配制　一般碘标准溶液用间接法配制。由于 I_2 难溶于水，易溶于 KI，在配制 I_2 标准溶液时需加入过量的 KI，其目的在于增大 I_2 的溶解度（$I_2+I^-\rightleftharpoons I_3^-$），

减少 I_2 的挥发，同时所制得的溶液应避光保存。

配制 $c\left(\dfrac{1}{2}I_2\right)=0.1mol/L$ 标准溶液 250mL。称取分析纯碘片 3.3g，放入小烧杯中，另外称取固体 KI 9.3g，将 KI 分 3～4 次放入盛有碘片的小烧杯中，每次加入 5～10mL 蒸馏水，用玻璃棒轻轻研磨，使碘片充分溶解，将溶液部分转移入 250mL 棕色试剂瓶中，如此反复进行，直到碘片全部溶解为止。然后再用 20～30mL 蒸馏水洗涤小烧杯 2～3 次，洗涤液一并转移入试剂瓶中，摇匀，待标定。

（2） $Na_2S_2O_3$ 标准溶液的配制和标定

① $Na_2S_2O_3$ 标准溶液的配制　配制 $Na_2S_2O_3$ 标准溶液所用 $Na_2S_2O_3$ 通常为分析纯的 $Na_2S_2O_3\cdot5H_2O$ 晶体。因其一般含少量杂质，其水溶液不够稳定，易分解，故不能用直接法配制，只能用标定法。

$Na_2S_2O_3$ 溶液易与溶解在水中的 CO_2、O_2 等及水中微生物作用而分解，故在配制 $Na_2S_2O_3$ 标准溶液时需注意以下几点。

a. 应用新煮沸并已冷却的蒸馏水，其目的是除去水中溶解的少量 CO_2、O_2 等及杀死水中微生物，以免 $Na_2S_2O_3$ 分解。

b. 配制时一般需加入适量 Na_2CO_3（用量大约为 0.2g/L），以使溶液呈弱碱性，抑制细菌的生长。

c. 配制好的 $Na_2S_2O_3$ 溶液应贮存于棕色试剂瓶中，放于暗处，避光保存。

如配制 $c(Na_2S_2O_3)=0.1mol/L$ 溶液 500mL。用托盘天平称取分析纯 $Na_2S_2O_3$ 固体 13g，称取分析纯 Na_2CO_3 0.1g，将二试剂都放入 500mL 的烧杯中，再加入新煮沸并已冷至室温的蒸馏水 500mL，搅拌使固体溶解完全，然后转移入 500mL 的棕色试剂瓶中贮存 1～2 周，然后标定。

② $Na_2S_2O_3$ 溶液的标定　在标定 $Na_2S_2O_3$ 溶液时需注意以下几点。

a. 标定 $Na_2S_2O_3$ 溶液所用基准物有 $K_2Cr_2O_7$、KIO_3、$KBrO_3$、升华 I_2 等，常用的为 $K_2Cr_2O_7$，由于 $K_2Cr_2O_7$ 与 KI 反应较慢，故需加入过量的酸以提高反应速率，同时需加入过量的 KI 以加快反应速率及使生成的 I_2 溶解为 I_3^-，增大 I_2 的溶解度，减少其挥发损失。

b. 在用 $Na_2S_2O_3$ 溶液滴定生成的 I_2 之前，应先将标准溶液稀释为弱酸性及减小溶液中 Cr^{3+} 的颜色对终点的干扰。

c. 适时加入淀粉溶液指示剂，一般当溶液被滴定至呈浅黄色时加入指示剂。终点颜色变化为由蓝色变为刚呈亮绿色。

d. 在标定 $Na_2S_2O_3$ 溶液浓度前，应使 $Na_2S_2O_3$ 溶液放置 1～2 周后再进行标定。若已标定好，但需放置较长时间，使用时对 $Na_2S_2O_3$ 溶液需重新标定。若遇溶液中有沉淀，需过滤后，对清液进行标定。

标定时，准确称取一定量的 $K_2Cr_2O_7$ 基准物，放于碘量瓶中，用适量蒸馏水溶解后，加入适量固体 KI 及稀 H_2SO_4，摇匀，水封在暗处放置约 10min，取出后再加适量蒸馏水稀释，用已配好的 $Na_2S_2O_3$ 溶液滴定至溶液呈浅黄色，再加入适量淀粉指示剂，再用 $Na_2S_2O_3$ 溶液滴定至终点（溶液由蓝色变为亮绿色）。

3. 应用实例

（1）直接碘量法

【例 6-6】 准确移取 $Na_2S_2O_3$ 溶液 25.00mL，以淀粉为指示剂，加适量水稀释后以 $c\left(\dfrac{1}{2}I_2\right)=0.1010mol/L$ 的标准溶液滴定至溶液由无色变为蓝色为终点，消耗碘标准溶液 24.92mL，求 $Na_2S_2O_3$ 溶液的浓度。

解 反应式为

$$I_2+2Na_2S_2O_3\longrightarrow 2NaI+Na_2S_4O_6$$

反应的等量关系式为

$$n(Na_2S_2O_3)=n\left(\dfrac{1}{2}I_2\right)$$

$$c(Na_2S_2O_3)V_{(Na_2S_2O_3)}=c\left(\dfrac{1}{2}I_2\right)V_{I_2}$$

$$c(Na_2S_2O_3)=\dfrac{c\left(\dfrac{1}{2}I_2\right)V_{I_2}}{V_{Na_2S_2O_3}}=\dfrac{0.1010\times24.92}{25.00}=0.1007\ (mol/L)$$

答：$Na_2S_2O_3$ 溶液的物质的量浓度为 0.1007mol/L。

【例 6-7】 称取维生素 C（Vc）样品 0.2015g，以适量新煮沸并冷却的蒸馏水溶解后，再加入适量稀醋酸溶液，以淀粉为指示剂，用 $c\left(\dfrac{1}{2}I_2\right)=0.1020mol/L$ 的碘标准溶液滴定至溶液由无色变为蓝色为终点，消耗碘标准溶液 22.00mL，求样品中 Vc 的质量分数。

解 Vc 中烯二醇基与 I_2 反应

$$\begin{array}{ccc} -\overset{|}{C}=\overset{|}{C}-+I_2 & \longrightarrow & -\overset{\|}{C}-\overset{\|}{C}-+2H^++2I^- \\ \ \ OH\ OH & & \ \ \ O\ \ \ O \end{array}$$

$$n\left(\dfrac{1}{2}Vc\right)=n\left(\dfrac{1}{2}I_2\right)\qquad\qquad \dfrac{m_{Vc}}{M\left(\dfrac{1}{2}Vc\right)}=c\left(\dfrac{1}{2}I_2\right)V_{I_2}$$

则

$$w(Vc)=\dfrac{c\left(\dfrac{1}{2}I_2\right)V_{I_2}M\left(\dfrac{1}{2}Vc\right)}{m_{样}}=\dfrac{0.1020\times22.00\times10^{-3}\times88.07}{0.2015}=0.9808$$

答：维生素 C 样品中 Vc 的质量分数为 0.9808。

（2）间接碘量法

【例 6-8】 准确量取铜氨溶液 10.00mL，加入适量稀硫酸酸化后，加入过量 KI，充分反应，再经过一定处理得样品液。用浓度为 $c(Na_2S_2O_3)=0.1020mol/L$ 标准溶液滴定至溶液呈浅黄色，加入适量淀粉指示剂，继续滴定至溶液由蓝色变为无色为终点，消耗 $Na_2S_2O_3$ 标准溶液 33.20mL，求试样中 Cu^{2+} 总含量的物质的量浓度。

解 反应为

$$2Cu^{2+}+4I^-\longrightarrow 2CuI\downarrow+I_2$$

$$I_2+2S_2O_3^{2-}\longrightarrow 2I^-+S_4O_6^{2-}$$

反应的等量关系式为

$$n(Cu^{2+})=n\left(\dfrac{1}{2}I_2\right)=n(Na_2S_2O_3)$$

$$c(Cu^{2+})V_{样}=c(Na_2S_2O_3)V_{Na_2S_2O_3}$$

$$c(Cu^{2+})=\dfrac{c(Na_2S_2O_3)V_{Na_2S_2O_3}}{V_{样}}=\dfrac{0.1020\times33.20}{10.00}=0.3386\ (mol/L)$$

答：试样中 $c(Cu^{2+})$ 为 $0.3386mol/L$。

四、溴量法

1. 概述

溴量法是利用溴酸盐标准溶液进行的滴定。用一定量的过量 $KBrO_3$-KBr 混合溶液作标准溶液，$KBrO_3$ 在酸性介质中与 KBr 作用，析出的 Br_2 与被测物质反应后，剩余的 Br_2 与 KI 作用析出 I_2，用 $Na_2S_2O_3$ 标准溶液滴定析出的 I_2。滴定终点仍用淀粉指示剂确定，由蓝色变为无色为终点。

有关反应式为

$$BrO_3^- + 5Br^- + 6H^+ = 3Br_2 + 3H_2O$$
$$Br_2（余）+ 2I^- = 2Br^- + I_2$$
$$I_2 + 2S_2O_3^{2-} = 2I^- + S_4O_6^{2-}$$

利用这种方法可以测定还原性物质及很多有机物质。

2. 标准溶液的配制

以 $KBrO_3$-KBr 标准溶液的配制为例。若配制 $c\left(\dfrac{1}{6}KBrO_3\text{-}KBr\right)=0.1mol/L$ 标准溶液 $500mL$，其步骤为

(1) 称取 $1.4g$ $KBrO_3$ 及 $12.5g$ KBr，以少量蒸馏水溶解后，稀释至 $500mL$，摇匀，待标。

(2) 标定　准确量取一定体积的 $KBrO_3$-KBr 溶液，置于碘量瓶中，加入适量稀 HCl 酸化，再加入一定量的过量的 KI 与之反应，析出相应量的 I_2，以淀粉溶液为指示剂，用 $Na_2S_2O_3$ 标准溶液滴定至终点（溶液颜色由蓝色刚变为无色）。

3. 应用实例

【例 6-9】　称取苯酚样品 $0.4246g$，用适量 $NaOH$ 溶液溶解后，移入 $250mL$ 容量瓶中，加水稀释至刻度，摇匀。用移液管吸取 $25mL$，加入溴酸钾标准溶液（$KBrO_3$-KBr）$25mL$，然后加入适量 HCl 及过量 KI，待 I_2 完全析出后，再用 $0.1024mol/L$ $Na_2S_2O_3$ 标准溶液滴定，用去 $19.62mL$（V_1）。用移液管另取 $25mL$ 溴酸钾标准溶液作空白试验，消耗同浓度 $Na_2S_2O_3$ 标准溶液 $42.46mL$（V_2），计算试样中苯酚的质量分数。

解　$V_1 = 19.62mL$（滴定时消耗 $Na_2S_2O_3$ 标准溶液的体积）

$V_2 = 42.46mL$（空白试验时消耗 $Na_2S_2O_3$ 标准溶液的体积）

滴定过程中的反应式为

$$KBrO_3 + 5KBr + 6HCl = 6KCl + 3Br_2 + 3H_2O$$

$$Br_2 + 2I^- = I_2 + 2Br^-$$
$$I_2 + 2Na_2S_2O_3 = 2NaI + Na_2S_4O_6$$

空白试验时反应的等量关系式为

$$n(Na_2S_2O_3) = n\left(\dfrac{1}{2}I_2\right) = n\left(\dfrac{1}{2}Br_2\right) = n\left(\dfrac{1}{6}KBrO_3\text{-}KBr\right)$$

滴定样品时反应的等量关系式为

$$n\left(\frac{1}{6}\text{苯酚}\right)=n_2(\text{Na}_2\text{S}_2\text{O}_3)-n_1(\text{Na}_2\text{S}_2\text{O}_3)$$

$$m_{\text{苯酚}}=\left[n_2(\text{Na}_2\text{S}_2\text{O}_3)-n_1(\text{Na}_2\text{S}_2\text{O}_3)\right]M\left(\frac{1}{6}\text{苯酚}\right)$$

式中　$n_2(\text{Na}_2\text{S}_2\text{O}_3)$——为空白试验时消耗的 $\text{Na}_2\text{S}_2\text{O}_3$ 的物质的量，mol；

　　　$n_1(\text{Na}_2\text{S}_2\text{O}_3)$——为滴定样品时消耗的 $\text{Na}_2\text{S}_2\text{O}_3$ 的物质的量，mol。

$$w(\text{苯酚})=\frac{\left[c(\text{Na}_2\text{S}_2\text{O}_3)V_2-c(\text{Na}_2\text{S}_2\text{O}_3)V_1\right]M\left(\frac{1}{6}\text{苯酚}\right)}{m_{\text{样}}}$$

$$=\frac{[0.1024\times42.46-0.1024\times19.62]\times10^{-3}\times\frac{1}{6}\times94.01}{0.4246\times\frac{25}{250}}$$

$$=0.8631$$

答：试样中苯酚的质量分数为 0.8631。

本　章　提　要

氧化还原滴定法是利用氧化还原反应进行的滴定。它以溶液中氧化剂和还原剂之间的电子转移为基础。按照滴定分析中所用标准溶液的不同，分为高锰酸钾法、重铬酸钾法、碘量法和溴量法等。

一、氧化还原滴定法的基础知识

1. 电极电位

(1) 氧化还原电对　氧化还原电对的表示方法：氧化态/还原态。

(2) 标准电极电位　标准电极电位的条件及测定方法：标准电极电位的表示法；标准电极。电位值的正、负及大、小与氧化态物质的氧化性及还原态物质的还原性强弱之间的关系。

(3) 能斯特方程　非标准条件下溶液的电极电位计算式，当 $T=298.15\text{K}$ 时，能斯特方程式表示为

$$\varphi=\varphi^{\ominus}+\frac{0.0592}{n}\lg\frac{[\text{氧化态}]}{[\text{还原态}]}$$

从式中可看出电极电位与哪些因素相关。

2. 氧化还原滴定曲线

溶液电位随标准溶液滴加量的改变而变化，所绘制的曲线叫氧化还原滴定曲线。滴定曲线所显示出来的滴定突跃范围大小和氧化剂与还原剂两电对的标准电极电位的差值有关。

3. 氧化还原滴定指示剂

(1) 氧化还原指示剂　氧化还原指示剂的变色原理及其选择的原则。选择时指示剂的变色电位应位于滴定突跃电位之内和滴定终点时溶液的色差明显。

(2) 自身指示剂　利用滴定剂自身颜色变化指示滴定终点。如高锰酸钾法中的高锰酸钾自身指示剂。

(3) 专用指示剂　能与标准溶液或被测物质产生显色反应而指示终点的指示剂。如碘量法中的淀粉溶液指示剂，是因淀粉遇碘变蓝。

二、氧化还原滴定法

1. 高锰酸钾法

在强酸性溶液中，高锰酸钾是一种强氧化剂，利用高锰酸钾自身作指示剂，可直接测定许多还原性物质及某些能与还原性物质定量反应的具有氧化性的物质。其标准溶液的配制为标定法。

2. 重铬酸钾法

在强酸性溶液中，重铬酸钾是一种较强的氧化剂。一般选择二苯胺磺酸钠作指示剂。主要用于测定还原性物质，如测定铁。其标准溶液的配制为直接配制法。

3. 碘量法

分为直接碘量法和间接碘量法。其指示剂为淀粉溶液，滴定介质条件为弱酸性或中性。直接碘量法是利用 I_2 的氧化性能直接测定具有较强还原性的物质；间接碘量法是利用 I^- 的还原性，使其与具有较强氧化性物质反应生成 I_2，用 $Na_2S_2O_3$ 标准溶液滴定生成的 I_2，间接测定物质含量的方法。碘标准溶液及 $Na_2S_2O_3$ 标准溶液都用标定法制备。

4. 溴量法

在强酸性介质中，利用 $KBrO_3$ 的强氧化性，使其与某些具有还原性的物质反应，同时利用过量的 $KBrO_3$ 与加入的过量 KI 反应生成 I_2，再稀释使溶液变为弱酸性，以淀粉为指示剂，用 $Na_2S_2O_3$ 标准溶液滴定生成的 I_2，从而测定物质含量的方法（即采用返滴定法），其标准溶液一般采用标定法制备。

※实验 6-1　高锰酸钾标准溶液的配制和标定[❶]

一、实验目的

1. 掌握高锰酸钾标准溶液的配制方法。
2. 掌握高锰酸钾标准溶液的标定原理和标定方法。
3. 掌握用高锰酸钾自身作指示剂确定滴定终点。

二、实验原理

在强酸性溶液中，以高锰酸钾自身作指示剂，用高锰酸钾溶液滴定基准草酸钠，其反应式为

$$2MnO_4^- + 5C_2O_4^{2-} + 16H^+ \xrightarrow{75 \sim 85℃} 2Mn^{2+} + 8H_2O + 10CO_2 \uparrow$$

由高锰酸钾溶液的用量及基准 $Na_2C_2O_4$ 的质量，就可求出 $KMnO_4$ 溶液的浓度。

三、仪器与试剂

1. 仪器

称量瓶及药匙		各一个	棕色酸式滴定管	50mL	一支
棕色试剂瓶	500mL	一个	烧杯	100mL、500mL	各一个
锥形瓶	250mL	三个	玻璃棒		一支
量筒	25mL、50mL	各一个			

2. 试剂

高锰酸钾	分析纯	硫酸溶液	(8+92)
草酸钠	基准试剂		

四、实验步骤

1. 0.1mol/L $c\left(\frac{1}{5}KMnO_4\right)$ 溶液的配制

用托盘天平称取固体 $KMnO_4$ 3.3g，置于 100mL 小烧杯中，以适量蒸馏水分少量（20～30mL/次）多次的方法溶解 $KMnO_4$ 并将其转入烧杯中，加入蒸馏水使溶液稀释至 1050mL，盖上表面皿加热煮沸并保持微沸约 15min（加水使溶液体积保持为约 310mL），冷却后转移入 1000mL 的棕色试剂瓶中在室温下避光保存 1～2 周，待标定（若标定前发现溶液中有沉淀，应先用 G_4 微孔滤斗过滤除去）。

2. 0.1mol/L $c\left(\frac{1}{5}KMnO_4\right)$ 溶液的标定

用分析天平准确称取在 105～110℃ 已烘干至恒重的基准 $Na_2C_2O_4$ 约 0.25g（称准至 0.0002g），放入 250mL 锥形瓶中，溶于 100mL（8＋92）硫酸，摇匀。加热到 65℃（此时溶液刚冒水蒸气），趁热用配制的 $KMnO_4$ 溶液滴定至终点（溶液由无色变为淡粉红色并保持 30s 不褪色）。记录 $KMnO_4$ 溶液的用量。平行标定 2～3 次，并作空白试验。

五、计算

由基准草酸钠的质量及高锰酸钾溶液的用量即可求出溶液的浓度。其计算式为

$$c\left(\frac{1}{5}KMnO_4\right)=\frac{m_{Na_2C_2O_4}\times 10^3}{(V_{KMnO_4}-V_0)M\left(\frac{1}{2}Na_2C_2O_4\right)}$$

式中　　$m_{Na_2C_2O_4}$——称取的基准 $Na_2C_2O_4$ 的质量，g；

V_{KMnO_4}——$KMnO_4$ 溶液的用量，mL；

V_0——空白试验时 $KMnO_4$ 溶液的用量，mL；

$M\left(\frac{1}{2}Na_2C_2O_4\right)$——$\frac{1}{2}Na_2C_2O_4$ 的摩尔质量，g/mol。

六、注意事项

用 $KMnO_4$ 溶液滴定前，溶液中无 Mn^{2+}，故开始滴定前反应速率较慢（即溶液的紫红色消失较慢，应充分振荡并在滴下一滴之前需等溶液的颜色褪去后才可再滴加）；当溶液中有较多的 Mn^{2+} 生成后，因 Mn^{2+} 对该滴定反应有催化作用，故此时可适当加快滴定速度。快至终点时，又应放慢滴定速度，直至滴定到终点。

七、思考题

1. 本实验产生误差的主要来源是什么？

2. $Na_2S_2O_4$ 标定 $KMnO_4$ 溶液，滴定反应的介质条件为何必须为强酸性？可用什么酸来提供酸性？

3. 标定时溶液的温度为何需控制在 75～85℃ 时滴定？温度过低（<60℃）及过高（>90℃）有何不妥？

※实验 6-2　工业双氧水中 H_2O_2 含量的测定

一、实验目的

1. 掌握用 $KMnO_4$ 法直接测定 H_2O_2 含量的方法。

2. 进一步熟悉 $KMnO_4$ 作自身指示剂确定滴定终点的方法。

二、实验原理

在酸性溶液中，以 $KMnO_4$ 自身为指示剂，直接用 $KMnO_4$ 标准溶液滴定双氧水，其反应式为

$$2KMnO_4 + 5H_2O_2 + 3H_2SO_4 \longrightarrow K_2SO_4 + 2MnSO_4 + 5O_2 \uparrow + 8H_2O$$

$$(\varphi^{\ominus}_{MnO_4^-/Mn^{2+}} = 1.51V > \varphi^{\ominus}_{O_2/H_2O_2} = 0.68V)$$

根据 $KMnO_4$ 标准溶液的用量可计算出双氧水中 H_2O_2 的含量。

三、仪器与试剂

1. 仪器

移液管	25mL	一支	棕色酸式滴定管	50mL	一支
吸量管	1mL	二支	量筒	25mL	一个
容量瓶	250mL	一个	洗耳球		一个
锥形瓶	250mL	三个			

2. 试剂

工业双氧水

$KMnO_4$ 标准溶液	$c\left(\dfrac{1}{5}KMnO_4\right) = 0.1000\text{mol/L}$
稀 H_2SO_4	$c(H_2SO_4) = 3\text{mol/L}$
$MnSO_4$ 溶液	$c(MnSO_4) = 1\text{mol/L}$

四、实验步骤

1. 双氧水样品溶液的配制

用 1mL 吸量管准确吸取 1mL 工业双氧水样品溶液于已装有少量蒸馏水的 250mL 容量瓶中，稀释至刻度，配制成 250mL 溶液，摇匀。

2. 双氧水中 H_2O_2 含量的测定

用 25mL 移液管准确移取稀释液于 250mL 锥形瓶中，加入 3mol/L H_2SO_4 溶液 15mL；滴加 2~3 滴 1mol/L 的 $MnSO_4$ 溶液，然后 $c\left(\dfrac{1}{5}KMnO_4\right)$ 以约为 0.1000mol/L 标准溶液滴定至终点（溶液颜色由无色变为浅粉红色并保持 30s 不褪色）。记录 $KMnO_4$ 溶液的用量。平行测定 2~3 次，同时作空白试验。

五、计算

根据 $KMnO_4$ 标准溶液的浓度及用量和样液的体积即可计算出双氧水中 H_2O_2 的含量。其计算式为

$$\rho(H_2O_2) = \frac{c\left(\dfrac{1}{5}KMnO_4\right)(V_{KMnO_4} - V_0)M\left(\dfrac{1}{2}H_2O_2\right)}{V_{样} \times \dfrac{25}{250}}$$

式中　$\rho(H_2O_2)$——工业双氧水中 H_2O_2 的质量浓度，g/L；

$M\left(\dfrac{1}{2}H_2O_2\right)$——$\dfrac{1}{2}H_2O_2$ 的摩尔质量，g/mol；

$V_{样}$——取样品的体积，mL；

V_{KMnO_4}——消耗 $KMnO_4$ 标准溶液的体积，mL；

V_0——空白试验消耗 $KMnO_4$ 标准溶液的体积，mL。

六、注意事项

本实验操作中，$KMnO_4$ 与 H_2O_2 刚开始反应时速率较慢（因此时溶液中无 Mn^{2+}），故可先采用逐滴滴加，当前一滴滴加后的溶液颜色褪去后再滴第二滴。当有一定浓度的 Mn^{2+} 产生后，即可加快滴定速度。也可在溶液中先加 2～3 滴 $MnSO_4$ 溶液（$1mol/L$）后，再用 $KMnO_4$ 标准溶液滴定（不可用加热的方法来加快反应速率，因 $2H_2O_2 \xrightarrow{\triangle} 2H_2O+O_2\uparrow$ 使测定结果偏低）。

七、思考题

1. 用高锰酸钾法测定双氧水中 H_2O_2 含量时，为何不能用 HCl 或 HNO_3 控制酸度？

2. 从标准电极电位的角度分析，在强酸性条件下为什么能用 $KMnO_4$ 标准溶液滴定强氧化剂 H_2O_2？

※实验 6-3 重铬酸钾标准溶液的制备[●]及硫酸亚铁铵含量的测定

一、实验目的

1. 掌握用直接法配制 $K_2Cr_2O_7$ 标准溶液的方法。

2. 掌握用直接法测定硫酸亚铁铵含量的方法。

3. 学会用二苯胺磺酸钠指示剂确定滴定终点。

二、实验原理

（1）因重铬酸钾溶液是用直接法配制的，故由重铬酸钾（基准试剂）的质量就可求出其溶液的浓度。

（2）在强酸性溶液中，以二苯胺磺酸钠为指示剂，用 $K_2Cr_2O_7$ 标准溶液直接滴定硫酸亚铁铵溶液，由 $K_2Cr_2O_7$ 标准溶液的浓度和用量及硫酸亚铁铵的样品质量即可求出其含量。其反应式为

$$Cr_2O_7^{2-} + 6Fe^{2+} + 14H^+ \longrightarrow 2Cr^{3+} + 6Fe^{3+} + 7H_2O$$

三、仪器与试剂

1. 仪器

称量瓶		一个	烧杯	250mL	二个
药匙		一个	锥形瓶	250mL	三个
容量瓶	250mL	一个	量筒	25mL、100mL	各一支
玻璃棒		一个	酸式滴定管	50mL	一支

2. 试剂

$K_2Cr_2O_7$ 基准试剂

样品   硫酸亚铁铵盐晶体

0.5％二苯胺磺酸钠指示剂

硫-磷混合酸

将 75mL 浓 H_2SO_4 缓慢注入 350mL 蒸馏水中，混匀，冷却后再加入 90mL 浓 H_3PO_4，混匀。

四、实验步骤

1. 重铬酸钾标准溶液的制备

准确称取已在 118～122℃烘至恒重的基准 $K_2Cr_2O_7$ 1.2257g 于小烧杯中，加入约 50mL

[●] 参考国家标准 GB/T 601—2002。

蒸馏水，搅拌，完全溶解后无损转移入 250mL 容量瓶中。再用蒸馏水洗涤小烧杯 4～5 次，每次用水 20～30mL，将洗涤液一并转移入容量瓶中，再加入约 50mL 蒸馏水，平摇几次，继续加入蒸馏水直至液面距标线 1cm 处，再用胶头滴管逐滴滴加至凹液面的最低处与容量瓶标线相切，然后盖紧瓶塞，摇匀。

2. 硫酸亚铁铵含量的测定

用分析天平准确称取硫酸亚铁铵晶体样品 1.2～1.3g（称准至 0.0002g），放入锥形瓶中，加入 50mL 蒸馏水充分溶解后，再加入 15mL 硫-磷混合酸，然后加入 1～2 滴二苯胺磺酸钠指示剂，充分摇匀后，用 $K_2Cr_2O_7$ 标准溶液滴定至终点（溶液颜色由墨绿色变为紫色）。记录 $K_2Cr_2O_7$ 标准溶液的用量。平行测定 2～3 次。

五、计算

1. 重铬酸钾溶液浓度的计算

$$c\left(\frac{1}{6}K_2Cr_2O_7\right)=\frac{m_{K_2Cr_2O_7}\times10^3}{V_{K_2Cr_2O_7}M\left(\frac{1}{6}K_2Cr_2O_7\right)}$$

式中　　$m_{K_2Cr_2O_7}$——称取的基准 $K_2Cr_2O_7$ 的质量，g；

$\qquad V_{K_2Cr_2O_7}$——重铬酸钾标准溶液的体积，mL；

$M\left(\frac{1}{6}K_2Cr_2O_7\right)$——$\frac{1}{6}K_2Cr_2O_7$ 的摩尔质量，g/mol；

$c\left(\frac{1}{6}K_2Cr_2O_7\right)$——$K_2Cr_2O_7$ 标准溶液的浓度，mol/L。

2. 测定硫酸亚铁铵含量的计算

$$w[FeSO_4\cdot(NH_4)_2SO_4\cdot6H_2O]=\frac{c\left(\frac{1}{6}K_2Cr_2O_7\right)V_{K_2Cr_2O_7}M[FeSO_4\cdot(NH_4)_2SO_4\cdot6H_2O]\times10^{-3}}{m_{样}}$$

式中　　$w[FeSO_4\cdot(NH_4)_2SO_4\cdot6H_2O]$——样品中硫酸亚铁铵的质量分数；

$\qquad m_{样}$——称取样品的质量，g；

$M[FeSO_4\cdot(NH_4)_2SO_4\cdot6H_2O]$——$FeSO_4\cdot(NH_4)_2SO_4\cdot6H_2O$ 的摩尔质量，g/mol；

$c\left(\frac{1}{6}K_2Cr_2O_7\right)$——$K_2Cr_2O_7$ 标准溶液的浓度，mol/L；

$V_{K_2Cr_2O_7}$——消耗 $K_2Cr_2O_7$ 标准溶液的体积，mL。

六、注意事项

本实验在滴定前加入了一定量的硫-磷混合酸，其作用有以下几方面。

（1）硫酸提供溶液的强酸性；

（2）磷酸能与黄色的 Fe^{3+} 形成无色配离子$[Fe(HPO_4)_2]^-$ 或$[Fe(PO_4)_2]^{3-}$，消除了其黄色对滴定终点判断的干扰；由于形成了配离子，同时，降低了 $[Fe^{3+}]$ 和 $[Fe^{2+}]$ 比值，使滴定突跃范围增大，避免了二苯胺磺酸钠指示剂的提早变色，提高了滴定的准确度。

七、思考题

1. 重铬酸钾标准溶液为何可用直接法配制？

2. 用重铬酸钾法测定铁盐中铁含量时为何需加入硫-磷混合酸？

实验 6-4 维生素 C 含量的测定

一、实验目的

1. 掌握用直接碘量法测定维生素 C 含量的原理和方法。
2. 掌握用淀粉作指示剂确定直接碘量法的滴定终点。

二、实验原理

维生素 C 分子结构中因有烯二醇基，而且有还原性，因此在弱酸性溶液中可被氧化生成含二酮基化合物，其反应简式如下。

$$\underset{\underset{\text{OH OH}}{|\quad|}}{-C=C-} + I_2 \rightleftharpoons \underset{\underset{\text{O}\quad\text{O}}{\parallel\quad\parallel}}{-C-C-} + 2I^- + 2H^+$$

本实验所用指示剂为淀粉指示剂（属专用指示剂），溶液终点时颜色变化为无色到蓝色。由碘标准溶液的用量即可求出样品中维生素 C 的含量。

三、仪器与试剂

1. 仪器

量筒	10mL、100mL	各一个	锥形瓶	250mL	三个
棕色酸式滴定管	50mL	一支			

2. 试剂

I_2 标准溶液	$c\left(\dfrac{1}{2}I_2\right)=0.1000\text{mol/L}$	淀粉指示剂	0.5%
稀醋酸	$c(\text{HAc})=2\text{mol/L}$	研细的维生素 C 样品	

四、实验步骤

准确称取维生素 C（V_C）样品为 0.2g（称准至 0.0002g），放于锥形瓶中，加入 80mL 新煮沸并已冷却的蒸馏水使固体样品充分溶解，再加入 10mL 2mol/L 醋酸溶液及 2mL 淀粉指示剂，立即用 0.1000mol/L 的 $\left(\dfrac{1}{2}I_2\right)$ 标准溶液滴定至溶液呈稳定的蓝色为终点。记录碘标准溶液的用量。平行测定 2~3 次，同时做空白试验。

五、计算

样品中维生素 C 的含量由碘标准溶液的用量及样品的质量即可计算出，其计算式为

$$w(V_C)=\frac{c\left(\dfrac{1}{2}I_2\right)(V_{I_2}-V_0)M\left(\dfrac{1}{2}V_C\right)\times10^{-3}}{m_{样}}$$

式中 $c\left(\dfrac{1}{2}I_2\right)$ ——碘标准溶液的浓度，mol/L；

$\qquad V_{I_2}$ ——消耗 I_2 标准溶液的体积，mL；

$\qquad V_0$ ——空白试验时碘标准溶液的体积，mL；

$M\left(\dfrac{1}{2}V_C\right)$ ——$\dfrac{1}{2}V_C$ 的摩尔质量，88.07g/mol；

$\qquad m_{样}$ ——维生素 C 样品的质量，g。

六、注意事项

溶解维生素 C 时，必须用新煮沸并已冷却的蒸馏水，因维生素 C 易被溶解在蒸馏水中的 O_2 所氧化，煮沸可除去溶解的 O_2。

七、思考题

1. 本实验所用酸为何用醋酸而不用稀 H_2SO_4？
2. 为什么维生素 C 可用碘量法直接测定？

实验 6-5 苯酚含量的测定

一、实验目的

1. 掌握用溴量法测定苯酚含量的原理和方法。
2. 掌握溴量法中以淀粉作指示剂确定滴定终点的方法。

二、实验原理

从溴量法的原理可知，在强酸性溶液中溴酸钾与溴化钾可发生反应生成溴，溴与苯酚反应，生成三溴苯酚，其反应式为

$$BrO_3^- + 5Br^- + 6H^+ \longrightarrow 3Br_2 + 3H_2O$$

因溴酸钾和溴化钾均过量。故溶液中还有过量的 Br_2，然后再与加入的 KI 反应，生成 I_2，其反应式为

$$2I^- + Br_2 \Longrightarrow I_2 + 2Br^-$$

再以淀粉为指示剂，用硫代硫酸钠标准溶液滴定生成的 I_2，由 $Na_2S_2O_3$ 标准溶液的用量及溴酸钾-溴化钾标准溶液的浓度及用量就可计算出苯酚的含量。

三、仪器与试剂

1. 仪器

容量瓶	250mL	一个	碘量瓶	500mL	二支
称量瓶		一个	量筒	10mL	三支
移液管	25mL	二支	烧杯	250mL	一个
碱式滴定管	50mL	一支	洗耳球		一个

2. 试剂

$KBrO_3$-KBr 标准溶液	$c\left(\dfrac{1}{6}KBrO_3\text{-}KBr\right) = 0.1000\text{mol/L}$
盐酸	$c(HCl) = 6\text{mol/L}$
氯仿	分析纯
KI 溶液	10%
$Na_2S_2O_3$ 标准溶液	$c(Na_2S_2O_3) = 0.1000\text{mol/L}$
淀粉指示剂	0.5%

500mL $c\left(\dfrac{1}{6}KBrO_3\text{-}KBr\right) = 0.1000\text{mol/L}$ 的制备：用托盘天平称取 1.4g $KBrO_3$ 和 12.5g KBr，用适量蒸馏水溶解后，稀释至 500mL，摇匀，再用 $Na_2S_2O_3$ 标准溶液来标定其物质的量浓度，得到 $c\left(\dfrac{1}{6}KBrO_3\text{-}KBr\right) = 0.1000\text{mol/L}$ 的标准溶液。

四、实验步骤

准确称取苯酚样品约 0.2g（称准至 0.0002g），置于小烧杯中以少量蒸馏水溶解，无损

转移至 250mL 容量瓶中，经洗涤、定容、摇匀备用。

用移液管准确吸取 25mL 苯酚样液于碘量瓶中，再用另一支移液管准确移取 25mL $\left(\frac{1}{6}KBrO_3\text{-}KBr\right)$ 标准溶液也加入碘量瓶中，然后再加入 6mol/L 的盐酸 8mL，密塞摇匀，瓶口加少量水水封，静置 15min，微启塞，迅速加入 10% KI 溶液 8mL，立即密塞，摇匀，加入 2mL 氯仿（或四氯化碳）充分振荡至沉淀完全溶解，静置 1~2min，然后启塞用少量蒸馏水冲洗瓶塞及内壁，以 $Na_2S_2O_3$ 标准溶液滴定至溶液呈浅黄色，加淀粉指示液 2mL，继续滴定至溶液及氯仿层溶液都为无色为终点，记录 $Na_2S_2O_3$ 标准溶液的用量。平行测定两次，同时作空白试验（不加样液，其体积以蒸馏水代替。其他用量及步骤都相同）。

五、计算

由 $Na_2S_2O_3$ 标准溶液的用量及 $\left(\frac{1}{6}KBrO_3\text{-}KBr\right)$ 标准溶液的用量及苯酚样品的质量，即可求得苯酚的含量。其计算式如下。

$$w(C_6H_5OH) = \frac{c(Na_2S_2O_3)(V_0 - V_{Na_2S_2O_3})M\left(\frac{1}{6}C_6H_5OH\right)\times10^{-3}}{m_{样}\times\frac{25}{250}}$$

式中　$M\left(\frac{1}{6}C_6H_5OH\right)$——$\frac{1}{6}C_6H_5OH$ 的摩尔质量，15.68g/mol；

$V_{Na_2S_2O_3}$——消耗 $Na_2S_2O_3$ 标准溶液的体积，mL；

V_0——空白试验消耗 $Na_2S_2O_3$ 标准溶液的体积，mL；

$m_{样}$——苯酚样品的质量，g。

六、注意事项

（1）反应温度应控制在较低，以防止有其他副产物的生成，同时使酸及 KBrO_3-KBr 标准溶液适当过量，以加快反应速率。

（2）操作时应注意防止 Br_2 和 I_2 的挥发，可加入过量的 KBr 和 KI。

（3）滴定前加入少量氯仿，以溶解三溴苯酚白色沉淀的产生，消除其对终点颜色的影响以及避免三溴苯酚沉淀吸附溴而影响测定结果等。

七、思考题

在滴定前加入少量氯仿的目的是什么？

第七章 电位分析法

第一节 概　　述

利用物质的化学及电化学性质来求得物质含量的分析方法称为电化学分析法。它是以电位、电导、电量、电流等电参数与被测物质含量之间的关系为计量的基础，通过测量电化学参数得到样品组成含量的信息，经仪器对信息处理后即可对样品进行定性、定量分析。根据测量参数的不同，电化学分析按习惯分类方法可分为以下几种。

$$
电化学分析法
\begin{cases}
电位分析法 \\
电导分析法 \\
电解分析法 \\
库仑分析法 \\
伏安法 \\
极谱法
\end{cases}
$$

电化学分析法在分析工作中应用广泛，是仪器分析法的一个重要组成部分，本书又着重讨论此法中的电位分析法。电位分析法是通过测定电池电动势的变化以求得物质含量的一种电化学分析方法。通常在待测试样溶液中插入两支性质不同的电极组成电池，利用电池电动势与试液中离子活度之间的对应关系测定被测离子的活度（浓度）。它包括直接电位法和电位滴定法。

直接电位法是利用测定某一电极的电极电位，通过能斯特公式的关系，直接求出待测离子浓度（活度）的方法，常用于溶液 pH 值的测定和其他离子浓度的测定。

电位滴定法是通过测量滴定过程中电池电动势的变化来确定滴定终点的滴定分析方法。可用于酸碱、配位、沉淀、氧化还原等各类滴定反应终点的确定。电位滴定法还可用来测定电对的条件电极电位，弱电解质的离解常数等。

第二节　电位分析法的基本原理

一、基本原理

将一金属片浸入该金属离子的水溶液中，在金属和溶液界面间产生了双电层，两相之间产生一个电位差，称之为电极电位（φ），其值可用能斯特方程表示为

$$
\varphi_{M^{n+}/M} = \varphi_{M^{n+}/M}^{\ominus} + \frac{RT}{nF}\ln a_{M^{n+}} \tag{7-1}
$$

式中 $a_{M^{n+}}$ 是 M^{n+} 的活度，溶液浓度很小时可用浓度代替活度。由式(7-1)看来，似乎只要测量出单支电极的电位 $\varphi_{M^{n+}/M}$ 就可以确定 M^{n+} 的活度了，实际上这是不可能的。在电位分

析中需要一支电极电位随待测离子活度（浓度）不同而变化的电极，称为指示电极。还需要一支电极电位值恒定的电极，称为参比电极。用指示电极、参比电极和待测溶液组成工作电池，测量该电池的电动势，根据能斯特方程式才能计算出某一电极的电极电位。

在电化学中，规定发生氧化反应（$M \longrightarrow ne + M^{n+}$）的电极为阳极，发生还原反应（$M^{n+} + ne \longrightarrow M$）的电极为阴极。在原电池中，由于阳极发生的是氧化反应，电极带负电荷，为原电池的负极。同理，阴极为原电池的正极。在化学电池中，一般把作负极的电极及有关的溶液体系写在左面，并用"｜"表示不同的界面，用"‖"表示相界电位差为零的两个半电池电解质的接界，一般是用盐桥相连接的两种溶液之间的接界。这样上述工作电池可表示为

$$M \mid M^{n+} \parallel 参比电极 \text{[1]}$$

如用 E 表示电池电动势，则

$$E = \varphi_正 - \varphi_负 \tag{7-2}$$

式中　　$\varphi_正$——正极的电极电位，V；

　　　　$\varphi_负$——负极的电极电位，V。

电位分析中使用的参比电极和指示电极有很多种，某一电极是指示电极还是参比电极并不是绝对的，在一定条件下可用作参比电极，而在另一种条件下又可用作指示电极。一般基于电子交换反应的电极主要用做参比电极，离子选择电极主要用做指示电极。

二、参比电极

参比电极是测量其他电极电位的标准，要求它的电极电位已知而且恒定。在测量过程中即使有微量电流通过，电位仍能保持不变，而且容易制作，电极电位再现性好，使用寿命长。标准氢电极（SHE[2]）是最精确的参比电极，是参比电极的一级标准。但是标准氢电极的制作麻烦，直接用 SHE 作参比很不方便，实际工作中常用的参比电极是甘汞电极和银-氯化银电极。

1. 甘汞电极

是由金属汞、甘汞（Hg_2Cl_2）和一定浓度的氯化钾（KCl）溶液组成的参比电极。其结构如图 7-1 所示。内玻璃管中封接一根铂丝，铂丝插入纯汞中，下置一层甘汞和汞的糊状物（$Hg_2Cl_2 + Hg$），外玻璃管中装入 KCl 溶液，即构成甘汞电极。电极下端与待测溶液接触部分是烧结陶瓷芯或玻璃砂芯等多孔物质。电极反应为

$$Hg_2Cl_2 + 2e \Longleftrightarrow 2Hg + 2Cl^-$$

电极电位（25℃）为

$$\varphi_{Hg_2Cl_2/Hg} = \varphi_{Hg_2Cl_2/Hg}^{\ominus} - 0.0592 \lg a_{Cl^-} \tag{7-3}$$

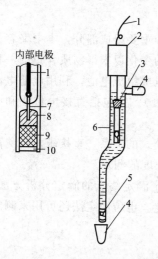

图 7-1　甘汞电极

1—导线；2—绝缘体；3—内部电极；

4—橡皮帽；5—多孔物质；6—饱和

KCl 溶液；7—铂丝；8—汞；

9—甘汞＋汞；10—多孔物质

由式（7-3）可以看出，当温度一定时，$\varphi_{Hg_2Cl_2/Hg}^{\ominus}$ 为定值，则甘汞电极的电极电位 $\varphi_{Hg_2Cl_2/Hg}$ 主要取决于溶液中 Cl^- 的活度（浓度），当 Cl^- 浓度一定时，其电极电位为一恒定值。不同浓度的 KCl 溶液，使甘汞电

---

❶ 参比电极可做正极，也可做负极。由两个电极的实际电位来确定。

❷ 标准氢电极是指氢气压力为 101.325kPa 和氢离子活度为 1 的氢电极。它在任何温度时的电极都指定为零。

极的电位有不同的恒定值，如表 7-1 所示。在实际工作中常把饱和甘汞电极简写为 SCE。

表 7-1　25℃时甘汞电极的电极电位（对 SHE）

电　极　名　称	KCl 溶液的浓度	电极电位/V
0.1mol/L 甘汞电极	0.1mol/L	+0.3337
标准甘汞电极（NCE）	1.0mol/L	+0.2801
饱和甘汞电极（SCE）	饱和溶液	+0.2412

饱和甘汞电极（SCE）结构简单，使用方便，电极电位稳定，只要测量时通过的电流比较小，它的电极电位是不会发生显著变化的，因此它在实际应用中是很好的参比电极。

使用甘汞电极时应注意以下几点。

（1）在使用电极时，应将加液口的橡皮帽打开，以保持液位差。不用时应罩好。

（2）电极内部氯化钾溶液应保持足够的高度和浓度，必要时应及时添加。添加后应使电极内不能有气泡，否则将使读数不稳定。

（3）甘汞电极有温度滞后现象，不宜在温度变化较大的环境中使用。当待测溶液中含有有害物质如 Ag^+、S^{2-} 时，应使用加有盐桥的甘汞电极。

2. 银-氯化银电极

在银丝上镀一层 AgCl，浸在一定浓度的 KCl 溶液中，即构成银-氯化银电极。如图 7-2 所示。它能反映用 AgCl 所饱和过的溶液中的 Cl^- 的浓度，总的电极反应为

$$AgCl+e \Longrightarrow Ag+Cl^-$$

与甘汞电极相同，银-氯化银电极的电极电位取决于溶液中 Cl^- 的浓度。电极电位为

$$\varphi_{AgCl/Ag} = \varphi_{AgCl/Ag}^{\ominus} - 0.0592 \lg a_{Cl^-} \qquad (7-4)$$

25℃时饱和 KCl 溶液中的银-氯化银电极电位为 +0.2000V（对 SHE）。

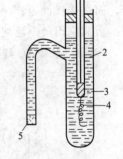

图 7-2　银-氯化银电极
1—导线；2—KCl 溶液；
3—Hg；4—镀 AgCl 的
Ag 丝；5—多孔物质

上述甘汞电极和银-氯化银电极，均属于第二类电极。这类电极是指金属及其难溶盐和此难溶盐的阴离子溶液所组成的电极系统。它们能间接反映与金属离子生成难溶盐阴离子的浓度，该阴离子并不直接参与电子转移过程。此类电极的电位决定于构成难溶盐的阴离子活度，同样，由于选择性差等问题，一般不作指示电极。

通常使用的参比电极应具备以下条件：①装置简单，使用方便，寿命长；②电极电位稳定，可逆性好；③重现性好。

三、指示电极

在电位分析中，仅有电位恒定的参比电极是不够的。因为构成电池需要两个电极，要求其中一个电极的电位能指示被测离子的活度（浓度）及其变化，流过该电极的电流很小，一般不引起溶液本体成分的明显变化。这一类电极称为指示电极。其种类很多，近年来发展很快的离子选择电极就属于这一类电极。

1. 金属电极

它也称为第一类电极，是由某些金属插入该金属离子的溶液中而组成的。这类电极反应的实质是金属与该金属离子在界面上发生可逆的电子转移，其电极电位的变化能反映溶液中

金属离子活度（浓度）的变化。例如将金属银浸在硝酸银溶液中构成的电极，其电极反应为

$$Ag^+ + e \Longrightarrow Ag$$

25℃时电极电位为

$$\varphi_{Ag^+/Ag} = \varphi^{\ominus}_{Ag^+/Ag} + 0.0592 \lg a_{Ag^+} \tag{7-5}$$

式（7-5）说明银电极的平衡电位值与溶液中银离子活度（浓度）的对数呈线性关系。

2. 惰性金属电极

惰性金属电极也称为零类电极，是由铂、金或石墨等惰性导体作电极，浸入含有均相和可逆的同一元素的两种不同氧化态的离子溶液中而组成的。这类电极的电极电位与两种氧化态离子活度（浓度）的比率有关。电极的作用只是协助电子的转移，电极本身不参与氧化还原反应。例如将铂丝插入含有 Fe^{3+} 和 Fe^{2+} 的溶液中，其电极反应为

$$Fe^{3+} + e \Longrightarrow Fe^{2+}$$

25℃时电极电位为

$$\varphi_{Fe^{3+}/Fe^{2+}} = \varphi^{\ominus}_{Fe^{3+}/Fe^{2+}} + 0.0592 \lg \frac{a_{Fe^{3+}}}{a_{Fe^{2+}}} \tag{7-6}$$

3. 膜电极（离子选择性电极）

膜电极是一类特殊类型的电极。它与上述金属类电极的区别在于薄膜并不给出或得到电子，而是选择性地让一些离子渗透（包括离子交换），因此又称为离子选择性电极。这类电极是目前应用最广泛的指示电极。

1975 年 IUPAC 建议将离子选择性电极按以下方式分类。

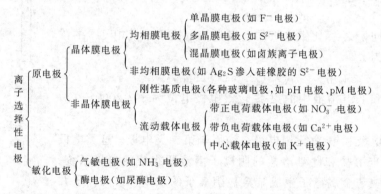

原电极是敏感膜直接与试液接触的离子选择性电极，敏化电极是将离子选择性电极与另一种特殊的膜组成的复合电极。在此主要介绍 pH 玻璃膜电极和均相晶体膜电极（氟离子选择电极）两种常用的指示电极。

（1）玻璃膜电极

① 玻璃膜电极的构造　最早使用的离子选择电极就是 pH 玻璃膜电极，它的结构如图 7-3 所示。其主要部件是一个玻璃泡，泡的下半部是由 SiO_2 基质中加入 NaO 和少量 CaO 经烧结而成的玻璃薄膜，膜厚约 $80 \sim 100 \mu m$，泡内装有 pH 值一定的缓冲溶液，也叫内参比溶液，通常为 0.1mol/L 的 HCl 溶液，其中插入一支银-氯化银电极作内参比电极。上端导线及电极引出线应带有屏蔽层及良好的绝缘，在支持杆引出线的一端用胶木帽及黏合剂封闭牢固，就成为一支玻璃膜电极。

pH 玻璃电极可表示为：$Ag, AgCl | HCl(0.1mol \cdot L^{-1}) | 玻璃膜$

② 玻璃膜电极的作用原理　玻璃膜电极在使用前必须在水中浸泡一定时间。浸泡时由

于硅酸盐结构与 H^+ 的键合力远大于与 Na^+ 的键合力,玻璃表面形成了一层水合硅胶层。玻璃膜外表面的 Na^+ 与水中质子(H^+)发生如下的交换反应

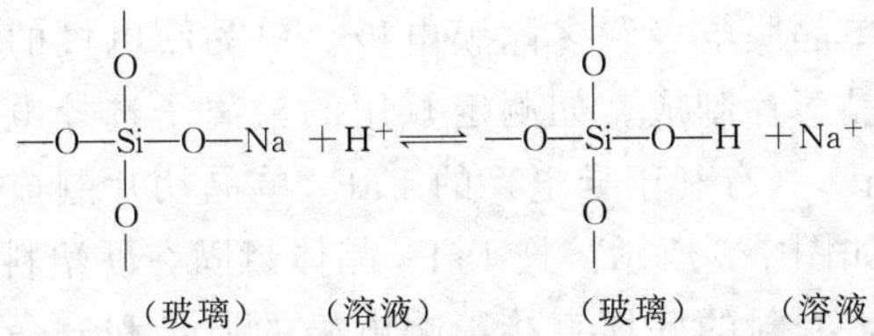

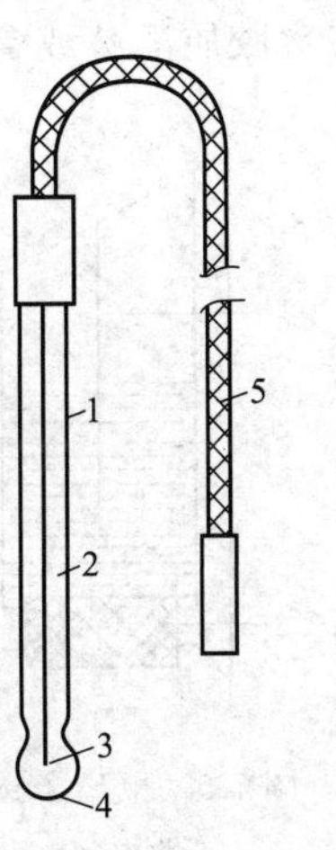

$$-O-Si-O-Na + H^+ \Longleftrightarrow -O-Si-O-H + Na^+$$

（玻璃）　（溶液）　　（玻璃）　（溶液）

上述反应在开始浸泡时向右的趋势很大,交换达平衡后,玻璃表面几乎全部由硅酸组成,形成了水合硅胶层。从外表面到玻璃膜内部,H^+ 的数目逐渐减少,Na^+ 的数目逐渐增多。玻璃膜内表面也已发生了上述过程而形成同样的水合硅胶层。图 7-4 为浸泡后的玻璃膜示意图。

当浸泡好的玻璃膜电极浸入待测溶液时,水合层与溶液接触。由于硅胶层表面和溶液的 H^+ 活度不同,形成了活度差,H^+ 便从活度大的一方向活度小的一方迁移,并建立如下平衡

$$H^+（硅胶层）\Longleftrightarrow H^+（溶液）$$

因而改变了胶-液两相界面的电荷分布,产生了相界电位 $\varphi_{外}$。同理,在玻璃膜内侧水合硅胶层——内部溶液界面也存在相界电位 $\varphi_{内}$。这样跨越玻璃膜两个溶液之间产生的电位差称为膜电位 $\varphi_{膜}$。由图 7-4 可知,膜电位 $\varphi_{膜}$ 的产生不是由于电子的得失,而是由于 H^+ 在溶液和硅胶层界面间进行迁移的结果。

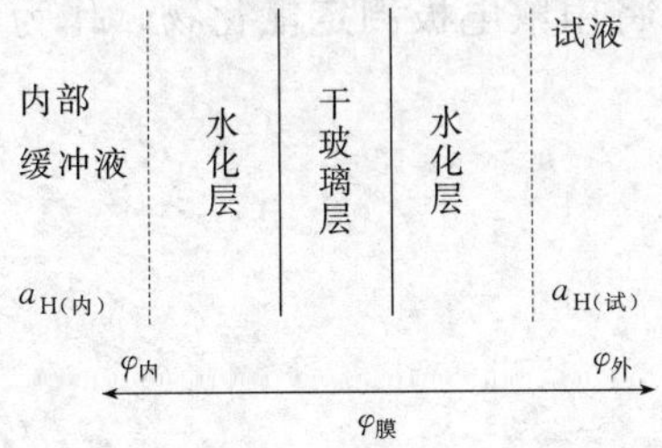

$$\varphi_{膜} = \varphi_{外} - \varphi_{内} = 0.0592 \lg \frac{a_{H^+（外）}}{a_{H^+（内）}} \qquad (7-7)$$

由于内参比溶液 H^+ 活度 $a_{H^+（内）}$ 是一定值,则式(7-7)可以写成

$$\varphi_{膜} = K + 0.0592 \lg a_{H^+（外）} \qquad (25℃)$$
$$= K - 0.0592 pH_{外} \qquad (7-8)$$

式中 K 为电极常数,它是由玻璃电极本身性质决定的,不同电极的 K 值不同,但同一支电极在一定条件下是常数。由式(7-8)可以得出,pH 玻璃膜电极的膜电位与被测溶液的氢离子活度（浓度）的对数呈线性关系。通过测定膜电位,就可以求出待测溶液中 H^+ 的活度（浓度）。

③ 玻璃膜电极的使用　用玻璃膜电极测定 pH 值,其优点是不受溶液中氧化剂或还原剂的影响;玻璃电极不易因杂质的作用而中毒,能在胶体溶液、有色溶液和混浊溶液中应用。但是电极本身有很高的内阻,必须使用电子放大装置才能使用;电极常数 K 难于计算和测量,须用标准 pH 缓冲溶液来校正电极。玻璃电极的膜非常薄,极易破损,使用时要特别小心。

④ 使用玻璃电极时的注意事项

a. 电极在使用前必须用蒸馏水浸泡 24h 以上,使电极活化。

b. 电极不能接触腐蚀玻璃的物质如 F^-、浓 H_2SO_4、洗液及浓乙醇等。

c. 电极的清洗方法　电极上若有油污,可用 5%～10% 的 $NH_3 \cdot H_2O$ 溶液或丙酮清洗;沾染上无机盐类可用 0.1mol/L 的 HCl 溶液清洗;Ca、Mg 等积垢可用 EDTA 溶液溶解;

图 7-3　玻璃膜电极
1—玻璃管;2—内参
比电极（Ag/AgCl）;
3—内参比溶液
（0.1mol/L HCl）;
4—玻璃薄膜;5—接线

图 7-4　浸泡后的玻璃膜示意图

内部缓冲液　$a_{H(内)}$　水化层　干玻璃层　水化层　试液　$a_{H(试)}$　$\varphi_{内}$　$\varphi_{外}$　$\varphi_{膜}$

在含胶质溶液或含蛋白质溶液（如血液、牛奶）中测定后，可用1mol/L HCl 溶液清洗。

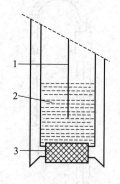

　　d. 电极应存放在干燥处，以保持电极插头绝缘部分清洁干燥。

　　（2）晶体膜电极　这类电极的种类很多，根据敏感膜材料的不同，可分为单晶膜电极和多晶膜电极。单晶膜电极的电极薄膜是由难溶盐的单晶薄片制成。如测定氟用的氟离子选择电极，它的电极膜由掺有 EuF_2（有利于导电）的 LaF_3 单晶切片制成。氟离子选择电极的结构如图7-5所示。把 LaF_3 晶体封固在硬塑料管的一端，封固必须严密，密封的好坏直接影响电极的质量和寿命，以 Ag-AgCl 作内参比电极，电极内部溶液通常用 0.1mol/L NaF ＋ 0.1mol/L NaCl 溶液，在此 F^- 用以控制膜内表面的电位，Cl^- 用以固定内参比电极的电位。

图 7-5　氟离子选择性电极

1—Ag-AgCl 内参比电极；
2—内参比溶液（0.10~ 0.01mol/L NaF＋ 0.1mol/L NaCl）；
3—氟化镧单晶膜

　　由于 LaF_3 的晶格有空穴，在晶格上的氟离子可以移入晶格邻近的空穴而导电。当氟电极插入含氟溶液中时，F^- 在电极表面进行交换。如果溶液中 F^- 活度较高，则溶液中 F^- 可以进入单晶的空穴；反之，单晶表面的 F^- 也可以进入溶液。由此产生的膜电位与溶液中 F^- 活度的关系，遵守能斯特方程式，在 25℃ 时

$$\varphi_{膜} = K - 0.0592 \lg a_{F^-} = K + 0.059 pF \tag{7-9}$$

式中 K 为氟离子电极的电极常数。由式(7-9)可知，氟离子选择电极的膜电位与被测溶液的氟离子活度的对数呈线性关系。

　　氟离子选择电极具有机械性能好、电位比较稳定、重现性好、选择性强等优点。它是离子选择电极中目前为止最好的一种。水质分析的国家标准[1]已将用氟电极测定氟化物，作为标准方法推荐使用。

第三节　直接电位法

一、电位法测定 pH 值

1. 测定原理

　　测定溶液 pH 值时，常用 pH 玻璃电极做指示电极，饱和甘汞电极做外参比电极，与试液组成一个工作电池，如图7-6所示，此电池可用下式表示

$$\text{Ag-AgCl}\,|\,\text{HCl}(\text{H}^+\text{已知})\,|\,\text{玻璃膜}\,|\,\text{试液}(a_{\text{H}^+}=\text{x})\,\|\,\text{KCl}(饱和)\,|\,\text{Hg}_2\text{Cl}_2\text{-Hg}$$
$$\underbrace{\qquad\qquad\qquad\qquad}_{玻璃电极}\qquad\qquad\underbrace{\qquad\qquad\qquad}_{甘汞电极}$$

若上述电池的电动势为 $E_{电池}$。

$$E_{电池} = \varphi_{\text{SCE}} - \varphi_{玻璃} = \varphi_{\text{Hg}_2\text{Cl}_2/\text{Hg}} - (K - 0.0592 \text{pH}_{试})$$
$$= K' + 0.0592 \text{pH}_{试} \tag{7-10}$$

　　由式(7-10)可知，待测溶液的 pH 值与工作电池的电动势呈直线关系。K' 为电池常数，与玻璃电极的成分、内外参比电极的电位差、温度等因素有关，难于测量和计算。在实际测定中，通常是用 pH 值已知的标准缓冲溶液，在完全相同的条件下对工作电池（测量仪器）进行校正（定位）来确定的。

---

　　❶ 见 GB 7484—87　水质　氟化物的测定　离子选择电极法。

设有两种溶液，一种是 pH 值为已知的标准溶液，一种待测试液，与选定的玻璃电极和甘汞电极分别组成工作电池，测得其电池电动势分别为 $E_{电池s}$ 和 $E_{电池x}$。

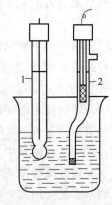

$$E_{电池s} = K'_s + 0.0592 pH_s \qquad (7-11)$$

$$E_{电池x} = K'_x + 0.0592 pH_x \qquad (7-12)$$

如果测量电池电动势的条件完全相同,则 $K'_s = K'_x$,两式相减,得到

$$pH_x = pH_s + \frac{E_x - E_s}{0.0592} \qquad (7-13)$$

式中 pH_s 是已知确定的数值,通过测量 E_s 和 E_x,就可以求得 pH_x。

图 7-6　用玻璃电极测定
pH 的工作电池示意图
1—玻璃电极；2—甘汞电极

【例 7-1】 已知有电池

$$玻璃电极 | H^+ (a = x) \| SCE$$

当电池中的溶液是 pH=4.01 的标准缓冲溶液时,在 25℃时测得电池的电动势为 0.209V,把缓冲溶液用未知溶液代替时,测得电池的电动势为 0.312V,计算未知溶液的 pH 值。

解　由式(7-13) 得

$$pH_x = pH_s + \frac{E_x - E_s}{0.0592} = 4.01 + \frac{0.312 - 0.209}{0.0592} = 5.75$$

2. 标准缓冲溶液

电位法测定溶液 pH 值时,需用 pH 标准缓冲溶液来定位校准仪器,pH 标准缓冲溶液是 pH 测定的基准。因此,标准缓冲溶液的配制及其 pH 值的确定是非常重要的。配制 pH 标准缓冲溶液时,可直接购买经国家鉴定合格的袋装 pH 标准物质或采用分析纯以上级别的试剂,使用煮沸并冷却、电导率小于 2.0×10^{-6} S/cm 的蒸馏水,其 pH 值以 6.7~7.3 为宜[❶],或采用实验室三级用水。配好的标准溶液应在聚乙烯或硬质玻璃瓶中密闭保存,在室温条件下,一般可保存 1~2 个月。当发现有浑浊、发霉或沉淀现象时,不能继续使用。

我国标准计量局颁发了六种 pH 标准缓冲溶液及其在一定温度范围的 pH 值,表 7-2 列出了其中四种缓冲溶液 0~60℃时的 pH_s 值[❷]。

表 7-2　标准缓冲溶液不同温度下的 pH 值（0~60℃）

温度/℃	酒石酸氢钾 (25℃) 饱和	0.05mol/L 邻苯二甲酸氢钾	0.025mol/L 磷酸二氢钾 0.025mol/L 磷酸氢二钠	0.01mol/L 硼砂
0	—	4.003	6.984	9.464
5	—	3.999	6.951	9.359
10	—	3.998	6.923	9.332
15	—	3.999	6.900	9.276
20	—	4.002	6.881	9.225
25	3.557	4.008	6.865	9.180
30	3.552	4.015	6.853	9.139
40	3.547	4.035	6.838	9.068
50	3.549	4.060	6.833	9.011
60	3.560	4.091	6.836	8.962

❶ 参照 GB 6920—86,水质　pH 值的测定　玻璃电极法,第 1~2 页。

❷ 参照 GB 6920—86,第 3 页。

测量水溶液的 pH 值时，按水样呈酸性、中性和碱性三种可能，常配制以下三种标准溶液。

(1) 邻苯二甲酸氢钾缓冲溶液（pH＝4.008，25℃） 称取先在 110～130℃干燥 2～3h 的分析纯邻苯二甲酸氢钾（$KHC_8H_4O_4$）10.12g，溶于蒸馏水中，并在容量瓶中稀释至 1L，浓度为 0.05mol/L。

(2) 磷酸盐型缓冲溶液（pH＝6.865，25℃） 分别称取先在 110～130℃干燥 2～3h 的分析纯磷酸二氢钾（KH_2PO_4）3.388g 和分析纯磷酸氢二钠（Na_2HPO_4）3.533g，溶于新蒸馏并冷却的蒸馏水中，并在容量瓶中稀释至 1L，溶液浓度为 0.025mol/L。

(3) 硼砂缓冲溶液（pH＝9.180，25℃） 为了使样品具有一定的组成，应称取与饱和溴化钠（或氯化钠加蔗糖）溶液室温下共同放置在干燥器内平衡两昼夜的硼砂（$Na_2B_4O_7 \cdot 10H_2O$）3.80g，溶于不含 CO_2 的新蒸馏水中，并在容量瓶中稀释至 1L，溶液浓度为 0.01 mol/L。

3. 酸度计

测定 pH 值的仪器称为酸度计，也称为 pH 计。它是根据式(7-13) $pH_x = pH_s + \dfrac{E_x - E_s}{0.0592}$ 而设计的。一般由电极和电位计两部分组成，电极与试液组成工作电池，电池的电动势则由电位计表盘（显示屏）读取，表盘以 mV 为单位，或直接刻度为 pH 值，可直接读取（显示出）试液的 pH 值。

测量时，先将已知 pH 值的标准溶液加入工作电池中，调节酸度计的指针（示数），恰好指在标准溶液的 pH 值上。这个操作称之为定位，目的是校正难以测量和计算的 K'（电池常数值）对测定的影响。定位后，换上被测试液，此时指针指示的数值即为被测溶液的 pH 值。

常用的直读式酸度计有 pH-25 型和 pHS-2 型。近年来生产的 pHS-2C 型和 pHS-10 型、pHS-300 型、pHSJ-3F 型酸度计测量结果直接用数字显示，读数精度高。其中后几种酸度计还可配记录仪与微机联用。

(1) pHS-2 型酸度计 pHS-2 型酸度计的配套电极为 231 型玻璃电极和 232 型甘汞电极，有关电极的参数和使用注意事项可参阅电极的使用说明书。

pHS-2 型酸度计的外形结构及面板配置见图 7-7，各个调节器的作用及使用方法如下。

① 电源开关"16"，是仪器接通电源的开关。当此键按下时，电源被切断，弹起时电源接通，此键是与＋mV 按键"3"、－mV 按键"14"及 pH 按键"15"联动的琴键开关。电源接通后仪器处于工作状态，指示灯"1"亮。

② 读数电表"2"是一个微安表，用于显示测量结果。它有两行刻度，上行为 pH 值，下行为 mV 值。电表指针的零点在刻度线的正中，即 pH 值为 1.0 或 mV 为 -1.0×100 处。它所显示的读数是量程选择及校正开关"8"所抵消后的 pH 值或 mV 值。

③ 电极接线柱"3"和"4"。其中"3"是甘汞电极或电池正极接线柱，"4"是玻璃电极或电池负极接线柱。仪器有两个电极夹，小电极夹用于夹持甘汞电极。电极架和电极夹都可以上下、左右移动。

④ 量程选择及校正开关"8"，共分八挡。校正挡表示接通仪器内的标准电压，配合使用校正旋钮"9"来校正标准电压，只有在标准电压校正好后，量程选择开关所在位置的数据才是准确的。其余七挡分别是 0、2、4、6、8、10、12，这些数值为仪器内所抵消的 pH

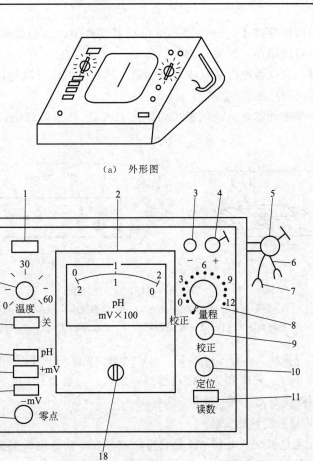

（a）外形图

（b）面板结构

图 7-7　pHS-2 型酸度计

1—指示灯；2—读数电表；3—甘汞电极接线柱；4—玻璃电极接线柱；5—电极夹紧固螺钉；

6—玻璃电极夹；7—甘汞电极夹；8—量程选择及校正开关；9—校正旋钮；10—定位调节旋钮；

11—读数开关；12—零点调节旋钮；13——mV 按键；14—＋mV 按键；15—pH 按键；

16—电源开关按键；17—温度补偿旋钮；18—零点调节螺丝

值或×100mV 值。选择开关所在位置的数值加上读数电表"2"的读数之和为测量结果。

　　⑤校正旋钮"9"是校正仪器内标准电压的调节旋钮。只有当选择开关"8"置于校正挡时才有作用。

　　⑥定位调节旋钮"10"的作用是用已知 pH 值的标准溶液校正仪器，消除玻璃电极的不对称电位等电池常数的影响。

　　⑦读数开关"11"是将电极与仪器的测量电路接通或断开的开关器。将此开关按下并旋转少许可锁住，此时电极与仪器接通。进行仪器的定位调节和测量时都必须按下读数开关。

　　⑧零点调节旋钮"12"是仪器接通电源后，未接上被测电池时进行调零的装置。

　　⑨温度补偿旋钮"17"的作用是调节电池响应斜率，使指针偏转一个 pH 单位的毫伏数与理论值相等。

　　⑩零点调节螺丝"18"可调节电表的机械零点。

　　（2）pHSJ-3F 型数字显示精密酸度计　　pHSJ-3F 型 pH 计是一台智能型的实验常规分析

仪器，仪器采用微处理技术，使仪器具有自动温度补偿、自动校准、自动计算电极百分斜率；对测量结果可以储存、删除、查阅、保持、打印；在 0.0～60.00℃温度范围内，可选择五种缓冲溶液，对仪器进行一点或二点标定；同时仪器也可以与打印机或计算机联通。目前这类酸度计应用较广泛。

pHSJ-3F 型酸度计的外形及面板结构见图 7-8(a) 和图 7-8(b)，其配套电极为 pH 复合玻璃电极。

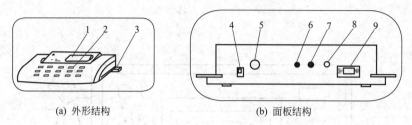

(a) 外形结构　　　　　　　　　　(b) 面板结构

图 7-8　pHSJ-3F 型酸度计

1—显示屏；2—键盘；3—电极架；4—电源插座；5—测量电极插座；

6—参比电极接线柱；7—接地接线柱；8—温度传感器插座；9—RS-232 接口

仪器有四种工作状态，即 pH 测量、mV 测量、电极标定和等电位点选择。仪器在工作状态可通过 pH、mV、校准和等电位点键进行切换。仪器在 pH 或 mV 测定工作状态下，有打印、储存、删除、查阅、保持功能。

① pHSJ-3F 型酸度计的安装

a. 安装多功能电极架，并将 pH 复合电极安装在多功能电极架上。

b. 拉下 pH 复合电极前段的电极套并移下 pH 复合电极杆上黑色套管，使外参比溶液加液孔露出与大气相通。

c. 在测量电极插座处拔去短路插头，然后分别将 pH 复合电极和温度传感器的插头插入测量电极插座和温度传感器插座内。

d. 用蒸馏水清洗 pH 复合电极和温度传感器，然后将复合电极和温度传感器浸入被测溶液中。

e. 将通用电源器输出插头插入仪器电源插座内，然后接通通用电源器的电源，仪器可以进行正常操作。

② 电极标定　仪器有自动标定和手动标定两种标定方法，这里只介绍自动标定。

a. 一点标定　一点标定是指采用一种 pH 标准缓冲溶液对电极系统进行定位，自动校准仪器的定位值。在测量精度要求不高的情况下，仪器把 pH 复合电极百分斜率作为 100%，可采用此方法简化操作。操作步骤如下。

（a）将 pH 复合电极和温度传感器分别插入仪器的测量电极插座和温度传感器插座内，并将该电极用蒸馏水清洗干净，放入 pH 标准缓冲溶液 A 中（规定的五种 pH 标准缓冲溶液中的任意一种）；

（b）在仪器处于任何工作状态下，按"校准"键，仪器即进入"标定 1"工作状态，此时，仪器显示"标定 1"以及当前测得 pH 值和温度值；

（c）当显示屏上的 pH 值读数趋于稳定后，按"确认"键，仪器显示"标定 1 结束！"以及 pH 值和斜率值，说明仪器已完成一点标定。此时，pH、mV、校准和等电位点键均有效。按下其中某一键，则仪器进入相应的工作状态。

注意：用户定位使用的 pH 标准缓冲溶液的值，应该愈接近被测溶液的 pH 值愈好。

b. 二点标定　二点标定是为了保证 pH 的测量精度。它是指选用二种 pH 标准缓冲溶液对电极系统进行标定，测得 pH 复合电极的百分理论斜率和定位值。操作步骤如下。

（a）在完成一点标定后，将电极取出重新用蒸馏水清洗干净，放入 pH 标准缓冲溶液 B 中；

（b）再按"校准"键，使仪器进入"标定 2"工作状态，仪器显示"标定 2"以及当前的 pH 值和温度值；

（c）当显示屏上的 pH 值读数趋于稳定后，按下"确认"键，仪器显示"标定 2 结束！"以及 pH 值和斜率值，说明仪器已完成二点标定。

此时，pH、mV 和等电位点键均有效。如按下其中某一键，则仪器进入相应的工作状态。

③ pH 值测量　开机，如不需对 pH 复合电极进行校准，则仪器自动进入 pH 测量工作状态；不论仪器处于何种工作状态，按"pH"键，仪器即进入 pH 测量工作状态，仪器显示当前溶液的 pH 值、温度值以及电极的百分理论斜率和选择的等电位点。若需对 pH 电极进行标定，则可按本节中"电极标定"进行操作，然后再按"pH"键仪器进入 pH 测量状态。

④ pHSJ-3F 型酸度计的维护

a. 仪器的输入端（测量电极的插座）必须保持干燥清洁。仪器不用时，将 Q9 短路插头插入插座，防止灰尘及水汽浸入。

b. 电极避免长期浸在蒸馏水、蛋白质溶液和酸性氟化物溶液中；避免与有机硅油接触；电极经长期使用后，如发现斜率略有降低，则可把电极下端浸泡在 4％HF（氢氟酸）中 3～5s，用蒸馏水洗净，然后在 0.1mol/L 盐酸溶液中浸泡，使之复新。

c. 电极在测量前必须用已知 pH 值的标准缓冲溶液进行定位校准，其值愈接近被测值愈好。

d. 取下电极套后，应避免电极的敏感玻璃泡与硬物接触，因为任何破损或擦毛都使电极失效。

e. 测量后，及时将电极保护套套上，电极套内应放少量外参比补充液以保持电极球泡的湿润。

f. 复合电极的外参比补充液为 3mol/L 氯化钾溶液，补充液可以从电极上端小孔加入，不使用时，拉上橡皮套，防止补充液干涸。

二、离子活度（浓度）的测定

1. 测定原理

用离子选择电极测定离子活度（浓度）时，是把离子选择电极与特定的参比电极浸入待测溶液中，组成工作电池，并测量其电动势 $E_{电池}$。例如用氟离子电极测定 F^- 活度（浓度）时，组成如下的工作电池

$$Hg\text{-}Hg_2Cl_2|KCl(饱和)\|试液|LaF_3|NaF,NaCl|AgCl\text{-}Ag$$

$$\underleftarrow{\quad\text{甘汞电极（SCE）}\quad}\qquad\underleftarrow{\quad\text{氟离子电极}\quad}$$

电池电动势 $E_{电池}$（25℃）为

$$E_{\text{电池}} = \varphi_{\text{氟电极}} - \varphi_{\text{SCE}}$$
$$= K - 0.0592\lg a_F - \varphi_{Hg_2Cl_2/Hg}$$
$$= K' - 0.0592\lg a_{F^-} \tag{7-14}$$

式(7-14)说明工作电池的电动势，在一定条件下与待测离子的活度（浓度）的对数值呈直线关系。K'是电池常数，与敏感膜的特性、内参比溶液、温度等因素有关，其值在一定实验条件下对特定的电极系统为定值。

对于各种离子选择电极，可以得出如下一般公式，在 25℃ 时

$$E_{\text{电池}} = K' \pm \frac{0.0592}{n}\lg a_i \tag{7-15}$$

当离子选择电极在工作电池中做正极时。对阳离子响应的电极，K'后面一项取正值，对阴离子响应的电极，K'后面一项取负值。

2. 测定离子活度（浓度）的方法

（1）浓度直读法　用酸度计测定溶液 pH 值就属于这种方法，其他离子选择电极也可以这样测量，使用的仪器叫做离子活度计，简称活度计。仪器经过标准溶液校正后可以直接读出溶液中待测离子 X 的 pX 值。

（2）标准曲线法　配制一系列已知浓度的标准溶液，测定不同浓度溶液的电动势 E，用测得的 E 值和对应的浓度 c_i 绘制 E-$\lg c_i$ 标准曲线，如图 7-9 所示。在一定浓度范围内，E-$\lg c_i$ 曲线是一条直线。试液也按相同条件，测定其电动势 E_x，即可以从标准曲线上查出相应的 c_x。

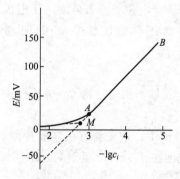

图 7-9　标准 E-$\lg c_i$ 曲线

由于离子选择电极的膜电位是对离子活度产生响应，而不是浓度。溶液中离子活度和浓度之间的关系为

$$a_i = r_i c_i \tag{7-16}$$

式中 r_i 是离子的活度系数，它是溶液中离子强度的函数，而在极稀溶液中 $r_i = 1$，在较浓的溶液中，则 $r_i < 1$。

在实际测量过程中，很少通过计算活度系数来求欲测离子浓度，而是通过控制溶液的离子强度，即在溶液中加入总离子强度调节缓冲剂（TISAB），使溶液的离子强度固定，从而使活度系数不变，这样就可以用浓度代替活度。最常用的方法是在标准和样品溶液中加入相同量的惰性电解质，称为离子强度调节剂。有时将离子强度调节剂、pH 缓冲溶液和消除干扰的掩蔽配位剂等先混合在一起，这种混合溶液称为总离子强度调节缓冲剂，简称 TISAB。当溶液中离子强度足够大且保持恒定时，就可以用标准曲线法测定溶液中被测离子的浓度。

（3）标准加入法　如果试样的组成比较复杂，配制标准溶液有困难，不能用标准曲线法时，可采用标准加入法。将已知体积的标准溶液加入到试液中进行测定，根据电位的变化来求得试液中被测离子的浓度。

设试液中待测离子浓度为 c_x，体积为 V_0，活度系数为 r_1，将离子选择性电极与参比电极插入待测试液中组成工作电池，测得该电池的电动势为 E_1，则 E_1 与 c_x 有如下关系

$$E_1 = K_1' \pm S\lg r_1 c_x \tag{7-17}$$

然后向试液中准确加入浓度为 c_s，体积为 V_s 的待测离子的标准溶液，在此，V_s 约为 V_0 的 1%，c_s 约为 c_x 的 100 倍，加入标准溶液后再测量工作电池的电动势，得到 E_2，计算式为

$$E_2 = K_2' \pm S\lg(r_2 c_x + r_2 \Delta c) \tag{7-18}$$

式(7-18)中，r_2 是加入标准溶液后试液的活度系数，Δc 是加入标准溶液后试液浓度的增量。$\Delta c = \dfrac{V_s c_s}{V_0 + V_s}$，由于 $V_s \ll V_0$，$\Delta c \approx \dfrac{V_s c_s}{V_0}$，可以近似认为 $V_1 = V_2$，又因两次测量所用的电极相同，所以又有 $K_1' = K_2'$，将上述两式相减后，得到

$$\Delta E = E_2 - E_1 = \pm S\lg\left(1 + \frac{\Delta c}{c_x}\right)$$

$$\frac{\Delta E}{\pm S} = \lg\left(1 + \frac{\Delta c}{c_x}\right)$$

取反对数，得

$$10^{\frac{\Delta E}{\pm s}} = 1 + \frac{\Delta c}{c_x}$$

整理，得

$$c_x = \Delta c \left(10^{\frac{\Delta E}{\pm s}} - 1\right)^{-1} \tag{7-19}$$

式(7-19)中 S 为电极响应的斜率，理论值为 $S = 2.303RT/nF$，实际斜率应该由实验测得。当待测离子为阳离子时，S 值取正值，待测离子为阴离子时，S 值取负值。另外 Δc 和 ΔE 都可以通过计算求得，所以 c_x 即可算出。

实验证明，Δc 的最佳范围为 $c_x \sim 4c_x$，一般 V_x 取 100mL，V_s 取 1mL，最多不能超过 10mL。并且 V_x、V_s 的测量要非常准确。

标准加入法适用于组成复杂试液的分析，在有大量配位剂存在时，仍然可以测得待测离子的总浓度。测定时只需要一种标准溶液，操作较简单，但其精密度比标准曲线法低。

三、直接电位法的特点

(1) 设备简单，操作方便。有一对电极和一台酸度计（或离子计）即可进行测定。而且大多数情况下，对样品不需要预处理，不破坏样品的组成。

(2) 响应迅速。多数情况下是瞬间响应的，最慢的一分钟内也可得到数据。直读式仪器还可直接显示离子的活度（浓度）。

(3) 应用广泛。在有色、混浊、胶体和黏稠试液等特殊样品中，均可直接测量。在很宽的活度（浓度）范围内，响应灵敏。还适用于微量分析。

(4) 由于把化学信号转变成为电信号，有利于连续、自动、遥测分析。

(5) 电极的选择性还不够好，虽然离子选择电极种类较多，但目前为止比较成熟的还不多。

(6) 直接电位法的误差较大。一般有 5% 左右的误差，因此只适用于精密度要求不高的快速分析。对精密度要求较高或浓度较高的溶液的分析，应采用电位滴定法。

第四节　电位滴定法

电位滴定法是在滴定过程中，根据指示电极的电位变化来指示终点的一种滴定分析方法。进行电位滴定时，在试液中插入指示电极和参比电极，组成一个工作电池，随着滴定剂的不断加入，待测离子的浓度不断降低，指示电极的电位也相应地发生变化，在化学计量点附近产生滴定突跃，指示电极的电位也相应地发生突变，准确地测量电池电动势的变化就能确定滴定终点。

对于反应平衡常数较小、滴定突跃不明显，或溶液有色、浑浊，用指示剂确定终点有困难的滴定反应，都可以采用电位滴定法来确定终点。电位滴定法以测量电位变化为基础，它与直接电位法相比，具有较高的准确度和精密度。但分析时间较长，如能使用自动电位滴定仪和计算机处理数据，则可达到简便、快速的目的。

一、电位滴定的仪器装置

电位滴定的基本装置如图 7-10 所示。它包括滴定管、滴定池、指示电极、参比电极、搅拌器、测量电动势的仪器等。测量电动势可以用电位计，也可以用直流毫伏计，因为在电位滴定的过程中，需要多次测量电动势，所以能使用直接读数的仪器较为方便。

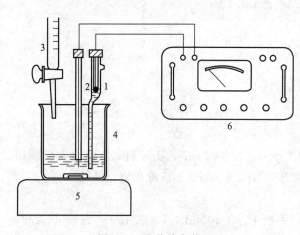

滴定过程中，为了保证反应物充分混合，溶液必须采用电磁搅拌器进行搅拌。每加入一定体积的滴定剂，测量一次电动势。这样可得一系列滴定剂用量 $V(mL)$ 和对应的电动势 $E(V)$ 数值。然后用几种方法可以求出终点体积。表 7-3 是用 0.1mol/L $AgNO_3$ 溶液滴定氯离子溶液时得到的数据，指示电极是银电极，参比电极是饱和甘汞电极（SCE），常使用双盐桥，以防 Cl^- 渗入被测溶液。

图 7-10　电位滴定装置
1—参比电极（饱和甘汞电极）；2—指示电极（铂电极）；
3—滴定管；4—滴定池；5—电磁搅拌器；
6—电子管毫伏计（或 pH 计）

表 7-3　0.1mol/L $AgNO_3$ 溶液滴定 NaCl 溶液的用量及对应电动势

加入 $AgNO_3$ 体积/mL	E/V	$\Delta E/V$	ΔV/mL	$\dfrac{\Delta E}{\Delta V}$/(V/mL)	$\bar{V}$/mL	$\dfrac{\Delta^2 E}{\Delta V^2}$	加入 $AgNO_3$ 体积/mL	E/V	$\Delta E/V$	ΔV/mL	$\dfrac{\Delta E}{\Delta V}$/(V/mL)	$\bar{V}$/mL	$\dfrac{\Delta^2 E}{\Delta V^2}$
5.00	0.062						24.40	0.316					-5.9
		0.023	10.00	0.002	10.00				0.024	0.10	0.240	24.45	
15.00	0.085						24.50	0.340					-1.3
		0.022	5.00	0.004	17.50				0.011	0.10	0.110	24.55	
20.00	0.107						24.60	0.351					-0.4
		0.016	2.00	0.008	21.00				0.007	0.10	0.070	24.65	
22.00	0.123						24.70	0.358					
		0.015	1.00	0.015	22.50				0.015	0.30	0.050	24.85	
23.00	0.138						25.00	0.373					
		0.036	1.00	0.036	23.50				0.012	0.50	0.024	25.25	
24.00	0.174						25.50	0.385					
		0.020	0.20	0.100	24.10				0.011	0.50	0.022	25.75	
24.20	0.194					1.9	26.00	0.396					
		0.039	0.10	0.390	24.25				0.030	2.00	0.015	27.00	
24.30	0.233					4.4	28.00	0.426					
		0.083	0.10	0.830	24.35								

二、确定终点的方法

1. 手动电位滴定

人工操作滴定和测量电位值或利用仪器的手动装置，得到一系列 E-V 对应的数据，根据处理数据的方法不同，有三种确定终点的方法。

（1）E-V 曲线法　以加入滴定剂的体积 $V(mL)$ 为横坐标，以电位计读 $E(mV)$ 为纵坐标，可

绘制 E-V 曲线(电位滴定曲线),如图 7-11(a)所示。显然曲线斜率最大的一点就是滴定的化学计量点。可以在曲线的最陡处画一条垂线,与体积轴相交,交点就是终点时滴定剂的消耗体积。

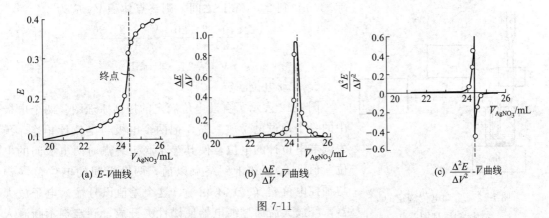

图 7-11

(2) $\dfrac{\Delta E}{\Delta V}$-$\bar{V}$ 曲线法 对于平衡常数较小的滴定反应,终点附近曲线不很陡,确定终点较困难,也可以绘制 $\Delta E/\Delta V$-$\bar{V}$ 曲线,如图 7-11(b)所示,即前后两次滴定电动势之差与滴定消耗体积之差的比值($\Delta E/\Delta V$)对相邻消耗体积的平均值 $\bar{V}$(mL)对应曲线。此曲线呈现一个高峰,从峰顶引一垂线到体积轴,即可求得终点时滴定剂的消耗体积。

(3) $\dfrac{\Delta^2 E}{\Delta V^2}$-$\bar{V}$ 曲线法 $\Delta E/\Delta V$-$\bar{V}$ 曲线法作图比较麻烦,也可以采用 $\Delta^2 E/\Delta V^2$-$\bar{V}$ 曲线法,通过简单计算求得滴定终点。即前后两次滴定的 $\Delta E/\Delta V$ 之差与滴定消耗体积之差的比值($\Delta^2 E/\Delta V^2$)对相邻消耗体积的平均值 $\bar{V}$(mL)对应曲线。如图 7-11(c)所示。通过计算求出 $\Delta^2 E/\Delta V^2 = 0$ 时对应的滴定剂的体积,就是终点的体积。表 7-3 是 0.1mol/L $AgNO_3$ 溶液电位滴定 NaCl 溶液时的数据,通过表中数据即可求出滴定终点。表中 $\Delta E/\Delta V$ 和 $\Delta^2 E/\Delta V^2$ 计算方法如下。

a. 当加入 $AgNO_3$ 溶液从 24.20mL 到 24.30mL 时

$$\Delta E/\Delta V = \frac{0.233 - 0.194}{24.30 - 24.20} = 0.390$$

b. 当加入 $AgNO_3$ 溶液从 24.30mL 到 24.40mL 时

$$\Delta E/\Delta V = \frac{0.316 - 0.233}{24.40 - 24.30} = 0.830$$

对应于 24.30ml

$$\Delta^2 E/\Delta V^2 = \frac{\left(\dfrac{\Delta E}{\Delta V}\right)_{24.35\text{mL}} - \left(\dfrac{\Delta E}{\Delta V}\right)_{24.25\text{mL}}}{V_{24.35} - V_{24.25}}$$

$$= \frac{0.830 - 0.390}{24.35 - 24.25} = 4.40$$

对应于 24.40mL

$$\Delta^2 E/\Delta V^2 = \frac{\left(\dfrac{\Delta E}{\Delta V}\right)_{24.45\text{mL}} - \left(\dfrac{\Delta E}{\Delta V}\right)_{24.35\text{mL}}}{V_{24.45} - V_{24.35}}$$

$$= \frac{0.240 - 0.830}{24.45 - 24.35} = -5.90$$

用 $\Delta^2 E/\Delta V^2$-$\bar{V}$ 法可通过计算确定滴定终点。当 $\Delta^2 E/\Delta V^2 = 0$ 对应体积即为终点。从表中数据可知终点应在（$\Delta^2 E/\Delta V^2$）值从 $4.40 \sim -5.90$ 之间，即应在 $AgNO_3$ 体积从 $24.30mL$ 到 $24.40mL$ 之间，则终点体积 $V_终$ 应为

$$\frac{24.40-24.30}{-5.90-4.40} = \frac{V_终 - 24.30}{0-4.40}$$

$$V_终 = 24.34 \text{（mL）}$$

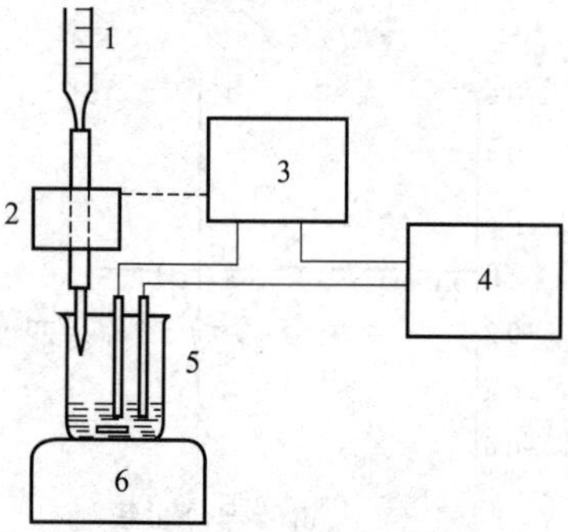

2. 自动电位滴定

图 7-12 表示了自动电位滴定的控制原理图。两个电极中的一个通过电子放大器，把两个电极与电位计相连。预先调节电位计的电位，使其等于滴定终点时两电极间的电位差值（φ_e），在未到终点以前，两电极间的电位差（φ）与预控电位差（φ_e）不相等，这个差值讯号输入电子放大器，经放大后通过继电器使磁性夹开放，滴定剂不断滴入滴定池中。当到达终点时 $\varphi = \varphi_e$，放大器无讯号输入，当然也无输出，磁性夹自动关闭，停止加入滴定剂，从而达到自动控制终点的目的。

预控制电位差 φ_e 值，可以用计算的方法求出。但最好是通过实验方法，先用手控滴定，再从滴定曲线上确定终点电位。采用这种自动电位滴定仪处理大批试样时，能缩短工作时间，提高工作效率。

（1）ZD-2 型自动电位滴定仪　ZD-2 型自动电位滴定仪由 ZD-2 型电位滴定计和 DZ-1 型滴定装置配套组成，其面板结构如图 7-13 和图 7-14 所示。

ZD-2 型电位滴定计的外部结构和各调节器的作用。如图 7-13 所示，ZD-2 型电位滴定计可单独作酸度计使用，它具有与一般酸度计相同的调节装置，此外还增加了几个调节器。

图 7-12　自动电位滴定的
控制原理图

1—滴定管；2—磁性夹；
3—电子放大器；4—电位计；
5—滴定池；6—电磁搅拌器

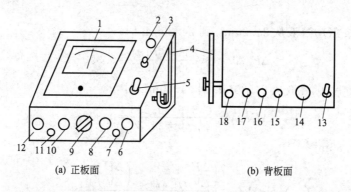

(a) 正板面　　　　　(b) 背板面

图 7-13　ZD-2 型滴定计的面板结构

1—指示电表；2—指示电极插孔（一）；3—甘汞电极接线柱（十）；4—电极杆；5—读数开关；6—校正旋钮；
7—电源指示灯；8—温度补偿调节旋钮；9—选择开关；10—预定终点调节旋钮；11—滴定选择开关；
12—预控制调节旋钮；13—电源开关；14—三芯电源插座；15—暗调节器；
16—输出电压调节旋钮；17—记录器插座；18—配套插座

① 选择开关"9"　共分"mV 测量""终点""pH 滴定"和"mV 滴定"等五挡。前两挡仅作单独测量使用。"终点"挡用于调节预定终点电位或 pH 值。最后两挡用于进行酸碱滴定和氧化还原滴定及沉淀滴定。

② 预定终点调节旋钮　该调节器用于调节预定滴定终点的数值，其值由电表直接显示。只有当选择开关"9"置于"终点"位置时，才能从电表"1"上看到其调节作用。一旦调节完毕，在整个滴定过程中不能再动，否则将因终点值的变动而影响分析结果的准确性。

③ 预控制调节旋钮"12"　它是用来控制滴定速度的调节装置，可使滴定在远离终点时快速进行，接近终点时慢速进行，以节省滴定时间。该调节器可在 $100 \sim 300 \mathrm{mV}$ 或 pH 值 $1 \sim 3$ 范围内任意调节。

④ 滴定选择开关"11"　此开关有"＋"、"－"两挡，用来选择滴定反应的方向。方向的选择与标准溶液的性质以及电极的连接方式有关。可参考表 7-4 进行选择。

表 7-4　滴定选择开关位置的确定

标准溶液	电　极　的　接　法	开关的位置
氧化剂	Pt 电极接"－"，甘汞电极接"＋"	＋
还原剂	Pt 电极接"－"，甘汞电极接"＋"	－
酸	玻璃电极或 Sb 电极接"－"，甘汞电极接"＋"	＋
碱	玻璃电极或 Sb 电极接"－"，甘汞电极接"＋"	－
银盐	Ag 电极接"－"，甘汞电极接"＋"	＋
卤化物	Ag 电极接"－"，甘汞电极接"＋"	－

⑤ 配套插座"18"　配套滴定时，将附近双头连接导线一端插入该插座，另一端插入DZ-1 型滴定装置的配套插座中。单独使用时，该插座不用。

DZ-1 型滴定装置的外部结构和各调节器的作用。如图 7-14 所示，各调节器的作用如下。

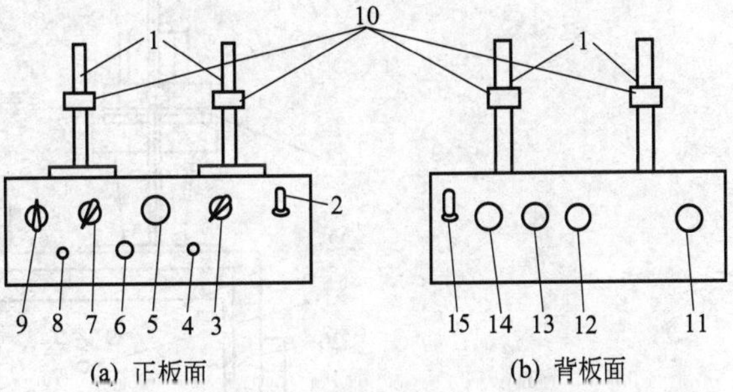

① 滴定开始开关"2"　自动滴定时，将工作开关"3"置于"滴定"位置，在一切准备就绪后，按下该开关约两秒钟，滴定即开始，然后可放开该开关。手动滴定时，将工作开关"3"置于"手动"位置，按下该开关则滴定，放开则停止滴定。

图 7-14　DZ-1 型滴定装置的面板结构
1—支架杆；2—滴定开始开关；3—工作开关；4—终点指示灯；5—转速调节旋钮；6—滴定指示灯；7—电磁阀选择开关；8—搅拌指示灯；9—搅拌开关；10—电磁控制阀；11—配套插座；12,13—电磁控制阀插座；14—三芯电源插座；15—电源开关

② 工作开关"3"　根据仪器的滴定方式分为"滴定"、"控制"和"手动"三挡。"滴定"挡用于自动滴定，"手动"挡用于手动滴定，"控制"挡用于控制滴定在预定的 pH 值或电位值（终点前）中止，此时终点指示灯"4"不熄灭。

③ 滴定指示灯　用以表示电磁阀开通时间长短的指示装置。它在按下滴定开始开关"2"后亮，此后随滴定剂的滴下与否时亮时暗。

④电磁控制阀"10"　此阀是由电磁铁及弹簧片组成的控制阀门。当电磁铁线圈的电源接通（由来自 ZD-2 型电位滴定计的信号或手动滴定时按下滴定开始开关"2"控制）后，夹在其中的橡胶管被放松，溶液顺利地通过，进行滴定。无信号时，电磁铁线圈的电源断路。橡胶管被夹紧，滴定终止。

⑤ 电磁阀选择开关"7"　此开关分"1"和"2"两个位置。置"1"时，左边的电磁阀

工作；置"2"时右边的电磁阀工作。

（2）ZDJ-4A 型自动电位滴定仪　ZDJ-4A 型自动电位滴定仪是一种分析精度高的实验室分析仪器，其面板结构如图 7-15 所示。主要特点是仪器采用微处理器技术，采用液晶显示屏，能显示有关测试方法和测量结果。仪器具有断电保护功能，在仪器使用完毕关机后或非正常断电情况下，仪器内部储存的测量数据和设置的参数不会丢失。仪器选用不同电极可进行酸碱滴定、氧化还原滴定、沉淀滴定、配位滴定、非水滴定等多种滴定和 pH 测量。

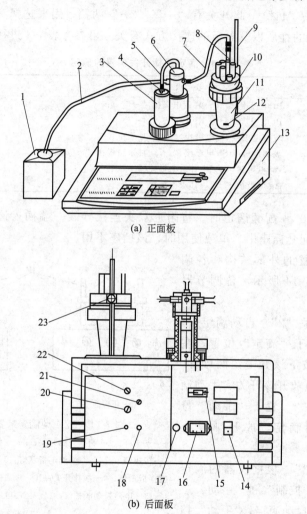

(a) 正面板

(b) 后面板

图 7-15　ZDJ-4A 型自动电位滴定仪的面板结构

1—贮液瓶；2,5,7—输液管；3—滴定管；4—接口螺母；6—转向阀；8—滴液管；
9—电极梗；10—溶液杯支架；11—溶液杯；12—搅拌珠；13—主机；14—电源开关；
15—RS232 插座；16—电源插座；17—保险丝座；18—接地插座；19—温度传感器插座；
20—测量电极 2 插座；21—参比电极插座；22—测量电极 1 插座；23—紧定螺钉

三、电位滴定中电极的选择

电位滴定法在滴定分析中的应用十分广泛。它不仅用于各类滴定分析，还可用于测定酸（或碱）的电离常数、配合物的稳定常数等。

现将各类滴定分析法中经常使用的电极归纳于表 7-5 中。

表 7-5　用于各种滴定法的电极

滴定方法	参　比　电　极	指　示　电　极
酸碱滴定	甘汞电极	玻璃电极　锑电极
沉淀滴定	甘汞电极　玻璃电极	银电极　离子选择电极
氧化还原滴定	甘汞电极　钨电极　玻璃电极	铂电极
配位滴定	甘汞电极	铂电极　汞电极　银电极　氟离子、钙离子等离子选择电极

本 章 提 要

本章重点介绍了电位分析法中的两个主要分支——直接电位法和电位滴定法的方法原理、应用实例和相关仪器的使用方法。

一、电位分析的基本原理

电极电位的表达式能斯特方程 $\varphi = \varphi^\ominus + \dfrac{RT}{nF}\ln\dfrac{a_{氧化剂}}{a_{还原剂}}$ 是电位分析中定量测定未知组分的理论依据。由于无法测量单个电极的电极电位，就必须用指示电极和参比电极组成工作电池，通过测量电池电动势来推算出指示电极的电极电位，进而计算出被测组分的浓度或质量分数。本章还介绍了甘汞电极、pH 玻璃膜电极和氟离子选择电极等几种常用电极的构造和响应机理及使用保管的方法。

二、直接电位法

直接电位法是通过测量电极电位，用能斯特方程式直接算出被测组分的活度（浓度）的一种电位分析方法。主要介绍了用玻璃电极测定 pH 值和用离子选择电极测定离子活度（浓度），如用氟离子电极测定 F^- 浓度的方法。它们共同的特点是通过使用标准溶液校正（定位）的方法，来消除电极常数 K' 这一难以测量和计算的参数的影响，使电池电动势与被测离子活度呈直接对应关系

$$E = K' + 0.0592\text{pH} \qquad (25℃)$$

$$E = K' \pm \dfrac{0.0592}{n}\lg a_i \qquad (25℃)$$

为了达到这个目的，要使用已知准确 pH 值或离子活度的标准缓冲溶液；为了保持测量过程中活度系数的恒定，要使用总离子强度调节缓冲剂（TISAB）。直接法定量分析有浓度直读法（如 pH 值的测定）、标准曲线法（$E\text{-}\lg c_i$）和标准加入法 $c_x = \Delta c\left(10^{\frac{\Delta S}{S}} - 1\right)^{-1}$。通过实验，介绍了常用的酸度计和离子活度计的操作使用方法。

三、电位滴定法

由于直接电位法的相对误差较大，在较精密的测定项目中，一般使用电位滴定法。电位滴定法的实质是根据滴定过程中试液电位的变化来确定终点的一种滴定分析方法。对于反应平衡常数较小或试液有色、浑浊等，用指示剂确定终点有困难的滴定特别适宜。根据滴定反应类型不同，可采用不同的指示电极。滴定方法有手动滴定和自动电位滴定。确定终点的方法有 $E\text{-}V$ 滴定曲线法、$\Delta E/\Delta V\text{-}\overline{V}$ 曲线法和 $\Delta^2 E/\Delta V^2\text{-}\overline{V}$ 曲线法。一般的酸度计和离子活度计都可用于电位滴定。介绍了 ZD-2 型自动电位滴定仪的构造原理和操作使用方法。

※实验 7-1　玻璃电极法测定溶液的 pH 值

一、实验目的

巩固直接电位法的原理和用 pH 计测量溶液 pH 值的方法。熟悉 pH 玻璃膜电极和甘汞

电极及 pH 计的结构，掌握使用 pH 计测量未知溶液 pH 值的方法。

二、实验原理

根据 pH 值的定义式

$$pH_x = pH_s + \frac{E_x - E_s}{0.0592} \qquad (25℃)$$

当工作电池

$$玻璃电极 \mid H^+(a=x) \parallel SCE$$

确定后，只要用标准缓冲溶液和试样溶液分别测定出工作电池的电动势 E_s 和 E_x，就可以求出未知溶液的 pH 值。

在 25℃，当电池组成确定后，由公式

$$E_{电池} = K' + 0.0592pH$$

可知，溶液中 H^+ 的活度（浓度）每变化 1 个 pH 值单位，电池电动势改变 59mV。据此，在酸度计上直接把电位的改变以 pH 刻度表示出来，这样就可以从表盘上直接读取溶液的 pH 值。温度差异的影响由酸度计温度补偿装置来调节抵消。

本实验的样品溶液可以是饮用水、地面水或工业废水。

三、仪器与试剂

1. 仪器

pHS-2 型酸度计

（pHS-2C 型 pHSJ-3F 型或其他最小分度小于 0.1pH 单位的酸度计按说明书均可使用）　　一台

231 型玻璃电极　　　　　　　　　　　　　　　　　　　　　　　　　　　　　　　一支

232 型甘汞电极　　　　　　　　　　　　　　　　　　　　　　　　　　　　　　　一支

小烧杯 100mL　　　　　　　　　　　　　　　　　　　　　　　　　　　　　　　八只

2. 试剂

pH 值为 4.008、6.865、9.180（25℃）的标准缓冲溶液（溶液的配制方法见本章第三节）

四、实验步骤

1. 用标准溶液校正仪器

（1）准备工作　检查仪表的机械零点。接通外接电源，按下电源开关"16"。把电极用电极夹夹好，把电极接线端固定在电计上，注意电极夹的相对位置使玻璃电极的球部应比甘汞电极的陶瓷芯下端稍高些，以免搅拌时碰坏。按下 pH 按键"15"，此时电计电源接通，指示灯亮，预热 30min。将电极浸入标准缓冲溶液的烧杯中，轻轻摇动烧杯。将温度补偿旋钮调到预先用温度计测出的标准溶液的温度值。

（2）定位校正　将选择开关"8"拨到校正位置，调节校正旋钮"9"，使指针在满刻度，即 pH 值为"2"处。将选择开关"8"拨至"6"的位置，旋转零点调节旋钮"12"使指针在电表正中，即 pH 为 1 处。重复上述的操作。定位，按下读数开关"11"，将选择开关拨至适当的位置，然后调节定位旋钮"10"，使指针指在标准缓冲溶液的 pH 值上，即选择开关所在位置的数值加上电表读数值，并轻轻摇动烧杯，使指针读数稳定。重复以上操作。稳定后放开读数开关，但定位旋钮"10"在以后的测定过程中不得再转动。在比较精密的测定中，还应该用与第一个标准缓冲溶液相差 3 个 pH 单位的第二个标准缓冲溶液来定位，如果第二个标准缓冲溶液的示数值与标准值相差 0.1pH 单位，就要检查电极、电计或标准溶液是否存在问题，当三者都正常时，再来测定样品。

2. 测量未知溶液的 pH 值

将电极上移,用蒸馏水冲洗电极。将电极浸入待测溶液的烧杯中,轻轻摇动烧杯或进行搅拌。按下读数开关"11",调节选择开关"8",在电表上示数稳定后读出待测溶液的 pH 值。即选择开关所在位置的数值加上电表读数值。测量完毕后,按下电源开关"16",切断电源。取下电极并按要求妥善存放。切断外接电源,盖好仪器。

五、计算

把测得的样品溶液的 pH 值列表。

六、注意事项

(1) pH 计的输入阻抗非常高,因此输入端的静电隔离和绝缘良好是非常重要的,否则会降低仪器的输入阻抗,使仪器不稳定,造成读数不准。酸度计应放置在清洁,干燥的室内,防止灰尘和潮湿气体浸入,注意保持玻璃电极插口的清洁。

(2) 测定 pH 值时,为减少空气和水样中二氧化碳的溶入和挥发,最好现场测定。如条件允许,应把样品保持在 0~4℃密封保存,并在采样后 6h 内进行测定,在测定前,不应打开水样瓶。

七、思考题

从测量原理角度说明,为什么测定时要有"校正"这一步骤,省略它直接测定样品溶液的 pH 值行吗?

实验 7-2 电位滴定——以 $K_2Cr_2O_7$ 标准溶液滴定 Fe^{2+}

一、实验目的

熟悉 ZD-2 型自动电位滴定仪的构造,巩固电位滴定法的方法原理和确定终点的方法,掌握 ZD-2 型自动电位滴定仪的操作方法。

二、实验原理

用 KCr_2O_7 溶液滴定 Fe^{2+} 的反应为

$$Cr_2O_7^{2-} + 6Fe^{2+} + 14H^+ \longrightarrow 2Cr^{3+} + 6Fe^{3+} + 7H_2O$$

这类氧化还原滴定,可用惰性金属铂电极作指示电极,饱和甘汞电极作参比电极组成电池进行电位滴定。在滴定过程中,指示电极电位随滴定剂的加入而变化,在化学计量点附近产生电位突跃,以此确定滴定终点。

三、仪器与试剂

1. 仪器

ZD-2 型自动电位滴定仪	一台	232 型甘汞电极	一支
213 型铂电极	一支	250mL 烧杯	二只

2. 试剂

$K_2Cr_2O_7$ 标准溶液	$c\left(\dfrac{1}{6}K_2Cr_2O_7\right) = 0.1000\,\text{mol/L}$
H_2SO_4 溶液	1.0mol/L

四、实验步骤

1. 自动滴定

(1) 准备工作 根据滴定反应选择指示电极和参比电极,并连接到相应的插孔或接线柱上。安装滴定管和滴液管,在烧杯中放入搅拌子,把温度计插在相应位置。根据滴定曲线的形状调节预控制调节旋钮，一般预控制指数中，则滴定速度快，但易滴定过量而造成误差，反之则滴定时间长，但可保证结果的准确性。根据滴定剂的性质和电极的连接位置，确定滴定选择开关的位置，将滴定装置的工作开关指在"滴定"位置。调节电磁阀的支头螺钉，使电磁阀未开启时滴定剂不能滴下，开通时滴定剂能滴下，并且流量适当。

（2）滴定操作   把电极浸入被测液中，开启滴定装置的电源开关和搅拌开关，调节转速调节旋钮至适当的搅拌速度。打开电位滴定计的电源开关，预热 30min，按下读数开关，旋动校正旋钮"6"使电表指针在 pH7 处或左边"0"处或右边"0"处，放开读数开关时指针应回到 pH7 处，此后不再旋动校正旋钮。置选择开关于"终点"处，调节预定终点调节旋钮，使电表指针指在相应的已预先计算或测定得出的终点位置。此后不得再旋动该旋钮。对于氧化还原滴定及沉淀滴定，把选择开关置于"mV 滴定"挡。如作酸碱滴定，则应置选择开关于"pH 滴定"处，并用一标准缓冲溶液通过校正旋钮进行校正。

按下滴定装置的滴定开始开关，此时"终点"灯亮，滴定剂滴下，"滴定"灯时亮时暗，电表指针向终点值逐渐接近。在接近终点值时，"滴定"灯亮的时间较短。到达终点值时，"终点"灯熄灭，滴定即行告终。记录所用滴定剂的体积。

2. 手动滴定

（1）准备工作   将滴定装置的开关置于"手动"挡，其余与自动滴定相同。

（2）滴定操作   按下滴定开始开关，则"滴定"灯和"终点"灯同时亮。此时滴定剂滴下。控制按下滴定开始开关的时间，即可控制滴定剂滴下的数量，到达需要的加入量时，放开滴定开始开关，则滴定完毕。

3. 电位滴定

（1）准备工作   准确称取绿矾样品 0.6～0.7g（准确至 0.0002g），置于 250mL 烧杯中，加入 1mol/L H_2SO_4 溶液 15mL 及煮沸后冷却的蒸馏水 50mL，待样品溶解后，按照 ZD-2 型自动电位滴定仪的使用方法，用 0.015mol/L $K_2Cr_2O_7$ 标准溶液进行测定。

（2）滴定操作

① 将工作开关置于"手动"挡，进行手动滴定，注意观察电表所示的 mV 值的变化，并随时记录消耗滴定剂的体积及相应的 mV 值。滴定开始时，每加入 1mL 标准溶液，测量 mV 值并记录。当电动势变化较大时，改为每加入 0.1mL 标准溶液，测量一次 mV 值并记录，记录的格式见表 7-3。滴定至 mV 值无显著变化时为止。

② 将工作开关置于"滴定"挡，将预定终点调节旋钮旋至预定终点的 mV 值位置，进行自动电位滴定。记录终点时消耗滴定剂的体积。重复测定 3 次，取平均值计算分析结果。

五、计算

（1）绘制滴定曲线，确定终点体积。

（2）运用 $\Delta^2 E/\Delta V^2$-$\bar{V}$ 曲线法，算出终点体积。

（3）计算样品中 $FeSO_4 \cdot 7H_2O$ 的质量分数

$$w(FeSO_4 \cdot 7H_2O) = \frac{c\left(\frac{1}{6}K_2Cr_2O_7\right)V_{K_2Cr_2O_7}M(FeSO_4 \cdot 7H_2O) \times 10^{-3}}{m_{样}}$$

式中 $c\left(\dfrac{1}{6}K_2Cr_2O_7\right)$——$K_2Cr_2O_7$ 标准溶液的浓度，mol/L；

         $V_{K_2Cr_2O_7}$——$K_2Cr_2O_7$ 标准溶液的体积，mL；

$M(FeSO_4 \cdot 7H_2O)$——$FeSO_4 \cdot 7H_2O$ 的摩尔质量，278.03g/mol；

　　　　$m_{样}$——绿矾样品的质量，g。

六、注意事项

(1) 仪器应保持清洁干燥，防止灰尘及腐蚀性气体浸入。玻璃电极插孔的绝缘电阻不得小于 $1.0 \times 10^{12} \Omega$。

(2) 滴定前最好先用滴定剂将电磁阀和橡皮管一起冲洗数次。要经常检查橡皮管，因其久用易变形，会使弹性变差。这时可放开支头螺钉，变动橡皮管的上下位置，以便于使用。

(3) 如电磁阀无漏滴但有过量滴定现象存在，可能是滴定控制器有故障。可将预控制指数调大一点，但不宜太大，以免滴定时间太长。

(4) 电极在使用前其铂片必须在铬酸洗液中清洗，然后用蒸馏水清洗干净。铂片表面若有油污，应用丙酮清洗，然后用铬酸洗液及蒸馏水冲洗干净。

七、思考题

通过实验，你体会电位滴定法有哪些特点？

实验 7-3　硝酸银标准溶液的标定

一、实验目的

掌握 ZD-2 型自动电位滴定仪的实验方法，能够用电位滴定法标定硝酸银溶液的浓度。

二、实验原理

电位滴定法标定 $AgNO_3$ 溶液时，以 $AgNO_3$ 溶液为滴定剂，NaCl 为基准物质配成标准溶液作为试液，银离子选择电极作为指示电极，饱和甘汞电极为参比电极。滴定反应式为

$$Ag^+ + Cl^- \longrightarrow AgCl \downarrow$$

标定时，先用 0.05000mol/L $AgNO_3$ 标准溶液进行滴定，通过 E-V 曲线法、$\dfrac{\Delta E}{\Delta V}$-$\bar{V}$ 曲线法和二级微商法确定化学计量点时的电位 E。然后以此电位 E 作为预定终点电位，用待标的 $AgNO_3$ 溶液滴定，测出该溶液的浓度。

三、仪器与试剂

1. 仪器

ZD-2 型自动电位滴定仪	一台	10mL 移液管	一支
217 型双盐桥甘汞电极	一支	150mL 烧杯	二个
216 型银电极	一支		

2. 试剂

$AgNO_3$ 标准溶液	$c(AgNO_3) = 0.05000$mol/L
NaCl 固体(分析纯)	100g

四、实验步骤

1. 标准溶液的配制

(1) 0.05000mol/L $AgNO_3$ 标准溶液　用基准 $AgNO_3$ 溶于二次去离子水直接配制，贮于棕色试剂瓶中。

(2) 0.05000mol/L NaCl 标准溶液　准确称取 0.5845g 分析纯 NaCl 固体(130℃烘干1～2小时)溶于水中，稀释至 1L。

2. 终点电位的确定

(1) 用移液管移取 0.05000mol/L NaCl 溶液 10mL，于 150mL 烧杯中，加水 90mL。

(2) 调节电位零点，插入电极对，记录初始电位。

(3) 将工作开关拨至"手动"，用手工控制滴液速度，用 0.05000mol/L AgNO₃ 标准溶液进行滴定。开始滴定时每次可滴加 1.0mL，至化学计量点前后约 0.5mL 时，每次滴入 0.1mL，超出范围以后每次可滴入 1.0mL，直到多滴 15mL。

(4) 根据测得的 E、V 数据，绘制 E-V 曲线、$\dfrac{\Delta E}{\Delta V}$-$\overline{V}$ 曲线，用二级微商法求出终点的电位值。

3. AgNO₃ 溶液的标定

(1) 用移液管移取 0.05000mol/L NaCl 溶液 10mL，于 150mL 烧杯中，加水 90mL。

(2) 调节电位零点，插入电极对。

(3) 将工作开关拨至"滴定"挡，滴定选择开关拨至"一"。

(4) 将预定终点电位调为步骤 2 测得的电位值。

(5) 用待标定的 AgNO₃ 溶液进行自动滴定，直到滴定结束，记下消耗 AgNO₃ 溶液的体积。

五、计算

AgNO₃ 标准溶液的浓度可由下式计算。

$$c(\text{AgNO}_3) = \frac{c(\text{NaCl}) \cdot V(\text{NaCl})}{V(\text{AgNO}_3)}$$

式中　$c(\text{AgNO}_3)$——待标定的 AgNO₃ 溶液的浓度，mol/L；

　　　$V(\text{AgNO}_3)$——滴定消耗的待标定 AgNO₃ 溶液的体积，mL；

　　　　$c(\text{NaCl})$——标准溶液的浓度，mol/L；

　　　　$V(\text{NaCl})$——标准溶液的体积，mL。

六、注意事项

同实验 7-2。

七、思考题

1. 该实验是否需要预滴定？为什么？

2. 操作过程中有哪些注意事项？

第八章　　比色法及分光光度法

第一节　概　述

一、比色法及分光光度法的特点

某些物质本身是有明显颜色的。例如，$KMnO_4$ 溶液呈紫红色，$[Cu(NH_3)_4]^{2+}$ 溶液呈深蓝色。某些物质本身并无颜色，或者有颜色但不够明显，然而当它们与适当的化学试剂反应后，则可生成有明显颜色的物质，例如 Fe^{2+} 与邻二氮菲反应生成橙红色的配合物。而溶液颜色的深浅往往又与物质的浓度有关，溶液浓度越大，颜色越深；反之，浓度越小，则颜色也越浅。比色法就是利用待测溶液本身的颜色或加入试剂后呈现的颜色，用目测比色对溶液颜色深度进行比较，或者用光电比色计进行测量以测定溶液中待测物质浓度的方法。

比色法以往是用眼睛观察，称目视比色法。随着科学技术的进步，人们认识到溶液的颜色是由于对光的选择性吸收而产生的。在目视比色法的基础上发展为光电比色法，进而又发展为分光光度法。分光光度法是根据物质对不同波长的单色光的吸收程度不同而对物质进行定性和定量分析的方法。

比色法及分光光度法同化学分析法比较具有以下特点。

（1）灵敏度高　比色法及分光光度法适用于测定试样中的微量组分，固定试样可测至 1×10^{-6}，如果对被测组分预先富集可测至 1×10^{-8}。这是一般化学分析法所做不到的。

（2）操作简便快速　由于不断出现新的显色剂和掩蔽剂，其灵敏度高选择性好，通常可以不经过分离而直接进行比色测定。例如钢铁中硅、锰、铁三元素的快速比色测定，在数十秒内即可得出结果。

（3）准确度较高　比色法测定的相对误差为 $5 \times 10^{-2} \sim 1 \times 10^{-1}$，分光光度法测定的相对误差为 $2 \times 10^{-2} \sim 5 \times 10^{-2}$，用精密的分光光度计测量相对误差可低至 $1 \times 10^{-2} \sim 2 \times 10^{-2}$，完全可以满足对微量组分的测定要求。

（4）应用广泛　比色法和分光光度法广泛应用于微量及痕量分析领域。相当多的无机离子和有机化合物都可以直接或间接地用该法进行测定，还可以用来研究溶液中的化学平衡。例如测定一些酸碱的离解常数等。

二、物质对光的吸收

光是具有一定波长和频率的电磁波，它可分为可见光和不可见光。通常人眼能感觉到的光的波长约在 $400 \sim 750nm$，这个波长范围的光称为可见光。波长小于 $400nm$ 的光称为紫外光（或紫外线），波长大于 $760nm$ 的光为红外光（或红外线）。每种颜色的光具有一定的波长范围称为单色光。通常所说的白光并不是单色光，而是由红、橙、黄、绿、青、蓝、紫等各种颜色的光按一定的强度比例混合而成的复合光。如使一束白光通过三棱镜就可分解为各种颜色的单色光。这种现象称为光的色散。如图 8-1 所示。

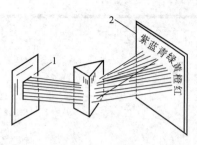

图 8-1 棱镜使白光分解成彩色光谱
1—孔；2—屏

图 8-2 互补色光示意图

若把两种颜色的单色光按一定的强度比例混合成为白光，则这两种单色光称互补色光。例如黄光和蓝光互补。图 8-2 中处于直线关系的两种单色光为互补色光。

物质的颜色正是由于物质对不同波长的光具有选择性吸收作用而产生的。当一束白光通过某一溶液时，若溶液不吸收可见光，则白光全部通过，溶液为无色透明；若溶液选择性地吸收了某种颜色的单色光，则它就呈现出被吸收光的互补色。例如，当白光通过 $KMnO_4$ 溶液时，MnO_4^- 选择性地吸收了绿色光，所以 $KMnO_4$ 溶液呈紫红色。表 8-1 为各种可见光的互补色光的波长及颜色，可作为测定时选择波长的参考。

表 8-1 物质的颜色和互补色光颜色的关系

物质的颜色	互 补 色 光		物质的颜色	互 补 色 光	
	颜 色	波长/nm		颜 色	波长/nm
黄绿	紫	400～450	紫	黄绿	560～580
黄	蓝	450～480	蓝	黄	580～600
橙	绿蓝	480～490	青蓝	橙	600～650
红	蓝绿	490～500	青	红	650～750
紫红	绿	500～560			

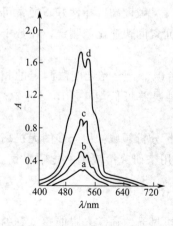

图 8-3 不同浓度的
$KMnO_4$ 溶液的吸收曲线
对应的 $KMnO_4$ 溶液浓度
a＜b＜c＜d

为了更清楚地描述物质对光的吸收情况，通常要做该溶液的吸收曲线。将不同波长的光依次通过一定浓度的有色溶液，分别测量有色溶液对不同波长单色光的吸收程度。以波长 λ 为横坐标，吸光度 A 为纵坐标作图，所得曲线称为吸收曲线或吸收光谱。图 8-3 为 $KMnO_4$ 溶液的吸收曲线。由图可知：

（1）$KMnO_4$ 溶液对不同波长的光吸收情况不同。它对 525nm 附近的绿色光吸收最多，在吸收曲线上有一高峰。而对 400nm 附近紫色光则几乎不吸收，因此 $KMnO_4$ 溶液呈紫红色。光吸收程度最大处的波长叫做最大吸收波长。用 λ_{max} 表示，如 $KMnO_4$ 的 $\lambda_{max}=525nm$。

（2）同一物质不同浓度的 $KMnO_4$ 溶液 λ_{max} 不变，吸收曲线形状相似，不同物质具有不同的吸收曲线，可以此进行物质的定性分析。

（3）若在 λ_{max} 处测定吸光度，则灵敏度最高。在一定波长时，随着浓度的增加吸光度也相应增大。这个特性可作为物质定量分析的依据。而物质定量分析的理论基础就是光的吸收定律——郎伯-比耳定律。

第二节　光吸收定律

一、朗伯-比耳定律

当一束平行的单色光通过均匀的有色溶液时，溶液对光的吸收程度遵循一定的定律，即光吸收定律，又称朗伯-比耳定律，这是比色法及分光光度法的理论基础，它的数学表达式是

$$A=\lg\frac{I_0}{I}=Kbc \tag{8-1}$$

式中　A——溶液对光的吸收程度（吸光度）；

I_0——入射光强度；

I——透射光强度；

K——线性吸光系数；

c——溶液的浓度；

b——液层厚度。

郎伯-比耳定律表明：当一束平行的单色光垂直通过某溶液时，溶液的吸光度 A 与溶液的浓度 c 及液层厚度 b 成正比。

朗伯-比耳定律不仅适用于可见光，还适用于紫外光和红外光；不仅适用于均匀非散射的液体，同时也适用于固体及气体。

图 8-4 为光吸收示意图。在化工分析中，除用吸光度外，也常用透光率 T 表示吸收程度。

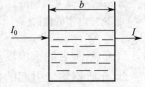

图 8-4　光吸收示意图

$$T=\frac{I}{I_0} \tag{8-2}$$

则

$$A=\lg\frac{1}{T}=-\lg T \tag{8-3}$$

$$A=Kcb$$

式中线性吸光系数 K 与入射光的波长、溶液的性质及温度有关；其值随 c 与 b 的单位不同而不同。

当 c 的单位是 g/L，b 的单位是 cm，K 用 a 表示，称为质量吸光系数，其单位为 L/(g·cm)。此时朗伯-比耳定律表示为

$$A=acb$$

当 c 的单位是 mol/L，b 的单位是 cm，K 就用 ε 表示，称为摩尔吸光系数，其单位是 L/(mol·cm)。此时朗伯-比耳定律表示为

$$A=\varepsilon cb$$

ε 的物理意义是，当溶液浓度为 1mol/L，液层厚度为 1cm 时，此溶液对一定波长的光的吸光度。在温度和波长一定时，ε 是常数。而同一物质在不同波长下 ε 值是不同的。在 λ_{max} 下的 ε_{max} 值是有色物质的重要特征常数，它是衡量显色反应灵敏度的指标。

由于在比色及光度分析中不能直接测量 1mol/L 这样高浓度溶液的吸光度，因此通常在适宜的低浓度时测定吸光度，然后通过间接计算的方法求得摩尔吸光系数 ε。

【例 8-1】 用双硫腙比色法测定 Cd^{2+}，若 Cd^{2+} 溶液质量浓度为 $140\mu g/L$，比色皿的厚度（即液层厚度）为 $2cm$，$\lambda = 520nm$，测得吸光度为 0.22，求摩尔吸光系数及透光率。

解

$$c(\text{Cd}) = \frac{\rho(\text{Cd})}{M(\text{Cd})} = \frac{140 \times 10^{-6}}{112.4118} = 1.25 \times 10^{-6} \quad (\text{mol/L})$$

$$\varepsilon = \frac{A}{cb} = \frac{0.22}{1.25 \times 10^{-6} \times 2} = 8.8 \times 10^4 \quad [\text{L/(mol} \cdot \text{cm)}]$$

$$T = 10^{-A} = 10^{-0.22} = 0.603$$

答：摩尔吸光系数为 $8.8 \times 10^4 \text{L/(mol} \cdot \text{cm)}$，透光率为 0.603。

二、偏离朗伯-比耳定律的因素

根据朗伯-比耳定律，吸光度 A 与溶液的浓度 c 成正比，用 A 对 c 作图应得到一条直线，称做工作曲线，如图 8-5 中实线所示。在实际工作中，出现工作曲线偏离直线而弯曲的情况，这种现象称为偏离朗伯-比耳定律。如图 8-5 中虚线所示。

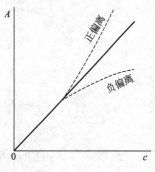

图 8-5　吸光度对朗伯-
比耳定律的偏离

在这种情况下，吸光度并不与溶液浓度成正比，说明该有色溶液不遵守朗伯-比耳定律。造成偏离朗伯-比耳定律的因素一般可分为以下几类。

1. 非单色光引起的偏离

严格地说，朗伯-比耳定律只适用于单色光，只有使用波长一定的单色光时，K 值才是常数。但目前一般单色器所提供的入射光并非纯的单色光，而是具有一定波长范围的光，当波长不同时，K 值不是常数，因此，用非单色光时，就会发生偏离，吸光度 A 与溶液浓度 c 之间就不完全成直线关系，从而导致了偏离朗伯-比耳定律。

2. 介质不均匀引起的偏离

朗伯-比耳定律要求有色溶液是均匀的，即 c 值一定。当入射光波长 λ 一定，吸光度 A 与液层厚度 b 才成正比，否则若溶液中有乳浊液或胶体等不均匀现象时，入射光通过溶液后，会有一部分因反射、散射现象而损失，致使透射比减小，在这种情况下测得的吸光度比实际的吸光度大得多，造成 A 与 c 不成直线关系，必然导致偏离朗伯-比耳定律。

3. 化学反应引起的偏离

比色及光度分析中的显色反应绝大多数是形成有色配合物，有色配合物的稳定性直接影响着溶液的吸光度。有时有色物质由于在浓度增大或稀释时往往因离解、缔合、形成新的化合物或互变异构体等变化而改变其浓度，使有色化合物的浓度并不是按比例降低，造成偏离朗伯-比耳定律。

4. 样品浓度引起的偏离

朗伯-比耳定律通常只有在稀溶液时才能成立，随着溶液浓度增大，吸光质点间距离缩小，彼此间相互影响和相互作用加强，破坏了吸光度与浓度之间的线性关系。

第三节　显色反应

一、显色反应

在比色及光度分析中，将被测物质转变成有色物质的反应称为显色反应。常用的显色反应多数是配位反应，也有氧化还原反应等。

与被测组分形成有色物质的试剂称为显色剂。而显色反应形成有色溶液的性质，在很大程度上与选用的显色剂有关，一种组分往往能与多种显色剂发生显色反应，在分析工作中选择合适的显色反应并严格控制反应条件是十分重要的。

选择显色反应的一般标准有以下几条。

(1) 选择性好。少干扰或干扰容易消除。一种显色剂最好只与一种被测组分起显色反应，不使溶液中其他共存离子显色，或者显色剂与被测组分和干扰离子生成有色化合物的吸收峰相隔较远。

(2) 灵敏度高。生成有色化合物具有较高的摩尔吸光系数时，显色反应灵敏度高，有利于微量组分的测定。灵敏度的高低，可由摩尔吸光系数的大小来判断，但灵敏度高的显色反应不一定选择性好；对于较高含量的组分，不一定要选择灵敏度高的显色反应。

(3) 有色化合物与显色剂间的颜色差别要大。这样颜色变化才鲜明，一般要求有色化合物 (MR) 的 λ_{max}^{MR} 与显色剂 (R) 的 λ_{max}^{R} 之差在 60nm 以上。

(4) 有色化合物组成恒定、化学性质稳定，至少保证在测定过程中吸光度基本不变。若有色化合物易受空气的氧化、日光的照射而分解，就会影响吸光度测定的准确度及再现性。

(5) 显色反应条件要易于控制。如果要求条件太严格，难以控制，其测定结果再现性就差。

二、显色剂

显色剂分为无机显色剂和有机显色剂两大类。

1. 无机显色剂

无机显色剂在比色及光度分析中应用不多，主要因为无机显色剂与金属离子生成化合物不够稳定，灵敏度和选择性都不高。目前仍有实用价值的仅有硫氰酸盐、钼酸铵及过氧化氢等。重要的无机显色剂见表 8-2。

表 8-2　重要的无机显色剂

显色剂	测定元素	酸　度	配合物组成和颜色		测定波长 λ/nm
硫氰酸盐	铁	$0.1\sim0.8\mathrm{mol/L\ HNO_3}$	$\mathrm{Fe(SCN)_5^{2-}}$	红	480
	钼	$1.5\sim2\mathrm{mol/L\ H_2SO_4}$	$\mathrm{MoO(SCN)_5^{2-}}$	橙	460
	钨	$1.5\sim2\mathrm{mol/L\ H_2SO_4}$	$\mathrm{WO(SCN)_4^{-}}$	黄	405
	铌	$3\sim4\mathrm{mol/L\ HCl}$	$\mathrm{NbO(SCN)_4^{-}}$	黄	420
钼酸铵	硅	$0.15\sim0.3\mathrm{mol/L\ H_2SO_4}$	$\mathrm{H_4SiO_4\cdot10MoO_3\cdot Mo_2O_5}$	蓝	$670\sim820$
	磷	$0.5\mathrm{mol/L\ H_2SO_4}$	$\mathrm{H_3PO_4\cdot10MoO_3\cdot Mo_2O_5}$	蓝	$670\sim820$
	钒	$1\mathrm{mol/L\ HNO_3}$	$\mathrm{P_2O_5\cdot V_2O_5\cdot22MoO_3\cdot}n\mathrm{H_2O}$	黄	420
过氧化氢	钛	$1\sim2\mathrm{mol/L\ H_2SO_4}$	$\mathrm{TiO(H_2O_2)^{2+}}$	黄	420

2. 有机显色剂

大多数有机显色剂与金属离子生成的螯合物稳定性强，具有特征颜色，灵敏度和选择性都比较高。而且，多数螯合物易溶于有机溶剂，可以进行萃取比色，能进一步提高反应的灵敏度和选择性。因而，有机显色剂广泛应用于比色及光度分析中。部分常见的有机显色剂见表 8-3。

表 8-3　部分常见的有机显色剂

显色剂	待测离子	配合物组成和颜色	λ_{max}/nm	$\varepsilon_{max}/[L/(mol \cdot cm)]$	反应条件
铬变酸-2R （结构式：萘环，OH OH，HO₃S SO₃H，—N=N—苯基）	Mg^{2+}	1：1　红色	570	3.7×10^4	pH 值＝10.5～11
铬天青 S （结构式，含 CH₃、OH、HOOC、COOH、Cl、SO₃H）	Al^{3+}	1：2　紫红	545	5×10^4	pH 值＝4.7～6.0
丁二酮肟 $H_3C-C-C-CH_3$　$HON\ NOH$	Ni^{2+}	1：2 或 1：4 红色	470	1.3×10^4	pH 值＝11～12，在 I_2 或 H_2O_2 存在下，用 $CHCl_3$ 萃取
双硫腙 （结构式：—NH—NH—C=S，—N=N—苯基）	Pb^{2+}	1：2　紫红	520	7.0×10^4	pH 值＝8～10 CCl_4 萃取
邻二氮菲 （结构式：邻菲啰啉，含两个 N）	Fe^{2+}	1：3　红色	510	1.1×10^4	pH 值＝2～9

三、影响显色反应的因素

在显色剂选定以后，控制好显色反应的条件是十分重要的，如果反应条件发生变化将会影响反应的完全程度，进而影响测定的灵敏度和准确度。影响显色反应的主要因素有显色剂的浓度、溶液的酸度、温度、显色时间等。

1. 显色剂用量

显色反应一般用下式表示：

$$M \ + \ R \ \rightleftharpoons \ MR$$

待测离子　显色剂　　有色化合物

反应在一定程度上是可逆的。加入过量的显色剂可使平衡向右移动，使反应尽可能进行完全，但不能过量太多，否则会引起副反应，对测定反而不利。

在实际工作中，显色剂的适宜用量是通过实验来确定的。实验方法是保持待测组分浓度不变，并且在相同条件下分别加入不同量的显色剂测定其吸光度，做吸光度-显色剂用量曲线，当显色剂浓度达到某一数值时，吸光度不再增大，表示显色剂浓度已足够。

2. 溶液的酸度

酸度对显色反应的影响是多方面的。

（1）大多数有机显色剂是有机弱酸，而且具有酸碱指示剂的性质，如下反应

$$M + \ HR \rightleftharpoons MR + H^+$$

显色剂

从反应式可看出，提高酸度，平衡向生成弱酸 HR 方向移动，显色能力减小。因此，溶液酸度不能高于某一限度。

（2）若待测物质是容易水解的金属离子，当酸度降低时会产生一系列羟基配离子或多羟

基配离子——碱式盐或氢氧化物沉淀，不利于显色反应进行。

酸度对显色反应的影响很大，显色反应的最适宜酸度必须通过实验来确定。其方法是保持待测组分及显色剂浓度不变，改变溶液的 pH 值，分别测定吸光度，做吸光度-pH 值曲线，以此来确定应该控制的酸度范围。为了使溶液保持一定的酸度，加入缓冲溶液是必要的。分光光度测定中常用的缓冲溶液有：① $NaH_2PO_4 + HCl$（pH3）；② $NaAc + HCl$（pH5）；③ $RH_2PO_4 + NaOH$（pH7）；④ $H_3BO_3 + KCl$（pH9）；⑤ $H_3BO_3 + NaOH$（pH11）。

3. 温度

不同的显色反应需要不同的温度。一般的显色反应可在室温下完成，有些显色反应需要加热至一定温度才能完成，有些有色配合物则在较高温度下容易分解，故应根据不同情况选择适当的温度进行显色。

温度同样影响有色化合物对光的吸收，因此标样和试样的显色温度应保持一致。适宜的显色温度也必须通过实验来确定，其方法是做吸光度-温度曲线求出。

4. 显色时间

时间对显色反应的影响表现在两个方面。其一，它反映了显色反应速度的快慢；其二，它反映了显色配合物的稳定性。因此，测定时间的选择必须综合考虑以上两个方面。适宜的测定时间必须通过实验来确定。实验方法是配制一份显色溶液，从加入显色剂开始计算时间，每隔几分钟测定一次吸光度，绘制吸光度-时间曲线，来确定适宜的时间。

同时，也应考虑有机溶剂对显色反应的影响，消除试液中共存离子的干扰，选择适当的波长等等。故用某一显色反应进行光度分析时，必须注意各种因素的影响，选择适当的反应条件。

第四节　比色法和分光光度法及其仪器

一、目视比色法

通过眼睛观察比较被测试液与标准溶液颜色深浅来确定物质含量的分析方法称为目视比色法。

1. 基本原理

将标准溶液与被测试液在同样的条件下显色，当液层厚度相同，溶液颜色深度相同时，二者的浓度相等。根据朗伯-比耳定律，标准溶液与被测试液的吸光度分别为

$$A_{标} = K_{标}\, c_{标}\, b_{标} \qquad A_{测} = K_{测}\, c_{测}\, b_{测}$$

二者颜色深度相同时

$$A_{标} = A_{测}$$

又因二者是相同物质，测量条件相同，故

$$K_{标} = K_{测}$$

二者液层厚度相等，则 $b_{标} = b_{测}$，所以

$$c_{标} = c_{测}$$

2. 比色方法

常用的目视比色法是标准系列法，又称标准色阶法。该方法所用仪器是以一套标有刻度，质的、形状、大小相同的玻璃管作为比色管。管上刻有表示容积的标线（如 50mL 或 100mL），比色管放在下面垫有白瓷板的木架上。如图 8-6 所示。

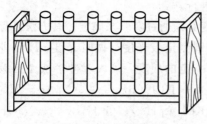

图 8-6 标准系列

将一系列不同量的标准溶液依次加入各比色管中，分别加入等量的显色剂和其他辅助试剂，然后稀释至同一刻度，摇匀，即形成一组颜色由浅到深的标准色阶。将试样也按同样方法显色，从管口垂直向下观察，再与标准色阶进行比较，如果被测试液与某一标准色阶颜色深度相同，则二者的浓度相等。如果被测试液颜色深度介于某相邻两个标准溶液之间，则被测试液的浓度就取这两个标准溶液浓度的算术平均值。

3. 目视比色法的特点

目视比色法的优点是仪器简单，操作方便。由于比色管液层较厚，灵敏度较高，适合大批试样分析。而且可以在复合光（日光）下进行比色测定，对某些不符合光的吸收定律的显色反应，亦可用于目视比色法进行测定。

缺点是准确度不高。目视测量，往往带有主观误差。一般相对误差为 $5 \times 10^{-2} \sim 2 \times 10^{-1}$。配制标准溶液比较麻烦。许多有色溶液不够稳定，颜色会发生变化，必须在使用前临时配制标准色阶。

4. 应用示例

磷的比色测定。将试样经氧化性酸溶解后，生成的 PO_4^{3-} 在硝酸中能与钒酸盐及钼酸盐形成可溶性黄色配合物。取 7 只 50mL 比色管，分别加入 0、0.10、0.20、0.30、0.40、0.50、0.60mg 的标准溶液，并加入等量的硝酸及钼酸铵溶液，以水稀释至刻度，得到一标准色阶。再将一定量的被测溶液置于另一 50mL 的比色管中，在相同条件下显色并稀释至刻度，与标准系列比较，如果试液颜色介于含磷 0.30mg 和 0.40mg 之间，则其中含磷量为 0.35mg。

二、分光光度法

分光光度法的基础是物质对光的选择性吸收。它是根据物质对不同波长的单色光的吸收程度不同而对物质进行定性和定量分析的方法。分光光度法所用仪器是分光光度计。

1. 分光光度法工作原理

白光经过聚光并通过棱镜或光栅后，得到一束平行而且波长范围很窄的单色光，此单色光通过比色皿内一定厚度的溶液后照射到光电管上，则有光电流产生，该光电流的大小与照射到光电管上的光强度成正比，于是在检流计的读数标尺上就能读出相应的百分透光率或吸光度。

根据光的吸收定律，在入射光波长和溶液厚度一定条件下，溶液的吸光度 A 与溶液的浓度 c 成正比，测定时先配制一系列标准有色溶液，分别测量其吸光度，再绘制 A-c 工作曲线，然后在同一条件下测量试液的吸光度，并在工作曲线上查出被测物质的浓度或含量。

2. 分光光度法与目视比色法相比的特点

（1）借助仪器代替人眼来进行测量，可消除主观误差，提高测定的灵敏度和准确度。一般相对误差在 $2 \times 10^{-2} \sim 5 \times 10^{-2}$。

（2）当有其他有色物质共存时，可选择适当的单色光，或进行空白校正来消除干扰，提高选择性。

（3）更加适合大批样品分析，使用标准曲线法既简便又快速。

3. 分光光度计主要部件

分光光度计的类型很多，各种分光光度计尽管其构造各不相同，但都由以下主要部件组成：光源、分光系统（单色器）、吸收池（比色皿）、检测系统和信号显示系统。

（1）光源　最常用的光源是 6～12V 的钨丝灯，为了保持光源发光强度稳定，电源电压常用稳压器稳压。钨丝灯发出的复合光的波长在 360～1100nm，覆盖了整个可见光区，同时在光路上装有透镜，可使光线聚光为平行光。

（2）分光系统（单色器）　将光源发出的复合光色散分解为单色光的装置，称为分光系统（单色器）。它是由棱镜或光栅等色散元件及狭缝组成。

棱镜是根据光的折射原理将复合光色散为不同波长的单色光，再使所需波长的光通过很窄的狭缝（只有几个纳米宽）得到较纯的单色光。棱镜有玻璃棱镜用于可见分光光度计、石英棱镜用于紫外-可见分光光度计。

光栅是根据光的衍射和干涉原理将复合光色散为单色光，其特点是色散均匀，对各种波段色散率相同，但单色光的强度较弱。

（3）吸收池（比色皿）　吸收池（比色皿）是由光学玻璃制成的，用于盛装待测试液。形状一般为长方体。大多数仪器都配有厚度为 0.5cm、1cm、2cm、3cm、5cm 等规格的比色皿。这里指的规格是比色皿内壁间距离，即液层厚度。石英池适用于紫外可见光区及红外区，玻璃池适用于可见光区。

（4）检测系统　检测系统是利用光敏材料的光电效应将透过吸收池的光信号转换成电信号进行测量的装置。分光光度计中常用的检测器是光电管、光电倍增管等。

光电管一般用在紫外-可见分光光度计上，也可用于可见分光光度计，由于可测量很微弱的光，因此具有较高的灵敏度。

光电管是一种两极管，它是在玻璃或石英泡内装有两个电极，阳极通常是一个镍环或镍片。而阴极是一金属片上涂一层光敏物质。当有足够能量的光子照射到光敏物质上时，就能产生电子，当两极间有电位差时，电子就流向阴极而产生电流，电流的大小与入射光强度成正比。由于光电管产生的光电流很小，因此需要经过放大后再用微安表测量。如图 8-7 所示。

光电倍增管的性能优于光电管，其灵敏度比光电管约高 200 倍。适用于测量十分微弱的光，并广泛应用于中高级型的分光光度计。

（5）信号显示系统　分光光度计的信号显示系统里有检流计、微安表、电位计、数字电压表、自动记录仪等。普通的分光光度计多用悬镜式检流计。

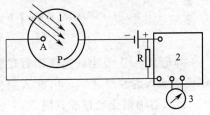

图 8-7　光电管及外电路

1—光电管；2—放大器；3—电流计

A—阳极；P—阴极；R—负载电阻

4. 分光光度计的类型及其使用

分光光度计的种类很多，现将常用的分光光度计列于表 8-4。目前最常用的有 721 型分光光度计和 751 型分光光度计。

下面只介绍 721 型分光光度计。

721 型分光光度计是在可见光区域内使用的仪器。其工作波长范围为360～800nm，光源为钨丝白炽灯，色散元件为玻璃棱镜，采用自准式光路用 GD-7 型真空光电管作为光电转换元件，以场效应作放大器，可测微弱的光电流变化，用微安表作为读数器，仪器结构简单，稳定性好，具有较高的灵敏度。721 型分光光度计光学系统如图 8-8 所示。

表 8-4 各种波长范围的分光光度计

分　类	工作波长 λ/nm	光　源	单色器	接受器	型　号	产地	应　用
可见分光光度计	420～700	钨灯	玻璃棱镜	硒光电池	72	中国	
	360～700	钨灯	玻璃棱镜	光电管	721	中国	
紫外、可见和近红外分光光度计	200～1000	氢灯及钨灯	石英棱镜或光栅	光电管或光电倍增管	751 型 WFD-8 型	中国	主要应用于无机物有机物的定量分析
双光束紫外、可见分光光度计	195～850	氘灯及钨灯	光栅	(侧窗式九级倍增管) R456 型光电倍增管	WFD-10 岛津 UV-210A	日本	
双光束、双单色器紫外、可见、近红外记录式分光光度计	185～2500 3000	氘灯及钨灯	棱镜和光栅双单色器	光电倍增管	岛津 UV-365 岛津 UV-260	日本	定量分析、特别是有机物定性分析
					岛津 UV-3000		
红外分光光度计	760～40000	硅碳棒或辉光灯	岩盐或萤石棱镜	热电堆或测辐射热器	WFD-3 型 WFD-7 型	中国	有机物的结构分析

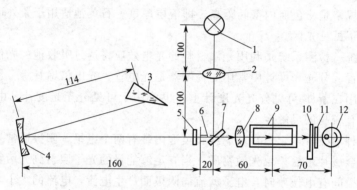

图 8-8　721 型分光光度计光学系统图

1—光源灯 12V25W；2,8—聚光透镜；3—棱镜；4—准直镜；5,11—保护玻璃；

6—狭缝；7—反射镜；9—吸收池；10—光门；12—光电管

由光源"1"发出的连续辐射光射到聚光透镜"2"上，会聚后又经过反射镜"7"转角 90°反射至入射狭缝"6"，由此入射到单色器内，狭缝刚好位于球面准直镜"4"的焦平面上。当入射辐射光经过准直镜"4"反射后，以一束平行光射向色散棱镜"3"（该棱镜的背面镀铝），光线进入棱镜后产生色散，入射角在最小偏向角，入射光在铝面上沿原路反射出去，再经过准直反射镜"4"，会聚在出光狭缝"6"上，再经过聚光透镜"8"进行聚焦，并通过吸收池"9"照射到光门"10"上。当光门打开时，光射到光电管"12"上，产生光电流经放大器放大后，由微安表指示出来。

721 型分光光度计的外形图如图 8-9 所示。

（1）721 型分光光度计的安装与使用方法

① 仪器应安放在坚固平稳的工作台上，室内光线不宜过强，而且要保持清洁干燥。

② 初用仪器者应预先认真阅读仪器说明书，了解仪器的构造以及各个操作旋钮的功能。

③ 接通电源之前各个旋钮应调节至起始位置，如电表指针应处于"0"刻线上，否则应旋动电表上的校正螺丝调节。然后接通电源开关。

④ 打开放置比色皿的暗箱盖，选取需用的单色波长，灵敏度选择请参照⑤，调节"0"电位器，使电表指"0"，然后将比色皿暗箱盖合上，此时，比色皿应处于校正位置，使光电管受光，旋转调节"100％"电位器，使电表指针在满刻度附近，让机器预热 20min。

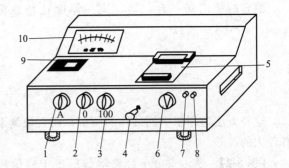

图 8-9　721 型分光光度计外形图
1—波长调节旋钮；2—"0"电位器旋钮；3—"100％"电位器旋钮；4—光门杆；5—比色皿暗箱盖；6—灵敏度调节旋钮；7—电源开关；8—电源指示灯；9—波长指示窗；10—微安表

⑤ 机器的放大灵敏度有五挡，从 1 至 5 是逐步增加的，其选择原则是：保证使空白挡良好调到"100"的情况下，尽量采用灵敏度较低挡，这样做仪器稳定性更高，使用时，一般放置"1"挡，但灵敏度不够时需加挡，变挡后须按④重新校正"0"和"100％"。

⑥ 预热后，打开比色皿暗箱盖，用调"0"电位器，使电表指"0"，然后将空白液放入比色皿架第一格中，待测溶液依次放入，把比色皿暗箱盖合上，将比色皿座处于空白液位置，使光电管受光照，旋转调节"100％"电位器，使电表指针处于 100％。连续几次调整"0"和"100％"即可进行测定。

⑦ 将光门杆抽出一格，有色溶液进入光路，指针所指数值即该溶液的吸光度。必要时将空白液推入光路核对吸光度的零位，重测有色溶液的吸光度。

⑧ 如果大幅度改变测试波长时，在调整"0"和"100％"后，稍等片刻（钨灯在急剧改变亮度后还需要一段热平衡时间），当指针稳定后重新调整"0"和"100％"即可测定。

⑨ 空白挡可以采用蒸馏水空白，也可采用有色溶液做空白，还可以根据溶液含量不同，选用适当厚度的比色皿，使吸光度读数处于 0.2～0.8 之间。

⑩ 测量完毕，应取出比色皿，清洗干净，用擦镜纸拭干或晾干后放入比色皿盒中。盖上比色皿暗箱盖，将仪器各部位还原至起始位置。拔下电源插头，套上仪器罩。

（2）721 型分光光度计的维护

① 为确保仪器稳定工作，电压波动较大的地方，200V 电源要预先稳压。建议用一台 220V 磁饱和稳压器或电子稳压器进行稳压处理。

② 仪器应接地良好。

③ 若仪器无输入，电源灯不亮，电表指针不动，首先应检查保险丝是否烧损，然后检查电路。

④ 仪器停止工作时，开关放在"关"处，必须切断电源。

⑤ 保持仪器干燥，在其底部应放置二只干燥剂筒，比色皿暗箱中也放置干燥剂，并及时烘干变色硅胶。

⑥ 仪器工作几个月或搬动后，应检测波长精度、重复性及吸光度精度等，以确保仪器的精度。

5. 分光光度法分析结果的计算

（1）标样计算法　根据朗伯-比耳定律，如果在相同的条件下，测出标准溶液与被测溶液的吸光度，就可以算出被测溶液的浓度。因为

$$A_标 = K_标\, c_标\, b_标 \qquad A_测 = K_测\, c_测\, b_测$$

测定时使用同一台仪器，同一厚度比色皿标准溶液与被测溶液性质相同，即 $K_标 = K_测$、$b_标 = b_测$，所以

$$\frac{A_标}{A_测} = \frac{c_标}{c_测}$$

$$c_测 = \frac{A_测 \, c_标}{A_标}$$

这种方法适用于个别试样的分析，而且被测溶液的浓度应接近标准溶液的浓度，否则将有较大的误差。

【例 8-2】 将 0.5000g 纯铁溶解后置于容量瓶中稀释定容至 1000mL 作为铁标准溶液。取出其中 10.0mL，再稀释至 100mL 后，取 5.00mL 并显色定容为 50.0mL，测得吸光度为 0.230，又称含铁试样 1.5000g；溶解并稀释定容至 250mL，取出其中 5.00mL 显色定容为 50mL，测得吸光度为 0.200。计算试样中以铁表示的质量分数 $w(\text{Fe})$。

解
$$\rho_标 = \frac{m(\text{Fe})}{V} = \frac{0.5000 \times \frac{10.0}{1000} \times \frac{5.00}{100}}{50 \times 10^{-3}} = 5.00 \times 10^{-3} \ (\text{g/L})$$

$$\frac{A_标}{A_测} = \frac{c_标}{c_测} = \frac{\rho_标}{\rho_测}$$

$$\rho_测 = \frac{A_测 \cdot \rho_标}{A_标} = \frac{0.200 \times 5.00 \times 10^{-3}}{0.230} = 4.35 \times 10^{-3} \ (\text{g/L})$$

$$w(\text{Fe}) = \frac{\rho_测 \cdot V}{m_s} = \frac{4.35 \times 10^{-3} \times 50 \times 10^{-3}}{1.5000 \times \frac{5.00}{250}} = 0.00725 \ (0.725\%)$$

答： 试样中铁的质量分数为 0.00725 (0.725%)。

（2）**标准曲线法** 先配制一系列标准溶液，在同台仪器上于 $\lambda_{\max}$ 处，采用同样的比色皿分别测出吸光度。然后以标准溶液浓度 c 为横坐标，相应的吸光度 A 为纵坐标作图，可得标准曲线，又称工作曲线。被测溶液也在相同条件下测定吸光度，根据被测溶液吸光度可从标准曲线上查得相应的浓度。

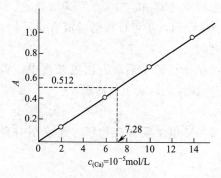

图 8-10　Ca-偶氮胂Ⅲ在 590nm 的工作曲线

这种方法适用于成批试样的分析。使用标准曲线可避免每次测定都配制标准色阶的麻烦，从而提高分析速度。

【例 8-3】 测定生物流体中含钙量。移取含钙试液 10.00mL，加入偶氮胂Ⅲ试剂显色后稀释定容为 25mL。取此溶液在 $\lambda = 590\text{nm}$ 处测得吸光度为 0.512。（1）试根据下列数据绘制标准曲线。（2）计算试液中含钙量 $\rho(\text{Ca})$。

$c(\text{Ca})/(\text{mol/L})$	2.0×10^{-5}	6.0×10^{-5}	10.0×10^{-5}	14.0×10^{-5}
A	0.142	0.416	0.698	0.985

解 （1）绘制 Ca-偶氮胂Ⅲ的标准曲线如图 8-10 所示。

（2）从图 8-10 标准曲线上查得与吸光度 0.512 相应的浓度为 $7.28 \times 10^{-5}\text{mol/L}$，所以

$$\rho(\text{Ca}) = \frac{7.28 \times 10^{-5} \times 40.08 \times 25.00 \times 10^{-3}}{10.00 \times 10^{-3}}$$

$$= 7.29 \times 10^{-3} \ (\text{g/L}) = 7.29 \ (\text{mg/L})$$

答：试液中含钙量为 7.29mg/L。

本 章 提 要

本章重点介绍了分光光度法的基本原理及其测定方法，介绍了 721 分光光度计的使用方法。

光是一种电磁波，可分为可见光和不可见光。在可见光中，不同颜色光的波长范围不相同，物质的颜色正是由于物质对不同波长的光具有选择性吸收作用而产生的。光吸收曲线定量地描述了物质对光的吸收情况，曲线上光吸收程度最大处所对应的波长叫做最大吸收波长（λ_{max}）。同一物质不同浓度的溶液其 λ_{max} 不变，吸收曲线形状相似，在定量分析中一般选择 λ_{max} 作为测量时入射光的波长。

光吸收定律又称朗伯-比耳定律，是物质定量分析的理论基础。其表达式为

$$A = -\lg T = Kcb$$

朗伯-比耳定律表明：当一束平行的单色光垂直通过某溶液时，溶液的吸光度 A 与溶液的浓度 c 及液层厚度 b 成正比。上式中当 c 的单位是 mol/L，b 的单位是 cm，K 就用 ε 表示，称为摩尔吸光系数，其单位是 L/（mol·cm）。在温度和波长一定时，ε 是常数。在 λ_{max} 下的 ε_{max} 值是有色物质的重要特性，它是衡量显色反应灵敏度的指标。

根据朗伯-比耳定律，当 b 值一定，用 A 对 c 作图应得一直线。在实际工作中，出现工作曲线偏离直线而弯曲的情况，这种现象称为偏离朗伯-比耳定律。造成偏离朗伯-比耳定律的因素一般可分为四类。

（1）非单色光引起的偏离；

（2）介质不均匀引起的偏离；

（3）化学反应引起的偏离；

（4）样品浓度引起的偏离。

在比色及光度分析中，通过显色反应形成有色溶液的性质，在很大程度上与选用的显色剂有关，显色剂可分为无机显色剂和有机显色剂两大类，目前应用较广的大多是有机显色剂。

使用目视比色法时需要配制标准色阶，比较麻烦，而且目视测量往往带有主观误差。因此目前应用最广泛的是分光光度法。分光光度法是利用分光光度计测定溶液的吸光度以进行定量分析的方法。常用的仪器是分光光度计，它的主要部件有光源、分光系统（单色器）、吸收皿（比色皿）、检测系统和信号显示系统。通过实验使学生掌握 721 型分光光度计的使用方法。

分光光度法分析结果的计算本章着重介绍两种方法，即标样计算法和标准曲线法。标样计算法是根据朗伯-比耳定律，如果在相同条件下测出标准溶液与被测溶液的吸光度，就可以算出被测溶液的浓度公式为

$$c_{测} = \frac{A_{测} \cdot c_{标}}{A_{标}}$$

使用标准曲线法，先配制一系列标准溶液，在同台仪器 λ_{max} 处，采用同样比色皿分别测出吸光度，用 A 对 c 作图，可得标准曲线。被测溶液也在相同条件下测定吸光度，根据被测溶液吸光度从标准曲线上查得相应浓度，可计算被测溶液的含量。这种方法适合成批试样的分析。

※实验 8-1　工业废水中挥发酚的测定

一、实验目的

1. 了解工业废水中挥发酚的含量测定原理及方法。
2. 了解 721 型或 751 型分光光度计的构造及使用方法。
3. 学会标准曲线的制作方法。

二、实验原理

工业废水中酚类化合物可用蒸馏法蒸馏出来，从而分离干扰物质和固定剂。由于酚类化合物的挥发速度随馏出液体积而变化，因此，馏出液体积必须与试样体积相等。

在 pH 值等于 10.0±0.2 时，以铁氰化钾为氧化剂，被蒸馏出来的酚类化合物与 4-氨基安替比林反应生成橙红色的安替比林染料。反应式为

（橙红色）

当挥发酚浓度低于 0.5mg/L 时，采用氯仿萃取法，显色后在 λ 为 460nm 处测定吸光度，最低检出浓度为 0.002mg/L；挥发酚浓度高于 0.5mg/L 时，显色后 30min 内，采用直接比色法在 λ 为 510nm 处测定吸光度。

氧化剂、硫化物、油类、有机或无机还原性物质和芳香胺类对本测定有干扰。

三、仪器与试剂

1. 仪器

全玻璃蒸馏器	500mL
（锥形）分液漏斗	500mL
分光光度计	721 型或 751 型　　　比色皿厚度为 1cm、2cm

2. 试剂

(1) 无酚水

① 制备方法一：在每升水中加入 0.2g 活性炭粉末（经 200℃活化 30min），充分振摇后，放置过夜，用双层中速滤纸过滤。

② 制备方法二：加氢氧化钠使水呈强碱性，pH＞12.0 并滴加 $KMnO_4$ 溶液至紫红色，移入全玻璃蒸馏器中加热蒸馏，收集馏出液。

(2) 酚贮备液　$\rho(酚)=1.00g/L$。称取 1.00g 无色苯酚（分析纯）溶于无酚水，转移至 1000mL 容量瓶中，定容。标定后存于冰箱内，可保存一个月。

(3) 酚标准溶液　$\rho(酚)=10.0mg/L$。取适量酚贮备液，用无酚水稀释至含酚 0.01mg/L。使用时当天配制。

(4) 配制标准溶液　$\rho(酚)=1.00mg/L$。取适量 10.0mg/L 的酚标准溶液用无酚水稀释至含酚 1.00mg/mL。配制后一小时内使用。

(5) 七水硫酸亚铁。

(6) 硫酸铜溶液　$w=0.10$（10%）。取 100g 的 $CuSO_4 \cdot 5H_2O$ 溶于水稀释至 1L。

(7) 磷酸溶液　加合浓度（1+9）。用 $\rho=1.70g/mL$ 磷酸溶液配制。

(8) 氨-氯化铵缓冲溶液　pH 10.0±0.2。称取 20g 氯化铵溶于 100mL 氨水中，密塞。

(9) 4-氨基安替比林溶液　$w=0.02$（2%）。称取 2g 4-氨基安替比林溶于水，稀释至 100mL。置于棕色瓶中。

(10) 铁氰化钾溶液　$w=0.08$（8%）。称取 8g 铁氰化钾溶于水，稀释至 100mL。

(11) 氯仿（$CHCl_3$）。

(12) 甲基橙指示剂　ρ(甲基橙)$=0.5g/L$

四、实验步骤

1. 采样

根据水样的含酚量，取 250mL 水样于蒸馏瓶中，加磷酸酸化至 pH 约为 4.0，加过量硫酸亚铁除去氧化剂（如游离氯），加适量硫酸铜抑制微生物对酚类的生物氧化作用，同时可使硫化物生成硫化铜而除去。

2. 消除干扰

消除干扰酚的测定物质。如硫化物、油类、有机或无机还原性物质和芳香胺等。

3. 预蒸馏

将试液转移至蒸馏瓶中，加数粒玻璃珠（防暴沸），再加数滴甲基橙指示剂，用（1+9）磷酸调节 pH 值为 4.0（橙红色），加 5mL 10% 硫酸铜溶液，连接冷凝器，加热蒸馏。蒸馏出约 225mL 时，停止加热，放冷，向蒸馏瓶中加 25mL 无酚水，继续蒸馏至馏出液为 250mL 为止。

4. 显色

将馏出液转移至分液漏斗内，加 2.0mL 氨-氯化铵缓冲溶液，调节 pH 10.0±0.2，混匀后，加 1.50mL 4-氨基安替比林溶液，混匀，再加 1.50mL 8% 铁氰化钾溶液，充分混匀后，静置 10min。

5. 萃取

准确移取 10.0mL 氯仿，密塞。振摇 2min，静置分层。在分液漏斗颈管中塞一小团干脱脂棉花或滤纸，使氯仿层通过脱脂棉花团，弃去最初滤出液数滴后，再放入 2cm 厚的比色皿中。

6. 吸光度测量

选择 $\lambda=460nm$，以氯仿为参比测量氯仿层的吸光度。

7. 校准

(1) 制备标准系列　在一组 8 个分液漏斗中，分别加入 100mL 无酚水，依次加入 0、0.50、1.00、3.00、5.00、7.00、10.0、15.0mg/L 的酚标准溶液，再分别加无酚水至 250mL。

(2) 按步骤 4、5、6 要求分别进行测定。

8. 空白试验

取 250mL 无酚水，采用与上述测定完全相同的步骤、试剂和用量进行平行操作。测得吸光度 A_b。

9. 绘制标准曲线

由标准系列测得的吸光度值减去空白试验的吸光度值，绘制吸光度对酚的含量（μg）的标准曲线。

五、计算

挥发酚的吸光度 A_r 按式(1) 计算

$$A_r = A_s - A_b \tag{1}$$

式中　A_s——被测试液的吸光度；

　　　A_b——空白试验的吸光度。

挥发酚含量 ρ(酚)按式(2) 计算

$$\rho(\text{酚}) = \frac{m}{V} \tag{2}$$

式中　m——挥发酚质量，μg。由 A_r 值从相应的酚标准曲线确定；

　　　V——被测试液的体积，mL；

　　ρ(酚)——工业废水中挥发酚的质量浓度，μg/mL。

六、注释

(1) 酚标准贮备液的标定方法　吸取 10.0mL 酚贮备液于 250mL 碘量瓶中，加水稀释至 100mL，加 10.0mL $c\left(\frac{1}{6}\text{KBrO}_3\right) = 0.1$mol/L 溴酸钾-溴化钾溶液及 5mL 浓盐酸，密塞后摇匀，暗处放置 10min，加入 1g 碘化钾，密塞后摇匀，放置暗处 5min，用 0.0125mol/L 硫代硫酸钠（$\text{Na}_2\text{S}_2\text{O}_3$）滴定至淡黄色，加入 1mL 浓酚溶液，继续滴定至蓝色刚好消失为止。

$$\rho(\text{酚}) = \frac{c(\text{Na}_2\text{S}_2\text{O}_3)(V_0 - V_{\text{Na}_2\text{S}_2\text{O}_3})M\left(\frac{1}{6}\text{C}_6\text{H}_5\text{OH}\right)}{V}$$

式中　　　　　V_0——空白试验中硫代硫酸钠溶液的用量，mL；

　　$V_{\text{Na}_2\text{S}_2\text{O}_3}$——滴定酚贮备液时硫代硫酸钠溶液的用量，mL；

　　$c(\text{Na}_2\text{S}_2\text{O}_3)$——硫代硫酸钠溶液的物质的量浓度，mol/L；

　　　　　　V——吸收酚贮备液的体积，mL；

$M\left(\frac{1}{6}\text{C}_6\text{H}_5\text{OH}\right)$——$\frac{1}{6}(\text{C}_6\text{H}_5\text{OH})$ 的摩尔质量，15.68g/mol；

　　　ρ(酚)——酚标准贮备液的质量浓度，mg/mL。

(2) 氧化剂（如游离氯）存在时，样品酸化后滴于碘化钾-淀粉试纸上会出现蓝色。

(3) 有少量硫化物存在时，可加适量硫酸铜，生成硫化铜沉淀；含量多时，则在磷酸酸化后置通风柜内进行搅拌曝气，使其生成硫化氢逸出。

(4) 存在油类时，若样品中不含 Cu^{2+}，可将样品移入分液漏斗中，静置分离出浮油后，加氢氧化钠，调节 pH 12.0～12.5，立即用四氯化碳萃取（每升样品用 40mL 四氯化碳萃取两次），弃去四氯化碳层，再将样品移入烧杯中，于水浴上加温以除去残留四氯化碳。再用磷酸调节至 pH4.0。若样品中含 Cu^{2+}，可在分离出浮油后，按注释（5）步骤进行。

(5) 甲醛、亚硫酸盐等有机或无机还原性物质存在时，可分取适量样品于分液漏斗中，加 0.5mol/L 硫酸溶液使呈酸性，分次加入 50mL、30mL、30mL 乙醚以萃取酚，合并乙醚层于另一分液漏斗中，分次加入 4mL、3mL、3mL 10%（m/V）氢氧化钠溶液进行反萃取，使酚类转入氢氧化钠溶液中。合并碱液萃取液，移入烧杯中，置水浴上加温，以除去残余乙醚，然后用无酚水将碱萃取液稀释至原分取样品的体积。

(6) 芳香胺类可与 4-氨基安替比林发生显色反应而干扰酚的测定。可在酸性条件下通过预蒸馏得到分离，必要时可在 pH<0.5 的条件下蒸馏以减少干扰。

七、思考题

1. 测定工业废水中挥发酚的含量时，为何要对试液进行预蒸馏？

2. 在本实验中，如果不做空白试验，标准曲线是否也通过原点？

※实验 8-2　工业纯碱中铁含量的测定

一、实验目的
1. 掌握工业纯碱中铁含量的测定方法。
2. 学会 721 型或 751 型分光光度计的使用方法。
3. 学会由标准曲线求算铁的含量。

二、实验原理
用抗坏血酸将试液中的三价铁还原成二价铁，在 pH 2～9 时，Fe^{2+} 与邻菲罗啉（邻二氮菲）生成橙红色配合物。反应式为

于波长 $\lambda_{max}=510nm$ 下，测量其吸光度。测定时，溶液的酸度过高，反应进行较慢；酸度太低，Fe^{2+} 水解，影响显色。本实验选择 pH 值为 4.5 条件下生成配合物。

三、仪器与试剂
1. 仪器
分光光度计　　　　721 型或 751 型　　　　　　　　　比色皿厚度为 3cm
2. 试剂
(1) 盐酸溶液　加合浓度（1+1）及（1+3）。
(2) 氨水溶液　加合浓度（2+3）及（1+8）。
(3) 醋酸-醋酸钠缓冲溶液　pH≈4.5。
(4) 抗坏血酸溶液　$\rho=20g/L$（有效期 10 天）。
(5) 邻菲罗啉溶液　$\rho=2g/L$（当有颜色产生时，应弃去重新配制）。
(6) 铁标准贮备液　$\rho(Fe)=100\mu g/mL$。称量 0.8634g 硫酸铁铵$[NH_4Fe(SO_4)_2 \cdot 12H_2O]$（精确至 0.0002g），置于 200mL 烧杯中，加入 100mL 和 $4mL\rho=1.84g/mL$ 的浓硫酸，溶解后移入 1000mL 容量瓶中，稀释至刻度。
(7) 铁标准溶液　$\rho(Fe)=10.0\mu g/mL$。用移液管移取 25mL 铁标准贮备液置于 250mL 容量瓶中，稀释至刻度。

四、实验步骤
1. 空白溶液的制备
移取 7mL（1+1）盐酸溶液于 100mL 容量瓶中，用（2+3）氨水中和，用（1+8）氨水和（1+3）盐酸溶液调节 pH≈2.0（用精密 pH 试纸检验）即得。
2. 标准溶液的配制
取 7 只 100mL 的烧杯，分别用吸量管加入 0、1.00、2.00、4.00、6.00、8.00 和 10.00mL 10.0μg/mL 的铁标准溶液，加水至约 40mL，用（1+3）盐酸溶液和（1+8）氨水溶液调节 pH≈2.0（用精密 pH 试纸检验），移入 100mL 容量瓶中，各加入 2.5mL 抗坏血酸溶液、10mL 缓冲溶液和 5mL 邻菲罗啉溶液，加水稀释并定容。

3. 标准曲线的绘制

在 $\lambda=510nm$ 下用 3cm 比色皿，以蒸馏水为参比，将分光光度计吸光度调整到零，测量其吸光度，从每个标准溶液的吸光度中减去空白溶液的吸光度，绘制吸光度对铁的含量的标准曲线。

4. 试液的制备和测定

称量 10g 试样（精确至 0.01g），置于烧杯中，加少量水润湿，滴加 35mL(1+1)盐酸溶液，煮沸 3～5min，冷却（必要时过滤），移入 250mL 容量瓶中，加水稀释，定容。

用移液管移取 50mL 试液置于 100mL 烧杯中，与空白溶液同上述标准溶液一样的方法操作，分别测量被测试液与空白溶液的吸光度。然后从试液的吸光度中减去空白溶液的吸光度，再由标准曲线上查出试液的铁含量。

五、计算

铁（Fe）的含量以质量分数表示，按下式计算。

$$w(\mathrm{Fe})=\frac{m_1\times10^{-3}}{m}\times100\%$$

式中 m_1——由标准曲线上查得的试样中的铁含量，mg；

       m——移取试液中所含试样的质量，g。

六、注意事项

（1）当邻菲罗啉溶液有颜色产生时，应弃去重新配制。

（2）若试样溶解后有浑浊现象，可加入少量盐酸并加热使混浊溶解，冷却后过滤除去杂质。

七、思考题

1. 用邻菲罗啉法测定纯碱中铁含量时，为什么测定前要加入抗坏血酸？

2. 溶液的酸度对邻菲罗啉铁的吸光度影响如何？为什么？

实验 8-3   大气中氨含量的测定

一、实验目的

1. 掌握大气中氨含量的测定原理及方法。

2. 了解气体采样方法。

二、实验原理

氨被吸收在稀硫酸溶液中，与钠氏试剂在碱性条件下作用生成黄棕色化合物。反应式为

$$2K_2[HgI_4]+3KOH+NH_3 \rightleftharpoons O{\begin{matrix}Hg\\\\Hg\end{matrix}}NH_2I+7KI+2H_2O$$

于 $\lambda=420nm$ 处，测量其吸光度。硫化氢、三价铁离子等干扰氨的测定。加入酒石酸钾钠可以消除其干扰。本方法采样体积为 20L 时，最低检出限为 $0.03\mu g/L$。

三、仪器与试剂

1. 仪器

大型气泡吸收管（见图 8-11）	10mL
空气采样器	测量范围 0～1L/min
分光光度计	721 型或 751 型

2. 试剂

(1) 无氨水 在蒸馏水中加少量高锰酸钾至浅紫红色，再加少量氢氧化钠至呈碱性，蒸馏后，取中间蒸馏部分的水，再加少量硫酸呈微酸性，重蒸馏一次即得。

(2) 硫酸溶液 $c\left(\dfrac{1}{2}H_2SO_4\right)=0.01mol/L$。

(3) 钠氏试剂 称取 5.0g 碘化钾，溶于 10mL 水，在搅拌下，将 2.5g 二氯化汞粉末分次少量地缓慢加到碘化钾溶液中，充分搅拌混合，并改为滴加二氯化汞饱和溶液，直到生成红色沉淀（HgI_2）不溶为止。

在搅拌下，加入冷的氢氧化钾溶液（15.0g 氢氧化钾溶于 30mL 水，冷至室温），并稀释至 100mL，静置暗处 24h，将上清液贮于棕色细口瓶中，用橡皮塞塞紧。存放冰箱内，可使用一个月。

(4) 酒石酸钾钠溶液 称取 50.0g 酒石酸钾钠（$KNaC_4H_4O_6 \cdot 4H_2O$）溶解于水中，加热煮沸，以驱除氨，冷却后稀释至 100mL。

(5) 氯化氨标准贮备液 准确称取新升华的氯化铵 0.7855g，溶于水中，移入 250mL 容量瓶中，用水稀释至刻度。此溶液每毫升相当于 $1000\mu g$ 氨。

(6) 氯化铵标准溶液 临用时，吸取氯化铵标准贮备液 5.00mL 于 250mL 容量瓶中，用水稀释至刻度。此溶液每毫升相当于含 $20\mu g$ 氨。

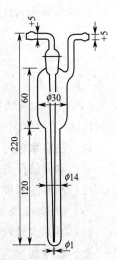

图 8-11 大型气泡吸收管

四、实验步骤

1. 采样

用一个内装 10mL 硫酸溶液（吸收液）的大型气泡吸收管，以 1L/min 流量，采气 20～30L。

2. 标准曲线的绘制

取 6 支 10mL 具塞比色管，按表 8-5 配制氯化铵标准系列。

表 8-5 氯化铵标准系列

管号	0	1	2	3	4	5
氯化铵标准溶液/mL	0	0.10	0.20	0.50	0.70	1.00
水/mL	10.00	9.90	9.80	9.50	9.30	9.00
氨含量/μg	0	2.0	4.0	10.0	14.0	20.0

在备管中加入酒石酸钾钠溶液 0.20mL，摇匀，再加钠氏试剂 0.20mL，放置 10min（室温低于 20℃时，放置 15～20min）。于 420nm 处，用 1cm 比色皿，以无氨水为参比，测定其吸光度。然后以吸光度对氨含量（μg），绘制出标准曲线。

3. 样品的测定

将样品溶液移入 10mL 具塞比色管中，用少量吸收液洗涤吸收管，洗涤液并入吸收管，用吸收液稀释样品至 10mL 刻度，以下操作与步骤 2 相同。

五、计算

氨的吸光度 A_r 按式（1）计算

$$A_r=A_s-A_b \tag{1}$$

式中 A_s——被测气样的吸光度；

A_b——标准系列零管号的吸光度。

氨的含量 $\rho(NH_3)$ 按式(2)计算

$$\rho(NH_3) = \frac{m}{V_n} \tag{2}$$

式中　m——样品溶液中含氨质量，μg（查曲线）；

　　　V_n——标准状态下采样体积，L；

$\rho(NH_3)$——大气中氨的质量浓度，$\mu g/L$。

六、注意事项

（1）本方法所有试剂均用无氨水配制。

（2）本方法只能测定空气中氨气和颗粒物中铵盐的总量，而不能分别测定二者的浓度。

（3）加 1～2 滴氯仿于氯化铵标准贮备液中，可抑制微生物的生长。

（4）当氨含量较大时，则生成棕色沉淀，必须另取部分样品重新测定。

七、思考题

1. 样品溶液加钠氏试剂显色前为何要加入酒石酸钾钠溶液？

2. 向样品溶液加入钠氏试剂后生成棕红色沉淀，对分析有何影响？

实验 8-4　大气中氮氧化物含量的测定[❶]

一、实验目的

1. 掌握大气中氮氧化物含量的测定方法。

2. 学会气体采样方法。

3. 熟练掌握 721 型或 751 型分光光度计的使用方法。

二、实验原理

大气中的氮氧化物包括一氧化氮（NO）及二氧化氮（NO_2）等。在测定氮氧化物时，应先用三氧化铬将一氧化氮氧化成二氧化氮，再用吸收液吸收后，生成亚硝酸和硝酸。其中亚硝酸与对氨基苯磺酸起重氮化反应，再与盐酸萘乙二胺偶合，能生成一种粉红色染料。反应式如下

$$2NO_2 + H_2O \longrightarrow HNO_2 + HNO_3$$

$$HO_3S{-}\!\!\!\!\bigcirc\!\!\!\!{-}NH_2 + HNO_2 + CH_3COOH \longrightarrow \left[HO_3S{-}\!\!\!\!\bigcirc\!\!\!\!{-}N^+{\equiv}N \right]CH_3COO^- + 2H_2O$$

$$\left[HO_3S{-}\!\!\!\!\bigcirc\!\!\!\!{-}N^+{\equiv}N \right]CH_3COO^- + \bigcirc\!\!\!\bigcirc{-}NH{-}CH_2{-}CH_2{-}NH_2 \cdot 2HCl$$

$$\longrightarrow CH_3COOH + HO_3S{-}\!\!\!\!\bigcirc\!\!\!\!{-}N{=}N{-}\bigcirc\!\!\!\bigcirc{-}NH{-}CH_2{-}CH_2{-}NH_2 \cdot 2HCl$$

（粉红色）

通过分光光度法即可测定出氮氧化物的含量。

使用称重法校准的二氧化氮渗透管配制的标准气，测得 NO_2（气）$\rightarrow NO_2^-$（液）的转换系数为 0.76，所以在计算结果时要除以转换系数 0.76。

[❶] 参考国家标准 GB/T 15436—1995。

三、仪器与试剂

1. 仪器

多孔玻璃板吸收管	10mL
双球玻璃管	见图 8-12
空气采样器	流量范围 0~1L/min
分光光度计	721 型或 751 型

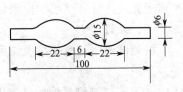

图 8-12 双球玻璃管

2. 试剂

(1) 吸收原液 称取 5.0g 对氨基苯磺酸，溶解于 200mL 热水中，将溶液冷却至室温，移入 1000mL 容量瓶中，加入 0.050g 盐酸萘乙二胺和 50mL 冰乙酸，溶解后用水稀释，定容。此为吸收原液，贮于棕色瓶中，密封，在冰箱内可保存两个月。

(2) 采样用吸收液 按 4 份吸收原液和 1 份水的比例混合。

(3) 三氧化铬-海沙（或河沙） 筛取 20~40 目海沙（或河沙），用 (1＋2) 盐酸溶液浸泡一夜，用水洗至中性，烘干。把三氧化铬及海沙（或河沙）按质量比 (1＋20) 混合，加少量水调匀，放烘箱里于 105℃烘干，烘干过程中，搅拌几次，制好的三氧化铬-沙子应是松散的。若是粘在一起，说明三氧化铬比例太大，应重新制备。

称取约 8g 三氧化铬-沙子装入双球玻璃管中，两端用少量脱脂棉塞好。用塞有玻璃珠的乳胶管将氧化管两端密封。使用时氧化管与吸收管之间用一小段乳胶管连接，采集气体尽可能少与乳胶管接触，以防氮氧化物被吸附。

(4) 亚硝酸钠标准贮备液 $\rho(NO_2^-)=250\mu g/mL$。称取 0.3750g 粒状亚硝酸钠（预先在干燥器内放 24h 以上），溶解于水中，移入 1000mL 容量瓶中，用水稀释至标线。贮于棕色瓶放在冰箱内，可保存 3 个月。

(5) 亚硝酸钠标准溶液 $\rho(NO_2^-)=2.50\mu g/mL$。临用前，吸取贮备液 1.00mL 于 100mL 容量瓶中，用水稀释，定容。

四、实验步骤

1. 采样

用一支多孔玻板吸收管，内装 5.00mL 吸收液，进气口接氧化管并使管口略微向下倾斜，以免当湿空气将氧化剂 (CrO_3) 弄湿时污染后面的吸收液。空气采样器流量选择为 0.2~0.3L/min，避光采样至吸收液呈微红色为止，记下采样时间，若溶液不变色，采气量应不少于 6L。密封好采样管待当日测定。

2. 标准曲线的绘制

取 6 支 10mL 具塞比色管，按表 8-6 配制标准系列。

表 8-6 亚硝酸钠标准系列

管号	0	1	2	3	4	5
亚硝酸钠标准溶液/mL	0	0.40	0.80	1.20	1.60	2.00
吸收原液/mL	8.00	8.00	8.00	8.00	8.00	8.00
水/mL	2.00	1.60	1.20	0.80	0.40	0
亚硝酸根含量/μg	0	0.10	0.20	0.30	0.40	0.50

各管摇匀后，避开直射阳光，放置 20min，用 1cm 比色皿，以重蒸蒸馏水为参比，在波长 540nm 处，测量吸光度。由标准系列测得吸光度值减去空白溶液吸光度，绘制吸光度对亚硝酸根含量 (μg) 的标准曲线。

3. 样品测定

采样后放置 20min，将被测试液转入 1cm 比色皿中，用绘制标准曲线的方法测定试剂空白液和被测试液的吸光度。如果样品吸光度超过标准曲线的测定上限，可将吸收液稀释后再测定吸光度。计算结果时应乘以稀释倍数。

五、计算

被测试液中氮氧化物吸光度 A_r 用式（1）计算。

$$A_r = A_s - A_b \tag{1}$$

式中　A_s——被测试液的吸光度；

　　　A_b——空白溶液的吸光度。

氮氧化物的含量 $\rho(NO_2)$ 用式（2）计算。

$$\rho(NO_2) = \frac{m}{0.76V_n} \times \frac{V_t}{V_a} \tag{2}$$

式中　m——被测试液中含氮氧化物质量（以 NO_2 计），μg。由 A_r 值从相应的标准曲线上确定；

　　　V_n——标准状态下的采样体积，L；

　　　0.76——NO_2（气）转换为 NO_2^-（液）的系数；

　　　V_t——样品溶液的总体积，mL；

　　　V_a——测定时所取样品溶液体积，mL；

$\rho(NO_2)$——大气中氮氧化物的质量浓度，$\mu g/L$。

六、注意事项

（1）本方法所用试剂均用不含亚硝酸根的重蒸蒸馏水配制，即所配吸收液的吸光度不得超过 0.005。

（2）若无颗粒状亚硝酸钠时，可用高锰酸钾滴定法标定出亚硝酸钠贮备液的准确浓度后，再稀释成每毫升含 5.0μg 的亚硝酸根的标准溶液。

（3）吸收液若受三氧化铬污染，溶液呈黄棕色，该样品应作废。

（4）吸收液应避光，而且不能长时间暴露在空气中，以防止光照射使吸收液显色或吸收空气中的氮氧化物使试剂空白值增高。

七、思考题

1. 采样时，在多孔玻板吸收管管口接氧化管的目的是什么？

2. 进行样品测定时，在采样后为何要放置 15min？

第九章　气相色谱法

第一节　概　述

"色谱"一词是俄国植物学家茨维特在 1906 年首先提出来的。他把植物色素的石油醚抽提液倒入一根装有碳酸钙吸附剂的竖直玻璃管中，再加入纯的石油醚，任其自由流下，结果在管内形成不同颜色的谱带，"色谱"因此得名。后来，这种方法逐渐广泛地用于无色物质的分离，"色谱"这个词也就渐渐失去了它原来的含义。然而，"色谱"二字仍被人们所沿用。

一、色谱法分类

由于色谱过程的现象及基本原理的差异，从不同的角度出发，有不同的分类方法，最常见的是按两相状态的分类法。色谱法中共有两相，即固定相和流动相。相是指体系中某一具有相同成分及相同化学、物理性质的均匀部分。色谱柱内不移动的、起分离作用的物质（如上述 $CaCO_3$）称为固定相。内装固定相用以分离混合物组分的柱管（如上述中的玻璃管），称为色谱柱。在色谱过程中用以携带试样和洗脱组分的流体（如上述中石油醚溶液），称为流动相。流动相是液体的称作液相色谱，流动相是气体的称作气相色谱。固定相也可能有两种状态，即在使用温度下呈液态的固定液和在使用温度下呈固态的吸附剂，因此色谱法可分类如下。

综上所述，色谱法是利用试样中各组分在固定相和流动相中不断分离、吸附和脱吸或在两相中其他作用力的差异，而使各组分得到分离的分析方法。气相色谱法是色谱法的一种，是近代迅速发展起来的一种新型分离分析技术。由于它具有分离效能高、分析速度快、样品用量少、定性、定量准确等特点，因而在化工、石油、医药、食品、环保等行业得到广泛应用。

二、气相色谱法中的两相

1. 固定相

指色谱柱内不移动的、起分离作用的物质。

（1）吸附剂　具有吸附活性并用于色谱分离的固体物质。

（2）固定液　固定相的组成部分，指涂渍在载体表面上起分离作用的物质，在操作温度下是不易挥发的液体。

（3）载体　负载固定液的惰性固体。

（4）高分子多孔小球　苯乙烯和二乙烯基苯的共聚物或其他共聚物的多孔小球，可以单独或涂渍固定液后称为固定相。

2. 流动相

色谱柱中用以携带试样和洗脱组分的气体。用作流动相的气体称作载气，常用的载气有 N_2、H_2、Ar、He 等。

三、气相色谱法分析流程

气相色谱法是用气体作为流动相的一种色谱法。在此法中，载气携带欲分析的试样（气

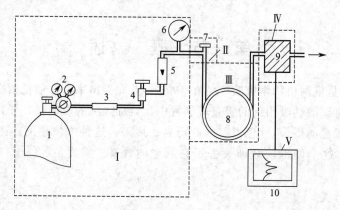

图 9-1　气相色谱流程图

1—高压瓶；2—减压阀；3—载气净化干燥管；4—针形阀；5—流量计；
6—压力表；7—进样器；8—色谱柱；9—检测器；10—记录仪

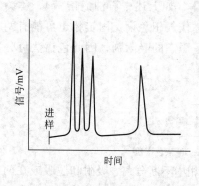

图 9-2　色谱图

体或液体汽化后的蒸气），通过色谱柱中的固定相，使试样中各组分分离，然后分别由检测器检出，再用记录器记录下来。其简单流程如图 9-1 所示。载气由高压瓶"1"供给，经减压阀"2"减压后，进入载气净化干燥管"3"除去载气中水分和杂质，经针形阀"4"控制载气的压力和流量，流量计"5"和压力表"6"用以指示载气柱前流量和压力，再经过进样器（包括气化室）"7"，试样由进样器注入，然后由载气携带进入色谱柱"8"，将各组分分离后依次进入检测器"9"后放空，检测器信号由记录仪"10"记录，就可得到如图 9-2所示的色谱图。图中 4 个峰代表混合物中 4 个组分，根据色谱图可对混合物中各组分进行定性和定量测定。

第二节　气相色谱法基本原理和色谱图

一、气相色谱法基本原理

气相色谱法是利用混合物中各组分在流动相和固定相中具有不同的溶解和解析能力（指气液色谱），或不同的吸附和脱吸能力（指气固色谱），或其他性能的差异，当两相作相对运动时，样品各组分在两相中反复多次受到上述各种作用力的作用，从而使混合物的组分得到分离。如图 9-3 所示。

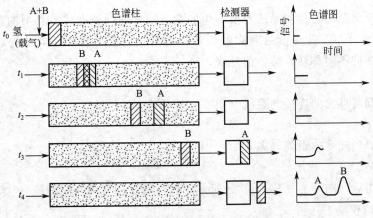

图 9-3 色谱柱中分离过程示意图

当样品（含有 A、B 两组分的混合物）注入色谱柱头后，载气把气态或汽化后的样品带入色谱柱内，由于各组分在固定相中的溶解和解析能力，或吸附和脱吸能力的差异，各组分在柱中的滞留时间也就不同，即在柱中的运行速度不同。随着载气的不断流过，各组分在柱中两相间经过反复多次地分配和平衡，当运行了一定的柱长后，各组分就被分离出来。组分 A 离开色谱柱进入检测器时，记录仪就记录出组分 A 的色谱峰；继之当组分 B 离开色谱柱进入检测器时，记录仪记录出组分 B 的色谱。若还存在组分 C、D……，同样逐个陆续记录下其色谱。由于色谱柱中存在涡流扩散、纵向扩散和传质阻力等原因，使得到记录的色谱峰并不是一条矩形图形，而是一条峰形图形。

二、色谱图及其相关术语

1. 色谱图

色谱柱流出物通过检测系统时，所产生的响应信号对时间或载气流出体积而作的曲线图，如图 9-4 所示。通常以组分浓度为纵坐标，流出时间为横坐标，被称为色谱流出曲线。在一定的进样范围内，色谱流出曲线遵循正态分布，它是色谱定性、定量和评价色谱分离状况的依据。

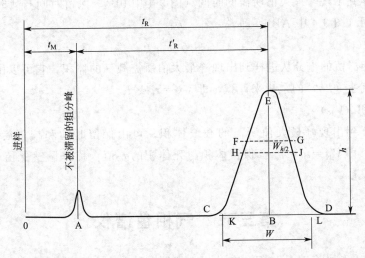

图 9-4 色谱流出曲线图

2. 色谱峰

色谱柱流出组分通过检测系统对所产生的响应信号的微分曲线。典型的色谱峰见图 9-4 中 CED，呈正态分布，其峰形是对称的。若峰后沿较前沿平缓的不对称峰，称作拖尾峰；前沿较后沿平缓的不对称峰，称作前延峰。

3. 峰底

峰的起点和终点之间连接的直线（图 9-4 中 CD）。

4. 峰高（h）

从峰最大值到峰底的距离（图 9-4 中 BE）。

5. 峰宽（W）

在峰两侧拐点（图 9-4 中 F、G）处所作切线与峰底相交两点间的距离（图 9-4 中 KL）。

6. 半峰宽（$W_{h/2}$）

通过峰高的中点作平行于峰底的直线，此直线与峰两侧相交两点之间的距离（图 9-4 中 HJ）。

7. 峰面积（A）

峰与峰底之间的面积。

8. 基线

在正常操作条件下，仅有载气通过检测系统时所产生的响应信号的曲线。基线随时间之间的缓慢变化称作基线漂移。由于各种因素所引起的基线波动称作基线噪声。

三、色谱参数

当仪器的操作条件保持不变时，任一物质的色谱峰总是在色谱图上固定的位置出现，即具有一定的保留值，下面是几个常用保留参数术语。

1. 死时间（t_M）

不被固定相滞留的组分从进样到出现峰最大值所需的时间（图 9-4 中 0A）。也就是指不被固定相吸附或溶解的气体在检测器中出现浓度或质量极大值的时间，即气体流经色谱柱空隙所需的时间。

2. 保留时间（t_R）

组分从进样到出现峰最大值所需的时间（图 9-4 中 0B）。保留时间与死时间的差值，称作调整保留时间（图 9-4 中 AB），即 $t'_R = t_R - t_M$。

3. 死体积（V_M）

不被固定相滞留的组分从进样到出现峰最大值所需载气的体积，它可以由死时间和校正后的柱后载气流速（F_0）的乘积来计算，即 $V_M = t_M \times F_0$。

4. 保留体积（V_R）

组分从进样到出现峰最大值所需的载气体积。可由保留时间和校正后的柱后载气流速的乘积计算，即 $V_R = t_R \times F_0$。保留体积与死体积的差值，称作调整保留体积（V'_R），即 $V'_R = V_R - V_M$。

第三节　气相色谱仪

气相色谱仪是气相色谱法进行分离分析的仪器。随着生产不断发展，气相色谱仪实现了微机控制、键盘操作、数据打印报告为一体的自动化。

一、气相色谱仪的基本结构

气相色谱仪虽然种类很多，但它们的基本结构都主要由气路系统、进样系统、分离系统、检测系统和记录系统等组成（图 9-1 中的Ⅰ～Ⅴ）。

1. 气路系统

（1）气体分类

① 载气　载气是气相色谱仪的流动相，其作用是把样品携带到色谱柱和检测器。常用的载气有 N_2、H_2、He、Ar 等。

② 燃气　用氢火焰离子化检测器的燃烧气体。一般为 H_2。

③ 助燃气　帮助 H_2 燃烧的气体。一般用空气或 O_2。

（2）气体净化　气相色谱法对气体的纯度要求很高，气体从高压钢瓶引出后要通过装填了各种净化剂的干燥管，对气体进行净化。常用的净化剂有以下几种。

变色分子筛——除去水分

活性炭——除去硅氢化合物

脱氧剂——除去 O_2

碱石灰——除去 CO_2

（3）气体流量检测　气相色谱用的气体一般都贮于高压钢瓶中，为了保证气相色谱分析的准确度，要求载气流量稳定，变化幅度应小于 1%，通常是通过减压阀、稳压阀、针形阀等来控制调节气体的流量。

（4）载气流量测量　为了保证定量分析结果的重现性，就应保持载气准确的流速。流速的测定通常是由转子流量计和皂膜流量计共同实现。

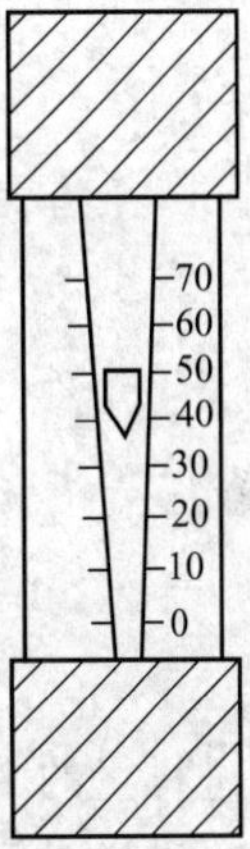

① 转子流量计　又称浮子流量计，在一根有刻度的直立玻璃管内有一个转子（浮子），如图 9-5 所示。气体由下而上运动时所产生的浮力将转子抬举到一定高度；平衡时转子的重力等于所受浮力，与气体流速成正比关系，根据转子停留位置的读数值即指示出载气流速。转子流量计装于色谱柱之前，测到的是柱前流量。

图 9-5　转子流量计

② 皂膜流量计　用来测量柱出口载气流速，其结构如图 9-6 所示。也可以用一支 50mL 卸去橡皮管的碱式滴定管代替，下口连接一玻璃三通，三通一端与载气出口相连，三通下端接一盛满肥皂水的橡皮球，挤压橡皮球使肥皂液进入三通，出来的气体就会推着皂膜沿管壁自下而上运动，用秒表测定皂膜移动一定距离所需的时间，就可以算出气体的流速。将转子流量计的不同高程刻度值对应皂膜流量计的流速值作图，就能根据转子示值和图示曲线随时确定该种气体的流速值（见实验 9-1 的具体操作）。

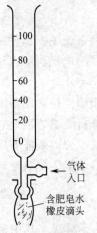

图 9-6　皂膜流速计

2. 进样系统

进样系统包括进样装置和汽化室。进样就是把样品快速加注到色谱柱上进行分离。

（1）液体进样　液体进样一般采用微量注射器。微量注射器有 0.1、0.5、1.0、5.0、10、50μL 等多个规格。一般样品的进样量为 0.1～10μL，进样时间越短越好。采用微机控制的自动进样器进样，可克服人为因素引入的误差，因为进样是引起色谱分析误差的主要来源之一。

（2）气体进样　气体进样通常采用六通阀，如图9-7所示。它是通过一个阀件定量地自管路取来样品，然后把样品送入色谱柱中。

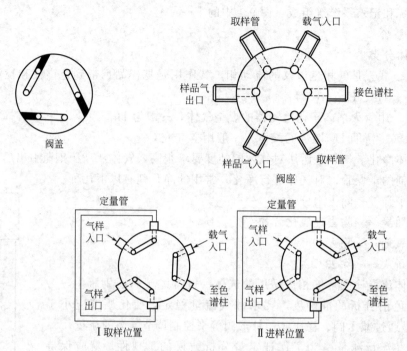

图 9-7　平面六通阀结构、取样和进样位置

进样量的大小和进样时间的长短对色谱的分离效能有很大的影响。进样量大，色谱柱负担重；进样时间长，样品原始区域宽度变大。这些都会使色谱峰变宽甚至变形。所以进样是否准确快速，直接影响到色谱定量分析的重现性和准确性。

（3）气化室　气化室即样品注入室。它的作用是将液体或固体样瞬间转化为蒸气。气化室的空间要小，热容量大，载气进入气化室与样品接触前最好经过足够的预热。气化室的温度根据样品的沸点和色谱柱柱温确定，一般应在样品沸点左右且比柱温高。

3. 分离系统

色谱分析中，样品中各组分的分离是在色谱柱中完成的，因此，分离系统主要部件是指色谱柱，一个样品中各组分分离效果的好坏，在很大程度上取决于色谱柱的选择。所以说色谱柱是色谱仪的心脏。气相色谱柱可分为填充柱和毛细管柱两大类。

（1）色谱柱分类　在柱内装填固定相填料的色谱柱称作填充柱。由于填充柱的制备和使用方法都比较容易掌握，而且有多种填料可供选择，能满足一般样品的分析要求，因此它的应用范围非常广泛。其缺点是渗透性较差，传质阻力较大，柱子不能过长，分离效能有限。

毛细管柱的内径在1mm以下，固定相涂布在柱管内壁，中心为空心，样品在毛细管柱内就达到很高的分离度，样品用量又少，但毛细管柱价格较贵。

（2）色谱柱的制备与使用

① 柱管材料　色谱柱柱管常用玻璃、不锈钢、铜、铝、聚四氟乙烯等制造。其中玻璃柱吸附最少，但易碎；不锈钢柱持久耐用，使用广泛，但要充分洗净，并经硅烷化处理，以消除其活性。

② 柱管形状与尺寸　常见的色谱柱有 U 形、盘形和直形三种。填充柱的内径一般为

3～4mm，毛细管柱为 0.1～0.5mm。填充柱的长度一般在小于 4m，毛细管柱长度常在20～100m。

③ 柱子的装填　空柱按要求彻底清洗干净后，就可填装预先选择准备好的填料。填装时，先将柱子的一头用脱脂棉堵住，接上安全瓶和真空泵，柱另一头接上漏斗，填料从漏斗中加入。开启真空泵，填料即通过漏斗被抽吸进柱中，用木棒轻轻敲振柱子各部，使填料充分均匀。填充完毕，在柱两端进出口处填上适量的玻璃棉。

④ 柱子的老化　柱子在使用前必须进行老化，以除去溶剂、水分及柱材料在制备过程中残留的挥发性物质。由于不同的填料有不同的特性，所以老化应按特定的要求进行。一般情况下是把色谱柱安装在色谱炉内，但要把连接检测器的一端断开，即不要让尾气进入检测器，而应直接排空。然后在高于操作温度 20～30℃的条件下通载气 24h。

⑤ 使用　色谱柱经上述装填老化处理后，就可装配到色谱炉上，在规定温度下进行样品的分离。为了保证柱效能，应选择较低的柱温。柱温的选择主要取决于样品的性质。样品为永久性气体或其他气态物质时，柱温一般控制在 50℃以下；沸点高于 300℃的物质，柱温最好控制在 200℃以上；若样品沸程太宽，则可采用程序升温。

4. 检测系统

检测系统的主要部件是检测器。检测器就是把样品的物理化学信号转变成电流信号的一种装置。常见的有热导池检测器和氢火焰离子化检测器。

(1) 热导池检测器　热导池检测器（TCD）是根据当载气中混有其他气体时，载气的热导率要发生改变的原理制成的，其结构如图 9-8 所示。

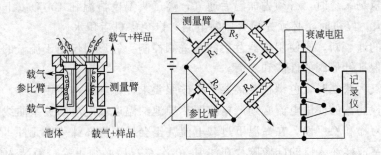

图 9-8　热导池检测器结构及工作原理示意

热敏感元件是由铼钨丝等金属丝组成的电桥，通恒定电流后，铼钨丝温度升高，热量经流动的载气带走，参比臂（$R_2 R_3$）和测量臂（$R_1 R_4$）平衡，电桥平衡，电路输出为零，记录曲线平直（称为基线）。当有分离组分与载气一起通过测量臂，而参比臂仍为载气流时，由于混合气体的热导率与纯载气不同，两臂被带走的热量不同，热敏元件的温度和电阻的变化也不同，从而使电桥失去平衡，记录仪信号发生改变。信号大小随组分在载气中浓度不同而变化，曲线不再平直。当样品各组分完全流去后，两臂通入都是纯载气，电桥又恢复到平衡，信号稳定，记录仪记录曲线又恢复到基线。

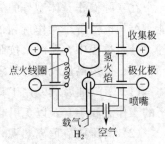

图 9-9　氢火焰离子化检测器

(2) 氢火焰离子化检测器　氢火焰离子化检测器（FID）的灵敏度比热导检测器高，而且经久耐用，是仅次于热导池检测器的第二种常用的检测器，常用于检测有机化合物。氢火焰离子化检测器结构如图 9-9 所示。

被测组分被载气携带与燃烧用的氢气混合一起进入检测器，由毛细管喷嘴喷出。氢气在空气的助燃下经引燃后进行燃烧，燃烧后产生的高温能把被测有机物组分电离成正离子和电子，由于火焰附近存在着收集极和极化极，在两极之间加有 150V 和 300V 的极化电压，形成一直流电场，产生的正离子及电子，在电场作用下作定向运动而形成离子流并被收集，经微电流放大器放大，信号输入记录仪。

使用检测器时，应选择适当的载气和工作电流。为了保护热丝，对热导池检测器应特别注意，开机时要先通载气后通电，关机时要先断电后停载气；对氢火焰离子化检测器，不点火时严禁通 H_2，通了 H_2 后要及时点火，并保证火焰是点着的。关机时先关 H_2、空气，再关各电器部件的电源，待层析室温度降至近室温时再关载气。

5. 记录系统

（1）微电流放大器　微电流放大器是一种把检测器收集到的微弱电流（$10^{-6} \sim 10^{-13}$ A）加以放大，使之有足够的输出功率从而使记录仪工作的一种装置。

（2）记录仪　记录仪是一种能自动记录电信号的装置。过去多采用电子电位差计进行记录，现在多采用微机处理，并把记录系统和数据处理系统合二为一。

二、气相色谱仪的使用规则

（1）开机前气路系统、控温系统、供电系统、记录系统和各种开关应处于关闭状态。

（2）层析室的给定温度不能超过色谱柱固定相的最高使用温度。

（3）操作使用热导池系统时，必须严格按启动时先通气 5min，后通电，停机时先关电，后关气的原则操作，特别是在高温操作使用后必须在热导检测器冷至 $70 \sim 80℃$ 时才关气。

（4）操作氢焰系统时，必须先加温后通气，离子头温度恒温在 100℃ 以下，二十分钟后才能通 H_2 点火。停机时，必须先熄火后断电路，以免停机后积水。

（5）气路的通、断，应使用仪器背后的开关阀控制。针形阀仅用于流量的调节，不应作开关使用。以保证针形阀的性能和寿命。

（6）以氢气为载气时，色谱柱装接要严格按照要求，保证安全使用。

（7）热导检测器的使用电流必须严格按照热导池的温度和电流的关系曲线来给定，否则会影响仪器的寿命和稳定性。在高温下过载电流甚至会导致烧坏铼钨丝元件。

（8）气化室液样注入口的硅橡胶片在注射 20 次左右后必须更换。新装入的硅橡胶片必须用苯和酒精擦洗干净。

（9）平时不使用仪器时，也应经常将层析室、气化室、检测器恒温在 $80 \sim 100℃$ 左右，以便将保温玻璃棉中的水气烘干，以保证仪器的绝缘性和稳定性。

在实际操作具体型号的气相色谱仪时，首先应认真阅读仪器使用说明书，了解仪器的性能、结构以及各个操作旋钮的功能，根据仪器的有关技术指标和分析对象，选择适当的条件。分析过程中，要严格按照操作规程，安全正确使用仪器。

三、使用高压气瓶的注意事项

（1）氧气瓶及其专用工具严禁与油类接触，操作人员也绝对不能穿用沾有各种油脂或油污的工作服和手套，以免引起燃烧。

（2）高压瓶应远离热源，避免曝晒或强烈震动，要直立并固定。存放时要分类。氧气瓶、可燃气体气瓶应远离明火。

（3）高压气瓶上使用的减压阀要专用，安装时螺扣要上紧。

（4）开启高压气瓶时，操作者须站在气瓶出口气的侧面，气体必须经减压阀减压，不得直接放气。操作时严禁敲打。发现漏气应立即修好。

（5）气瓶内气体不得全部用尽，剩余残压应不小于 $10^5\,\mathrm{Pa}$。

（6）各种气瓶必须定期进行技术检验，如发现有严重腐蚀或其他严重损伤，应及时检验。

第四节　气相色谱法的定性和定量分析

一、定性分析

定性分析就是为检测物质中原子、原子团、分子等成分的种类而进行的分析。气相色谱定性就是要确定色谱图上各色谱峰究竟代表什么组分。常用的定性方法有以下几种。

1. 利用保留值定性

在一定的固定相和指定的操作条件下，任何一种物质都有一确定的保留值（时间、体积或记录纸距离）。因此在相同实验条件下，分别测定未知物和已知物的保留值，通过对照就能初步判定某色谱峰所代表的物质。这种利用未知物的保留值与已知物保留值对照定性的方法称为利用保留值定性分析，如图 9-10 所示。

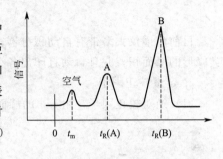

图 9-10　不同组分的保留时间

2. 利用保留指数定性

当无标准样品时，人们常用保留指数进行定性，它是将待测物的保留指数计算出来，然后根据所用固定相和样温直接与文献数据对照，即可确定物质的组分。

每个正构烷烃的保留指数规定为其碳原子数乘以 100。如正丁烷的保留指数是 400；正己烷为 600；正庚烷为 700。而待测组分的保留指数，则因固定液的性质和柱温的不同而各异。任何物质的保留指数可按下式计算。

$$I_x = 100 \times \left[n \times \frac{\lg t'_{\mathrm{R}(x)} - \lg t'_{\mathrm{R}(n)}}{\lg t'_{\mathrm{R}(n+1)} - \lg t'_{\mathrm{R}(n)}} \right] \tag{9-1}$$

式中　$t'_{\mathrm{R}(x)}$——待测组分的调整保留时间；

$t'_{\mathrm{R}(n)}$——具有 n 个碳原子的正构烷烃的调整保留时间；

$t'_{\mathrm{R}(n+1)}$——具有 $n+1$ 个碳原子的正构烷烃的调整保留时间。

且 $t'_{\mathrm{R}(n+1)} > t'_{\mathrm{R}(x)} > t'_{\mathrm{R}(n)}$。

利用保留值的经验规律也可进行定性，如碳数规律和沸点规律。

还有几种其他定性方法，利用检测器的选择性定性，利用化学反应类型定性，与其他仪器结合定性等。

二、定量分析

定量分析的依据是，检测器对某一组分 i 的响应信号（如峰高 h_i 或峰面积 A_i）与该组分通过检测器的质量 m_i 成线性关系（即正比）。

$$m_i = f_i A_i \tag{9-2}$$

$$m_i = f_{h_i} h_i \tag{9-3}$$

f 为比例系数，在此称为校正因子，f_i 称为面积校正因子，f_{h_i} 称为峰高校正因子。进行定量分析时，必须要测定峰面积或峰高和其对应的校正因子。

1. 峰面积的测量

（1）峰高乘半峰宽法 当色谱峰为对称峰时，将其视为一个等腰三角形，根据等腰三角形面积的计算，再加以校正，经数学推导证明，可用下式计算峰面积。

$$A=1.065hW_{h/2} \tag{9-4}$$

式中 h——峰高；

$W_{h/2}$——半峰宽；

1.065——校正系数。

（2）峰高乘平均峰宽法 当色谱峰为不对称峰时，可在峰高的 0.15 和 0.85 处分别测得峰宽，取其平均值，计算峰面积，计算式如下

$$A=\frac{h}{2}\times(W_{0.15}+W_{0.85}) \tag{9-5}$$

目前色谱仪大多带有自动积分器，可以取代以上手工测量法，可以准确、自动地测量各类峰形的峰面积，并且自动打印出各个峰的保留时间和峰面积等数据。

2. 定量校正因子

（1）绝对校正因子 组分 i 的峰面积和峰高的校正因子为

$$f_i=\frac{m_i}{A_i} \tag{9-6}$$

$$f_{h_i}=\frac{m_i}{h_i} \tag{9-7}$$

实际操作时由于向气相色谱仪注入准确已知质量的纯物质比较困难，即绝对校正因子不易求得，所以多采用相对校正因子 f_i' 来作定量校正因子。

（2）相对校正因子 待测组分 i 的绝对校正因子与标准物 s 的绝对校正因子之比。称为组分 i 的相对校正因子。

$$f_i'=\frac{f_i}{f_s} \tag{9-8}$$

实际应用时，常将相对二字省去，据被测组分计算单位的不同，校正因子又分质量校正因子 (f_m)、摩尔校正因子 (f_M) 和体积校正因子 (f_v)。其中最常用的是质量校正因子。根据式(9-6) 和式(9-8) 可知

$$f_m=\frac{A_sm_i}{A_im_s} \tag{9-9}$$

式中 A_i，A_s——分别为物质 i 和标准物 s 的峰面积；

m_i，m_s——分别为物质 i 和标准物 s 的质量。

校正因子可由文献中很方便地查阅。附录表 7 为热导池和氢焰中部分化合物的质量校正因子。

3. 定量分析结果计算

色谱分析定量计算方法很多，应用比较广泛的有归一化法、内标法、外标法（标准曲线法）三种。

（1）归一化法 如果试样中所有的组分均能流出色谱柱并显示色谱峰，就可用此法计算组分含量。

设试样中共有 n 个组分，各组分的质量分别为 m_1、m_2、$\cdots$、m_n，则 i 种组分的质量

分数为

$$w_i = \frac{m_i}{m_1 + m_2 + \cdots + m_n} = \frac{A_i f_i}{A_1 f_1 + A_2 f_2 + \cdots + A_n f_n} \qquad (9\text{-}10)$$

【例 9-1】 测定组分仅含 H_2O、苯、乙醇，经测定得如下数据表。求各组分的质量分数。

名称	H_2O	苯	乙醇
峰面积 A_i/cm^2	3.75	1.81	3.40
相对校正因子 f_i	0.550	0.780	0.640

解

据

$$w_i = \frac{A_i f_i}{A_1 f_1 + A_2 f_2 + A_3 f_3 + \cdots + A_n f_n}$$

则

$$w(H_2O) = \frac{3.75 \times 0.550}{3.75 \times 0.550 + 1.81 \times 0.780 + 3.40 \times 0.640} = \frac{2.06}{5.65} = 0.365$$

$$w(苯) = \frac{1.81 \times 0.780}{3.75 \times 0.550 + 1.81 \times 0.780 + 3.40 \times 0.640} = \frac{1.41}{5.65} = 0.249$$

$$w(乙醇) = \frac{3.40 \times 0.640}{3.75 \times 0.550 + 1.81 \times 0.780 + 3.40 \times 0.640} = \frac{2.18}{5.65} = 0.386$$

答：试样中各组分质量分数 $w(H_2O) = 0.365$，$w(苯) = 0.249$，$w(乙醇) = 0.386$。

归一化法的优点是简便、准确，进样量的多少不影响定量结果的准确性。仪器与操作条件稍有变化对结果的影响较小，对多组分的测定尤其显得方便。缺点是试样中的所有组分必须全部出峰，不需要定量的组分也必须测定校正因子的峰面积，因此其应用受到一定限制。

（2）内标法 当试样中所有组分不能全部出峰，只需测定能出峰的某一个或几个组分的含量时，可用这种方法。先选择一种样品中没有的纯物质作内标物，定量地加入到已知质量的样品中，测得内标物和样品中待测组分的峰面积，引入质量校正因子，就可以计算样品中待测组分的质量分数。

因为

$$\frac{m_i}{m_s} = \frac{A_i f_i}{A_s f_s} \qquad m_i = \frac{A_i f_i m_s}{A_s f_s}$$

所以

$$w_i = \frac{m_i}{m_{样}} = \frac{A_i f_i m_s}{A_s f_s m_{样}} \qquad (9\text{-}11)$$

【例 9-2】 用内标法测定环氧丙烷中的水分含量，称取内标物甲醇 0.0125g，加到 2.2800g 试样中，进行色谱分析。测得甲醇峰高为 173mm，水的峰高为 149mm，已知甲醇和水的峰高校正因子分别为 0.58 和 0.55。求环氧丙烷中水分的质量分数。

解

$$w(H_2O) = \frac{0.55 \times 149 \times 0.0125}{0.58 \times 173 \times 2.2800} = 0.004478$$

答：环氧丙烷中水分的质量分数 $w(H_2O) = 0.004478$。

内标法对内标物有以下要求。

① 内标物与试样互溶且是试样中不存在的纯物质；

② 内标物的峰既要处于待测组分峰的附近，彼此又能完全分离且又不受其他峰的干扰；

③ 内标物的质量与待测组分质量相近。

内标法的优点是定量准确、操作条件不必严格控制，在出峰问题上不像归一化法那样受限制。缺点是必须准确称量试样和内标物，因而费工费时。

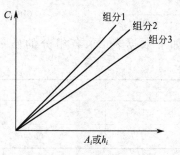

图 9-11　外标工作曲线

（3）外标法（标准曲线法）　在一定条件下，用纯物质配制一系列不同浓度的标准样，定量进样，按测得的峰面积（或峰高）为横坐标，标准系列的浓度为纵坐标，作图绘制标准曲线（见图 9-11）。被测组分以同样条件测定，由所得峰面积（或峰高）在标准曲线上查找组分浓度（含量）。

外标法操作简单，计算方便，不需要查找校正因子，适宜于工厂的控制分析。其准确度主要取决于进样量的重现性和操作条件的稳定性。

本　章　提　要

本章介绍了色谱法常用的术语和分类。简述了气相色谱法的分析流程、原理以及气相色谱仪的基本结构和使用规则。重点介绍了色谱图及其相关术语、色谱参数和定量分析的三种方法。通过相应的实验介绍了气相色谱仪的操作及其有关分析结果的计算。

一、概述

色谱法中流动相是气体的称气相色谱法；流动相是液体的称液相色谱法。

气相色谱法的分析流程是：载气携带欲分析的试样（气体或液体汽化后的蒸气），通过色谱柱中的固定相，使试样中各组分分离，然后分别由检测器检出，再用记录仪记录下来。气相色谱法中的两相是固定相和流动相。

固定相——色谱柱内不移动的、起分离作用的物质。它可以是固体，也可以是液体。

流动相——色谱柱中用以携带试样和洗脱组分的气体。用作流动相的气体叫载气。

二、气相色谱法的基本原理和色谱图

气相色谱法是利用混合物中各组分在流动相和固定相中具有不同的溶解和解析能力（气液色谱），或不同的吸附和脱吸能力（气固色谱），或其他性能的差异。当两相作相对运动时，样品各组分在两相中反复多次受到上述各种作用力的作用，从而使混合物的组分获得分离。

色谱图——色谱柱流动物通过检测系统时所产生的响应信号对时间或载气流出体积的曲线图（见图 9-4）。

图 9-4 是典型的色谱峰，呈正态分布，峰形是对称的。由图可解释和计算峰宽、峰高、半峰宽、峰面积、基线等以及色谱参数。

三、气相色谱仪

气相色谱仪的基本部件有气路系统、进样系统、分离系统、检测系统和记录系统等。

气相色谱仪的使用，可按不同型号仪器的操作规程进行。

四、气相色谱法的定量分析

1. 归一化法

这种方法适用于多组分的测定，但要求试样中所有组分必须全部出峰。分析结果计算公式如下。

$$w_i = \frac{A_i f_i}{A_1 f_1 + A_2 f_2 + \cdots + A_n f_n}$$

2. 内标法

当试样中所有组分不能全部出峰，只需测定能出峰的某一个或几个组分的含量时，可用内标法。分析结果计算公式如下。

$$w_i = \frac{A_i f_i m_s}{A_s f_s m_{样}}$$

3. 外标法（标准曲线法）

此法操作简单、计算简便，不需要查找校正因子，适用于工厂的控制分析。

※实验 9-1 载气流速的测量和校正

一、实验目的

1. 练习用皂膜流量计测量和校正载气流速。

2. 学习绘制载气流速对应转子高度的曲线。

二、实验原理

由于转子高度和载气流速不成线性关系，而转子流量计上标示的是管子的均匀刻度，所以不能直接从转子刻度上读示载气的流速。常用皂膜流量计进行校正，并绘制载气流速对应转子流量计高度的曲线。使用时就可以根据曲线查找确定同一气体某流速时转子所处的刻度位置。

三、仪器和试剂

1. 仪器

气相色谱仪	一台	秒表 一个
50mL 碱式滴定管	一支	橡皮管
玻璃三通	一个	

2. 试剂

皂液（或多泡洗衣粉）

四、实验步骤

（1）装配皂膜流量计 将 50mL 碱式滴定管橡皮接头以下拔掉，重新接一根 $\phi 5mm \times 100mm$ 的橡皮管，橡皮管另一头接玻璃三通，三通另两端的一端接一个滴管胶帽，另一端接一根长约 500mm 的橡皮管与色谱仪载气排空口相连。

（2）将装配好的皂膜流量计用皂液润湿。取下胶帽，向内装满皂液后重新接到玻璃三通上。

（3）开启气路系统，调节载气（H_2）压力至 0.29MPa，用针形阀调节转子高度至一定值，挤压胶帽头使皂液进入三通口，在气流作用下形成若干皂膜，跟踪某一皂膜进入皂膜流量计（即碱式滴定管），从 50mL 刻度开始用秒表计时，至皂膜升到"0"刻度时结束计时。根据皂膜通过 50mL 所需的时间，计算载气流速（mL/min）。

用上述方法依次测量转子高度分别为 0、10、20、30、50 等格的载气流速。

（4）绘制曲线 以载气流速（mL/min）为纵坐标，转子流量计刻度值（格）为横坐标，描出载气流速对应的转子流量计刻度值在坐标纸上的各点，用曲线板将各点连接绘制成一条平滑的曲线。以此为据，就可以根据其实验所需的该种载气的流速在曲线上查找转子应在的高度刻度值。

五、注意事项

1. 载气流速的校正

若需要精确的载气流速，还应对常温条件和大气压下皂膜流量计测得的载气流速 F_0 进行校正。校正公式为

$$F_c = F_0 \cdot \frac{p_0 - p_w}{p_0} \cdot j \cdot \frac{T_c}{T_a} \qquad (9\text{-}12)$$

式中　F_c——校正到柱温下载气流速，mL/min；

　　　F_0——柱出口的载气流速，mL/min；

　　　p_0——大气压力，Pa；

　　　p_w——测量时室温下的饱和蒸气压，Pa；

　　　j——压力梯度校正因子；

　　　T_c——柱温，K；

　　　T_a——室温，K。

公式中的压力梯度校正因子 j，可通过计算或查表得到。

2. 高压气瓶打开和关闭的顺序

高压气瓶开关阀和减压阀如图 9-12 所示。

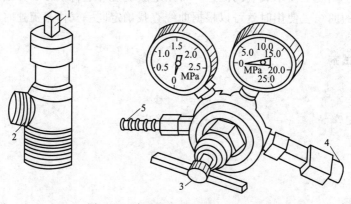

图 9-12　高压气瓶开关阀和减压阀

1—高压气瓶阀；2—高压气瓶阀支管；3—减压阀螺旋；4—接高压气瓶阀；5—低压气体出口

（1）打开的顺序

① 将减压阀用螺旋套帽牢固地连接在高压气瓶阀的支管上。

② 沿反时针方向转动高压气瓶阀至全开，让高压气体进入减压阀的高压室，这时与高压室相连的压力表就指示出高压气瓶的压力。

③ 按顺时针方向慢慢转动减压阀的螺旋，此时高压室的高压气体进入减压阀的低压室，与低压室相连的压力表就指示输出气体的低工作压力，当低压室的压力大于最大工作压力（2.45×10^6 Pa）的 1.1~1.5 倍，安全装置就全部打开放气。

（2）关闭的顺序

① 沿反时针方向转动并全关闭减压阀的螺旋。

② 沿顺时针方向转动并全关闭高压气瓶阀，此时高压室压力表指针下降。

③ 沿顺时针方向转动并全开减压阀螺旋，此时低压室的气体放空，压力表指针指向零。

④ 沿反时针方向转动减压阀螺旋至松动即可。

六、思考题

为什么不能由转子流量计直接读出气体流速？

※实验 9-2　乙醇中少量水分的测定

一、实验目的

1. 熟悉气相色谱仪的使用方法。
2. 练习用外标法测定乙醇中少量水分的含量。
3. 练习微量注射器的进样方法。

二、实验原理

用气相色谱法测定乙醇中少量水分的含量，以有机 402 担体为固定相，用热导检测器外标法进行定量分析。在适当条件下，所得色谱图如图 9-13 所示。

三、仪器与试剂

1. 仪器

气相色谱仪	一台
60～80 目标准筛	一套
微量注射器　5μL	一支
真空泵	一台
秒表	一个
容量瓶　10mL	五个
φ3mm×1000mm 不锈钢柱管	一根

2. 试剂

分析纯无水乙醇
60～80 目有机 402 担体

图 9-13　乙醇中少量
水分测定的色谱图

四、色谱柱的制备

取 60～80 目有机 402 担体，过筛后装入色谱柱，于 150℃ 老化数小时。注意有机担体有静电吸引，装柱时可在柱口用棉花抹少许丙酮以消除静电。

五、实验条件

检测器	热导检测器	检测器温度	90℃
载气	H_2	桥电流	140mA
流速	17mL/min	柱前压力	0.059MPa（0.6kgf/cm²）
气化室温度	110℃	衰减	1/4
层析室温度	90℃	纸速	300mm/h

六、实验步骤

1. 配制系列标准溶液

取 5 个 10mL 干燥洁净的容量瓶，编号。用分析天平准确称量（称准至 0.0002g）。吸取约 5g 无水乙醇❶于各容量瓶中，同时称量其准确质量。然后向容量瓶中分别加入 20、40、70、100、150mg 蒸馏水，即配得五瓶标准溶液，计算每瓶标准溶液的含水量，将结果填入下表。

---

❶ 将分析纯无水乙醇放入少量在 500℃ 加热处理过的 5A 分子筛，并放置过夜以除去微量水分。

编号	无水乙醇质量/g	纯水质量/g	含水量 $w(H_2O)$	水峰的峰高/cm
1				
2				
3				
4				
5				

2. 绘制标准曲线

在载气流速、温度、桥电流等操作条件稳定的情况下（即基线平直），用 $5\mu L$ 注射器准确依次吸取 1～5 号标准溶液，注入色谱仪，测得各瓶标准溶液的色谱图。量取各色谱图中水峰的峰高，并将结果填入表内。以水峰的峰高为横坐标，含水量为纵坐标，绘制标准曲线。

3. 试样分析及结果计算

在与绘制标准曲线相同的操作条件下，取 $5\mu L$ 乙醇进样，得到色谱图。

从色谱图上量取水峰的峰高，然后从标准曲线上查得试样的含水量。

七、注意事项

（1）开启色谱仪时，一定要先通载气后升温。升温过程中不能离开仪器，要随时观察仪器的运行状况，监视升温情况。

（2）开启热导检测器时要先通载气后通电，关机时要先断电后停气。

（3）使用微量注射器时，切记不可把针芯拉出筒外，不可用手接触针芯。

八、思考题

本实验中进样量不准确是否影响测定结果的准确度？为什么？

实验 9-3　苯、甲苯、乙苯混合物的分析

一、实验目的

1. 进一步熟悉和掌握气相色谱仪的操作。

2. 练习用归一化法定量分析混合物。

3. 学习用峰高校正因子计算组分含量。

二、实验原理

用邻苯二甲酸二壬酯作固定液，使用热导检测器，在适当条件下各组分会被完全分离，采用峰高的归一化法计算混合物各组分的质量分数。

三、仪器和试剂

1. 仪器

气相色谱仪	一台	电炉	一个
微量注射器　$2\mu L$	一支	石棉网	一个
红外灯	一个	小漏斗	一个
烧杯　200mL	一个	通风橱	
玻璃棒	一支	真空泵	一台

2. 试剂

邻苯二甲酸二壬酯		甲苯	分析纯
6201 红色担体		乙苯	分析纯
苯	分析纯	玻璃棉	

四、色谱柱的制备

1. 固定相的配制

称取邻苯二甲酸二壬酯 1.80g 于烧杯中，加入苯溶剂，搅拌并稍温热，使之溶解。然后称取 12g 已筛取的 80～100 目的 6201 红色担体，将其倒入溶液中，使担体刚浸没在液面下。在不断轻轻摇动或轻轻搅拌下，于通风橱中，在红外灯下加热，使溶剂挥发至干燥无苯气味为止。再次用 80～100 目筛子过筛，备用。

2. 装填色谱柱

将 $\phi 3mm \times 2000mm$ 的空色谱柱洗净、烘干后，色谱柱的一端塞入一小段（约 0.5cm）玻璃棉，包上纱布，接真空泵，柱的另一端接一小漏斗。在不断抽气下，将已涂好邻苯二甲酸二壬酯的固定相通过漏斗装入色谱柱。在装填的同时不断轻轻振动色谱柱管，使固定相均匀而紧密的填入，直到固定相填满不再进柱为止。去掉漏斗，在此端也塞入一段玻璃棉，准备老化。

3. 色谱柱的老化

将已装好的色谱柱的一端通载气，另一端放空，在 110～120℃ 下通载气老化几小时，然后将已老化的色谱柱接在检测器上，在仔细检漏后，通载气直至记录器基线走稳为止。

五、实验条件

载气	H₂	衰减	1/2
检测器温度	100℃	层析室温度	100℃
流速	25mL/min	纸速	300mm/h
桥电流	190mA	气化室温度	150℃
检测器	热导检测器		

六、实验步骤

1. 峰高校正因子的测定

准确称取苯、甲苯、乙苯各约 1g，将苯、甲苯、乙苯混合成一标准溶液，取 $1\mu L$ 标准溶液进行色谱分析。分别测出苯、甲苯、乙苯峰的峰高，以苯为标准，按下式计算甲苯、乙苯的峰高校正因子（f）。

$$f_{苯} = 1.000$$

$$f_{甲苯} = \frac{h_{苯}\ m_{甲苯} P_{甲苯}}{h_{甲苯} m_{苯}\ P_{苯}} \qquad f_{乙苯} = \frac{h_{苯}\ m_{乙苯} P_{乙苯}}{h_{乙苯} m_{苯}\ P_{苯}}$$

式中 h——峰高；

m——质量；

P——纯度。

2. 测定

取待测定的含有苯、甲苯、乙苯的试样 $1\mu L$，在相同条件下进行色谱分析。分别测出各组分峰的峰高。在适当条件下，测得色谱图如图 9-14 所示。

七、计算

利用前面标样计算的峰高校正因子，按下式计算试样中苯、甲苯、乙苯的质量分数。

图 9-14 苯、甲苯、乙苯混合物色谱图

$$w_{B} = \frac{h_{B} f_{B}}{h_{苯}\ f_{苯} + h_{甲苯} f_{甲苯} + h_{乙苯} f_{乙苯}}$$

式中　w_B——B组分的质量分数；

　　　h_B——B组分的峰高；

　　　f_B——B组分的峰高校正因子。

八、注意事项

参看实验 9-2 中的注意事项。

九、思考题

气相色谱分析中归一化法定量有什么条件？进样量不准确会不会影响分析结果的准确度？

实验 9-4　利用气-固色谱法分析 O_2、N_2、CO 及 CH_4 混合气体

一、实验目的

熟悉气相色谱仪的操作程序，掌握气体分析的一般实验方法。

二、实验原理

气相色谱是进行气体分析的有力手段。气体是指在室温下呈气态的物质，如永久气体（O_2、N_2、CO 及水蒸气等）、烯类气体、低沸点碳氢化合物、含氮气体、含氯气体、惰性气体等。对这些气体样品的分析通常是采用气-固色谱法。其原理是利用色谱柱上填充的固体吸附剂对样品中各组分进行吸附-解吸能力的不同，从而使各组分得到分离。在这种吸附色谱中常用吸附等温线来描述气体样品在吸附剂上的浓度与样品在载气中的浓度的比值，也就是说，固体吸附剂上气体样品的浓度随气相中气体样品浓度的增加而线性的增加，这使得吸附等温线为一条直线，所得到的色谱峰为一对称峰。然而，在实际分析中，这样的吸附等温线很难得到，只有在样品浓度极低的情况下才有可能出现。多数情况下是处于非线性吸附等温线的状态，与其相对应的色谱峰或是拖尾峰或是伸舌峰。因此，样品进样量直接影响到色谱峰的形状，同时也影响保留时间的重现性，比如进样量过大时，峰形拖尾，保留时间位移，各组分之间的分离变差。因此，只有在低浓度状态下，吸附等温线近似直线，所以样品的进样量应尽量减少。

三、仪器与试剂

1. 仪器

气相色谱仪，带热导检测器

色谱柱：5A 分子筛（60～80 目，ϕ4mm×3000mm）

氢气、皂膜流量计、停表

注射器、六通阀

2. 试剂

O_2、N_2、CO、CH_4，标准气

混合气样品

四、实验步骤

（1）打开 H_2 钢瓶，以 H_2 为载气，用皂膜流量计在热导检测器的出口检查载气是否通过色谱仪，调整流速为 40mL/min。

（2）设置并恒定柱温为 40℃，热导检测器温度为 100℃，气化室温度为 100℃。

（3）打开热导检测器开关，调节桥流为 100mA。

（4）打开色谱数据处理机，输入所需的各种参数。

（5）待仪器稳定后，用折射器注入 0.3mL N_2，记录组分的保留时间和半峰宽。

（6）改变进样量（0.5～6mL）重复步骤（5）3～4 次，必要时采用六通阀进样。

（7）进 1.0mL 混合气样品。

（8）分别注入 0.3mL N_2、O_2、CO、CH_4 标准样品，记录保留时间。

（9）实验结束后首先关闭热岛桥流的开关，随后关闭其他电源。

（10）待柱温降至室温后，关闭载气钢瓶。

五、注意事项

（1）先通载气，确保载气通过热导检测器后，方才可以打开桥流开关。

（2）如使用记录仪记录半峰宽，要调整适当的记录纸速，保证测量的精度。

（3）在应用注射器进样时，因进样器内外有一定的压差，注意安全使用注射器。

六、计算

（1）详细记录色谱分析的实验条件，包括所用仪器的型号，色谱柱的填料、尺寸、材质，载气种类、流速，检测器类型，参数和进样量等。

（2）利用文献的校正因子和归一法定量计算混合物中 O_2、N_2、CO、CH_4 各组分的含量。

（3）利用面积归一法对 O_2、N_2、CO、CH_4 进行定量计算，并与（2）中计算出的结果进行比较讨论。

七、思考题

在色谱分析中，经常会出现色谱峰拖尾的现象，除了进样量的影响之外，还有什么其他影响因素？

附　　录

表1　元素相对原子质量

元素	符号	相对原子质量	元素	符号	相对原子质量	元素	符号	相对原子质量
银	Ag	107.8682(2)	铪	Hf	178.49(2)	铷	Rb	85.4678(3)
铝	Al	26.981538(2)	汞	Hg	200.59(2)	铼	Re	186.207(1)
氩	Ar	39.948(1)	钬	Ho	164.93032(2)	铑	Rh	102.90550(2)
砷	As	74.92160(2)	碘	I	126.90447(3)	钌	Ru	101.07(2)
金	Au	196.96655(2)	铟	In	114.818(3)	硫	S	32.065(5)
硼	B	10.811(7)	铱	Ir	192.217(3)	锑	Sb	121.760(1)
钡	Ba	137.327(7)	钾	K	39.0983(1)	钪	Sc	44.955910(8)
铍	Be	9.012182(3)	氪	Kr	83.798(2)	硒	Se	78.96(3)
铋	Bi	208.98038(2)	镧	La	138.9055(2)	硅	Si	28.0855(3)
溴	Br	79.904(1)	锂	Li	6.941(2)	钐	Sm	150.36(3)
碳	C	12.0107(8)	镥	Lu	174.967(1)	锡	Sn	118.710(7)
钙	Ca	40.078(4)	镁	Mg	24.3050(6)	锶	Sr	87.62(1)
镉	Cd	112.411(8)	锰	Mn	54.938049(9)	钽	Ta	180.9479(1)
铈	Ce	140.116(1)	钼	Mo	95.94(2)	铽	Tb	158.92534(2)
氯	Cl	35.453(2)	氮	N	14.0067(2)	碲	Te	127.60(3)
钴	Co	58.933200(9)	钠	Na	22.989770(2)	钍	Th	232.0381
铬	Cr	51.9961(6)	铌	Nb	92.90638(2)	钛	Ti	47.867(1)
铯	Cs	132.90545(2)	钕	Nd	144.24(3)	铊	Tl	204.3833(2)
铜	Cu	63.546(3)	氖	Ne	20.1797(6)	铥	Tm	168.93421(2)
镝	Dy	162.500(1)	镍	Ni	58.6934(2)	铀	U	238.0289
铒	Er	167.259(3)	镎	Np	237.0482	钒	V	50.9415
铕	Eu	151.964(1)	氧	O	15.9994(3)	钨	W	183.84(1)
氟	F	18.9984032(5)	锇	Os	190.23(3)	氙	Xe	131.293(6)
铁	Fe	55.845(2)	磷	P	30.973761(2)	钇	Y	88.90585(2)
镓	Ga	69.723(1)	铅	Pb	207.2(1)	镱	Yb	173.04(3)
钆	Gd	157.25(3)	钯	Pd	106.42(1)	锌	Zn	65.409(4)
锗	Ge	72.664(1)	镨	Pr	140.90765(2)	锆	Zr	91.224(2)
氢	H	1.00794(7)	铂	Pt	195.078(2)			
氦	He	4.002602(2)	镭	Ra	226.0254			

表2　强酸、强碱、氨溶液的质量分数（w）与密度（ρ）及物质的量浓度（c）的关系

质量分数 w	H_2SO_4		HNO_3		HCl		KOH		$NaOH$		NH_3 溶液	
	$\rho/$ (g/cm³)	$c/$ (mol/L)	$\rho/$ (g/cm³)	$c/$ (mol/L)	$\rho/$ (g/cm³)	$c/$ (mol/L)	$\rho/$ (g/cm³)	$c/$ (mol/L)	$\rho/$ (g/cm³)	$c/$ (mol/L)	$\rho/$ (g/cm³)	$c/$ (mol/L)
0.02	1.013		1.011		1.009		1.016		1.023		0.992	
0.04	1.027		1.022		1.019		1.033		1.046		0.983	
0.06	1.040		1.033		1.029		1.048		1.069		0.973	
0.08	1.055		1.044		1.039		1.065		1.092		0.967	
0.10	1.069	1.1	1.056	1.7	1.019	2.9	1.082	1.9	1.115	2.8	0.960	5.6
0.12	1.083		1.068		1.059		1.100		1.137		0.953	
0.14	1.098		1.080		1.069		1.118		1.159		0.964	

续表

质量分数 w	H₂SO₄		HNO₃		HCl		KOH		NaOH		NH₃ 溶液	
	$\rho/$ (g/cm³)	$c/$ (mol/L)	$\rho/$ (g/cm³)	$c/$ (mol/L)	$\rho/$ (g/cm³)	$c/$ (mol/L)	$\rho/$ (g/cm³)	$c/$ (mol/L)	$\rho/$ (g/cm³)	$c/$ (mol/L)	$\rho/$ (g/cm³)	$c/$ (mol/L)
0.16	1.112		1.093		1.079		1.137		1.181		0.939	
0.18	1.127		1.106		1.089		1.156		1.213		0.932	
0.20	1.143	2.3	1.119	3.6	1.100	6	1.176	4.2	1.225	6.1	0.926	10.9
0.22	1.158		1.132		1.110		1.196		1.247		0.919	
0.24	1.178		1.145		1.121		1.217		1.268		0.913	12.9
0.26	1.190		1.158		1.132		1.240		1.289		0.908	13.9
0.28	1.205		1.171		1.142		1.263		1.310		0.903	
0.30	1.224	3.7	1.184	5.6	1.152	9.5	1.268	6.8	1.332	10	0.898	15.8
0.32	1.238		1.198		1.163		1.310		1.352		0.893	
0.34	1.255		1.211		1.173		1.334		1.374		0.889	
0.36	1.273		1.225		1.183	11.7	1.358		1.395		0.884	18.7
0.38	1.290		1.238		1.194	12.4	1.384		1.416			
0.40	1.307	5.3	1.251	7.9			1.411	10.1	1.437	14.4		
0.42	1.324		1.264				1.437		1.458			
0.44	1.342		1.277				1.460		1.478			
0.46	1.361		1.290				1.485		1.499			
0.48	1.380		1.303				1.511		1.519			
0.50	1.399	7.1	1.316	10.4			1.533	13.7	1.540	19.3		
0.52	1.419		1.328				1.564		1.560			
0.54	1.439		1.340				1.590		1.580			
0.56	1.460		1.351				1.616	16.1	1.601			
0.58	1.482		1.362						1.622			
0.60	1.503	9.2	1.373	13.3					1.643	24.6		
0.62	1.525		1.384									
0.64	1.547		1.394									
0.66	1.571		1.403	14.6								
0.68	1.594		1.412	15.2								
0.70	1.617	11.6	1.421	15.8								
0.72	1.640		1.429									
0.74	1.664		1.437									
0.76	1.687		1.445									
0.78	1.710		1.453									
0.80	1.732		1.460	18.5								
0.82	1.755		1.467									
0.84	1.776		1.474									
0.86	1.793		1.480									
0.88	1.808		1.486									
0.90	1.819	16.7	1.491	23.1								
0.92	1.830		1.496									
0.94	1.837		1.500									
0.96	1.840		1.504									
0.98	1.841	18.4	1.510									
1.00	1.838		1.522	24								

表 3 化合物的相对分子质量

Ag_3AsO_4	462.52	$CoSO_4 \cdot 7H_2O$	281.10
$AgBr$	187.77	$CrCl_3$	158.36
$AgCl$	143.32	$CrCl_3 \cdot 6H_2O$	266.45
$AgCN$	133.89	$Cr(NO_3)_3$	238.01
$AgSCN$	165.95	Cr_2O_3	151.99
Ag_2CrO_4	331.73	$CuCl$	99.00
AgI	234.77	$CuCl_2$	134.45
$AgNO_3$	169.87	$CuCl_2 \cdot 2H_2O$	170.48
$AlCl_3$	133.34	$CuSCN$	121.63
$AlCl_3 \cdot 6H_2O$	241.43	CuI	190.45
$Al(NO_3)_3$	213.00	$Cu(NO_3)_2$	187.56
$Al(NO_3)_3 \cdot 9H_2O$	375.13	$Cu(NO_3)_2 \cdot 3H_2O$	241.60
Al_2O_3	101.96	CuO	79.55
$Al(OH)_3$	78.00	Cu_2O	143.09
$Al_2(SO_4)_3$	342.15	CuS	95.61
$Al_2(SO_4)_3 \cdot 18H_2O$	666.43	$CuSO_4$	159.61
As_2O_3	197.84	$CuSO_4 \cdot 5H_2O$	249.68
As_2O_5	229.84	$FeCl_2$	126.75
As_2O_3	246.04	$FeCl_2 \cdot 4H_2O$	198.81
$BaCO_3$	197.34	$FeCl_3$	162.21
$Ba_2C_2O_4$	225.35	$FeCl_3 \cdot 6H_2O$	270.30
$BaCl_2$	208.23	$FeNH_4(SO_4)_2 \cdot 12H_2O$	482.20
$BaCl_2 \cdot 2H_2O$	244.26	$Fe(NO_3)_3$	241.86
$BaCrO_4$	253.33	$Fe(NO_3)_3 \cdot 6H_2O$	349.95
BaO	153.33	FeO	71.85
$Ba(OH)_2$	171.34	Fe_2O_3	159.69
$BaSO_4$	233.39	Fe_3O_4	231.54
$BiCl_3$	315.34	$Fe(OH)_3$	106.87
$BiOCl$	260.43	FeS	87.91
CO_2	44.01	$FeSO_4$	151.91
CaO	56.08	$FeSO_4 \cdot 7H_2O$	278.02
$CaCO_3$	100.09	$FeSO_4 \cdot (NH_4)_2SO_4 \cdot 6H_2O$	392.14
$Ca_2C_2O_4$	128.10	H_3AsO_4	141.94
$CaCl_2$	110.98	H_3BO_3	61.83
$CaCl_2 \cdot 6H_2O$	219.08	HBr	80.91
$Ca(NO_3)_2 \cdot 4H_2O$	236.15	HCN	27.03
$Ca(OH)_2$	74.09	$HCOOH$	46.03
$Ca_3(PO_4)_2$	310.18	CH_3COOH	60.05
$CaSO_4$	136.14	H_2CO_3	62.03
$CdCO_3$	172.42	$H_2C_2O_4$	90.04
$CdCl_2$	183.32	$H_2C_2O_4 \cdot 2H_2O$	126.07
CdS	144.48	HCl	36.46
$Ce(SO_4)_2$	332.24	HF	20.01
$Ce(SO_4)_2 \cdot 4H_2O$	404.30	HI	127.91
$CoCl_2$	129.84	HIO_3	175.91
$CoCl_2 \cdot 6H_2O$	237.93	HNO_3	63.01
$Co(NO_3)_2$	182.94	HNO_2	47.01
$Co(NO_3)_2 \cdot 6H_2O$	291.03	H_2O	18.02
CoS	100.00	H_2O_2	34.02
$CoSO_4$	154.99	H_3PO_4	98.00

续表

H_2S	34.08	$Mg_2P_2O_7$	222.55
H_2SO_3	82.08	$MgSO_4 \cdot 7H_2O$	246.48
H_2SO_4	98.08	$MnCO_3$	114.95
$Hg(CN)_2$	252.63	$MnCl_2 \cdot 4H_2O$	197.91
$HgCl_2$	271.50	$Mn(NO_3)_2 \cdot 6H_2O$	287.04
Hg_2Cl_2	472.09	MnO	70.94
HgI_2	454.40	MnO_2	86.94
$Hg_2(NO_3)_2$	525.19	MnS	87.00
$Hg(NO_3)_2 \cdot 2H_2O$	561.22	$MnSO_4$	151.00
$Hg(NO_3)_2$	324.60	$MnSO_4 \cdot 4H_2O$	223.06
HgO	216.59	NO	30.01
HgS	232.66	NO_2	46.01
$HgSO_4$	296.65	NH_3	17.03
Hg_2SO_4	497.24	CH_3COONH_4	77.08
$KAl(SO_4)_2 \cdot 12H_2O$	474.39	NH_4Cl	53.49
KBr	119.00	$(NH_4)_2CO_3$	96.09
$KBrO_3$	167.00	$(NH_4)_2C_2O_4$	124.10
KCl	74.55	$(NH_4)_2C_2O_4 \cdot H_2O$	142.11
$KClO_3$	122.55	NH_4SCN	76.12
$KClO_4$	138.55	NH_4HCO_3	79.06
KCN	65.12	$(NH_4)_6Mo_7O_{24} \cdot 4H_2O$	1235.9
$KSCN$	97.18	NH_4NO_3	80.04
K_2CO_3	138.21	$(NH_4)_2HPO_4$	132.06
K_2CrO_4	194.19	$(NH_4)_2S$	68.14
$K_2Cr_2O_7$	294.19	$(NH_4)_2SO_4$	132.14
$K_3Fe(CN)_6$	329.25	NH_4VO_3	116.98
$KFe(SO_4)_2 \cdot 12H_2O$	503.26	$NaAsO_2$	129.91
$KHC_2O_4 \cdot H_2C_2O_4 \cdot 2H_2O$	254.19	$Na_2B_4O_7$	201.22
$KHC_2O_4 \cdot H_2O$	164.14	$Na_2B_4O_7 \cdot 10H_2O$	381.37
$K_4Fe(CN)_6$	368.35	$NaBiO_3$	279.97
$KHC_4H_4O_6$	188.18	$NaCN$	49.01
$KHC_8H_4O_4$	204.22	$NaSCN$	81.07
$KHSO_4$	136.17	Na_2CO_3	105.99
KI	166.00	$Na_2CO_3 \cdot 10H_2O$	286.14
KIO_3	214.00	$Na_2C_2O_4$	134.00
$KIO_3 \cdot HIO_3$	389.91	CH_3COONa	82.03
$KMnO_4$	158.03	$CH_3COONa \cdot 3H_2O$	136.08
$KNaC_4H_4O_6 \cdot 4H_2O$	282.22	$NaCl$	58.44
KNO_3	101.10	$NaClO$	74.44
KNO_2	85.10	$NaHCO_3$	84.01
K_2O	94.20	$Na_2HPO_4 \cdot 12H_2O$	358.14
KOH	56.11	$Na_2H_2Y \cdot 2H_2O$	372.24
K_2SO_4	174.26	$NaNO_2$	69.00
$MgCO_3$	84.31	$NaNO_3$	84.99
$MgCl_2$	95.21	Na_2O	61.98
$MgCl_2 \cdot 6H_2O$	203.30	Na_2O_2	77.98
$Mg(NO_3)_2 \cdot 6H_2O$	256.41	$NaOH$	40.00
$MgNH_4PO_4 \cdot 6H_2O$	245.41	Na_3PO_4	163.94
MgO	40.30	Na_2S	78.04
$Mg(OH)_2$	58.32	$Na_2S \cdot 9H_2O$	240.18

续表

Na_2SO_3	126.04	Sb_2O_3	291.50
Na_2SO_4	142.04	Sb_2S_3	339.70
$Na_2S_2O_3$	158.11	SiF_4	104.08
$Na_2S_2O_3 \cdot 5H_2O$	248.19	SiO_2	60.09
$NiCl_2 \cdot 6H_2O$	237.69	$SnCl_2$	189.62
NiO	74.69	$SnCl_2 \cdot 2H_2O$	225.65
$Ni(NO_3)_2 \cdot 6H_2O$	290.79	$SnCl_4$	260.52
NiS	90.76	SnO_2	150.71
$NiSO_4 \cdot 7H_2O$	280.86	SnS_2	182.84
OH	17.01	$SrCO_3$	147.63
P_2O_5	141.95	SrC_2O_4	175.64
$PbCO_3$	267.21	$SrCrO_4$	203.61
$PbCl_2$	278.11	$Sr(NO_3)_2$	211.63
$PbCrO_4$	323.19	$Sr(NO_3)_2 \cdot 4H_2O$	283.69
$Pb(CH_3COO)_2$	325.29	$SrSO_4$	183.68
$Pb(CH_3COO)_2 \cdot 3H_2O$	379.34	$UO_2(CH_3COO)_2 \cdot 2H_2O$	424.15
PbI_2	461.01	$ZnCO_3$	125.40
$Pb(NO_3)_2$	331.21	$ZnCl_2$	136.30
PbO	223.20	$Zn(CH_3COO)_2$	183.48
PbO_2	239.20	$Zn(CH_3COO)_2 \cdot 2H_2O$	219.51
PbS	239.26	$Zn(NO_3)_2$	189.40
$PbSO_4$	303.26	$Zn(NO_3)_2 \cdot 6H_2O$	297.49
SO_3	80.06	ZnO	81.39
SO_2	64.07	ZnS	97.46
$SbCl_3$	228.11	$ZnSO_4$	161.46
$SbCl_5$	299.02	$ZnSO_4 \cdot 7H_2O$	287.56

表 4　标准电极电位 (18～25℃)

半　反　应	$\varphi^{\ominus}/V$
$F_2(气)+2H^++2e \Longrightarrow 2HF$	3.06
$O_3+2H^++2e \Longrightarrow O_2+H_2O$	2.07
$S_2O_3^{2-}+2e \Longrightarrow 2SO_4^{2-}$	2.01
$H_2O_2+2H^++2e \Longrightarrow 2H_2O$	1.77
$MnO_4^-+4H^++3e \Longrightarrow MnO_2(固)+2H_2O$	1.695
$PbO_2(固)+SO_4^{2-}+4H^++2e \Longrightarrow PbSO_4(固)+2H_2O$	1.685
$HClO_2+2H^++2e \Longrightarrow HClO+H_2O$	1.64
$HClO+H^++e \Longrightarrow \frac{1}{2}Cl_2+H_2O$	1.63
$Ce^{4+}+e \Longrightarrow Ce^{3+}$	1.61
$H_5IO_6+H^++2e \Longrightarrow IO_3^-+3H_2O$	1.60
$HBrO+H^++e \Longrightarrow \frac{1}{2}Br_2+H_2O$	1.59
$BrO_3^-+6H^++5e \Longrightarrow \frac{1}{2}Br_2+3H_2O$	1.52
$MnO_4^-+8H^++5e \Longrightarrow Mn^{2+}+4H_2O$	1.51
$Au^{3+}+3e \Longrightarrow Au$	1.50
$HClO+H^++2e \Longrightarrow Cl^-+H_2O$	1.49
$ClO_3^-+6H^++5e \Longrightarrow \frac{1}{2}Cl_2+3H_2O$	1.47

半　　反　　应	$\varphi^{\ominus}/V$
$PbO_2(固)+4H^++2e\Longrightarrow Pb^{2+}+2H_2O$	1.455
$HIO+H^++e\Longrightarrow\frac{1}{2}I_2+H_2O$	1.45
$ClO_3^-+6H^++6e\Longrightarrow Cl^-+3H_2O$	1.45
$BrO_3^-+6H^++6e\Longrightarrow Br^-+3H_2O$	1.44
$Au^{3+}+2e\Longrightarrow Au^+$	1.41
$Cl_2(气)+2e\Longrightarrow 2Cl^-$	1.3595
$ClO_4^-+8H^++7e\Longrightarrow\frac{1}{2}Cl_2+4H_2O$	1.34
$Cr_2O_7^{2-}+14H^++6e\Longrightarrow 2Cr^{3+}+7H_2O$	1.33
$MnO_2(固)+4H^++2e\Longrightarrow Mn^{2+}+2H_2O$	1.23
$O_2(气)+4H^++4e\Longrightarrow 2H_2O$	1.229
$IO_3^-+6H^++5e\Longrightarrow\frac{1}{2}I_2+3H_2O$	1.20
$ClO_4^-+2H^++2e\Longrightarrow ClO_3^-+H_2O$	1.19
$Br_2(水)+2e\Longrightarrow 2Br^-$	1.087
$NO_2+H^++e\Longrightarrow HNO_2$	1.07
$Br_3^-+2e\Longrightarrow 3Br^-$	1.05
$HNO_2+H^++e\Longrightarrow NO(气)+H_2O$	1.00
$VO_2^++2H^++e\Longrightarrow VO^{2+}+H_2O$	1.00
$HIO+H^++2e\Longrightarrow I^-+H_2O$	0.99
$NO_3^-+3H^++2e\Longrightarrow HNO_2+H_2O$	0.94
$ClO^-+H_2O+2e\Longrightarrow Cl^-+2OH^-$	0.89
$H_2O_2+2e\Longrightarrow 2OH^-$	0.88
$Hg^{2+}+2e\Longrightarrow Hg$	0.845
$NO_3^-+2H^++e\Longrightarrow NO_2+H_2O$	0.80
$Ag^++e\Longrightarrow Ag$	0.7995
$Hg_2^{2+}+2e\Longrightarrow 2Hg$	0.793
$Fe^{3+}+e\Longrightarrow Fe^{2+}$	0.771
$BrO^-+H_2O+2e\Longrightarrow Br^-+2OH^-$	0.76
$O_2(气)+2H^++2e\Longrightarrow H_2O_2$	0.682
$AsO_2^-+2H_2O+3e\Longrightarrow As+4OH^-$	0.68
$2HgCl_2+2e\Longrightarrow Hg_2Cl_2(固)+2Cl^-$	0.63
$Hg_2SO_4(固)+2e\Longrightarrow 2Hg+SO_4^{2-}$	0.6151
$MnO_4^-+2H_2O+3e\Longrightarrow MnO_2(固)+4OH^-$	0.588
$MnO_4^-+e\Longrightarrow MnO_4^{2-}$	0.564
$H_3AsO_4+2H^++2e\Longrightarrow HAsO_2+2H_2O$	0.559
$I_3^-+2e\Longrightarrow 3I^-$	0.545
$I_2(固)+2e\Longrightarrow 2I^-$	0.5345
$Mo(Ⅵ)+e\Longrightarrow Mo(Ⅴ)$	0.53
$Cu^++e\Longrightarrow Cu$	0.52
$4SO_2(水)+4H^++6e\Longrightarrow S_4O_6^{2-}+2H_2O$	0.51
$HgCl_4^{2-}+2e\Longrightarrow Hg+4Cl^-$	0.48
$2SO_2(水)+2H^++4e\Longrightarrow S_2O_3^{2-}+H_2O$	0.40
$Fe(CN)_6^{3-}+e\Longrightarrow Fe(CN)_6^{4-}$	0.36
$Cu^{2+}+2e\Longrightarrow Cu$	0.337
$VO^{2+}+2H^++e\Longrightarrow V^{3+}+H_2O$	0.337
$BiO^++2H^++3e\Longrightarrow Bi+H_2O$	0.32

续表

半　　反　　应	$\varphi^{\ominus}/V$
$Hg_2Cl_2(固)+2e \Longrightarrow 2Hg+2Cl^-$	0.2676
$HAsO_2+3H^++3e \Longrightarrow As+2H_2O$	0.248
$AgCl(固)+e \Longrightarrow Ag+Cl^-$	0.2223
$SbO^++2H^++3e \Longrightarrow Sb+H_2O$	0.212
$SO_4^{2-}+4H^++2e \Longrightarrow SO_2(水)+H_2O$	0.17
$Cu^{2+}+e \Longrightarrow Cu^+$	0.159
$Sn^{4+}+2e \Longrightarrow Sn^{2+}$	0.154
$S+2H^++2e \Longrightarrow H_2S(气)$	0.141
$Hg_2Br_2+2e \Longrightarrow 2Hg+2Br^-$	0.1395
$TiO^{2+}+2H^++e \Longrightarrow Ti^{3+}+H_2O$	0.1
$S_4O_6^{2-}+2e \Longrightarrow 2S_2O_3^{2-}$	0.08
$AgBr(固)+e \Longrightarrow Ag+Br^-$	0.071
$2H^++2e \Longrightarrow H_2$	0.000
$O_2+H_2O+2e \Longrightarrow HO_2^-+OH^-$	-0.067
$TiOCl^++2H^++3Cl^-+e \Longrightarrow TiCl_4^-+H_2O$	-0.09
$Pb^{2+}+2e \Longrightarrow Pb$	-0.126
$Sn^{2+}+2e \Longrightarrow Sn$	-0.136
$AgI(固)+e \Longrightarrow Ag+I^-$	-0.152
$Ni^{2+}+2e \Longrightarrow Ni$	-0.246
$H_3PO_4+2H^++2e \Longrightarrow H_3PO_3+H_2O$	-0.276
$Co^{2+}+2e \Longrightarrow Co$	-0.277
$Tl^++e \Longrightarrow Tl$	-0.3360
$In^{3+}+3e \Longrightarrow In$	-0.345
$PbSO_4(固)+2e \Longrightarrow Pb+SO_4^{2-}$	-0.3553
$SeO_3^{2-}+3H_2O+4e \Longrightarrow Se+6OH^-$	-0.366
$As+3H^++3e \Longrightarrow AsH_3$	-0.38
$Se+2H^++2e \Longrightarrow H_2Se$	-0.40
$Cd^{2+}+2e \Longrightarrow Cd$	-0.403
$Cr^{3+}+e \Longrightarrow Cr^{2+}$	-0.41
$Fe^{2+}+2e \Longrightarrow Fe$	-0.440
$S+2e \Longrightarrow S^{2-}$	-0.48
$2CO_2+2H^++2e \Longrightarrow H_2C_2O_4$	-0.49
$H_3PO_3+2H^++2e \Longrightarrow H_3PO_2+H_2O$	-0.50
$Sb+3H^++3e \Longrightarrow SbH_3$	-0.51
$HPbO_2^-+H_2O+2e \Longrightarrow Pb+3OH^-$	-0.54
$Ga^{3+}+3e \Longrightarrow Ga$	-0.56
$TeO_3^{2-}+3H_2O+4e \Longrightarrow Te+6OH^-$	-0.57
$2SO_3^{2-}+3H_2O+4e \Longrightarrow S_2O_3^{2-}+6OH^-$	-0.58
$SO_3^{2-}+3H_2O+4e \Longrightarrow S+6OH^-$	-0.66
$AsO_4^{3-}+2H_2O+2e \Longrightarrow AsO_2^-+4OH^-$	-0.67
$Ag_2S(固)+2e \Longrightarrow 2Ag+S^{2-}$	-0.69
$Zn^{2+}+2e \Longrightarrow Zn$	-0.763
$2H_2O+2e \Longrightarrow H_2+2OH^-$	-0.828
$Cr^{2+}+2e \Longrightarrow Cr$	-0.91
$HSnO_2^-+H_2O+2e \Longrightarrow Sn+3OH^-$	-0.91
$Se+2e \Longrightarrow Se^{2-}$	-0.92
$Sn(OH)_6^{2-}+2e \Longrightarrow HSnO_2^-+H_2O+3OH^-$	-0.93
$CNO^-+H_2O+2e \Longrightarrow CN^-+2OH^-$	-0.97
$Mn^{2+}+2e \Longrightarrow Mn$	-1.182

续表

半　反　应	$\varphi^{\ominus}/V$
$ZnO_2^{2-}+2H_2O+2e \rightleftharpoons Zn+4OH^-$	-1.216
$Al^{3+}+3e \rightleftharpoons Al$	-1.66
$H_2AlO_3^-+H_2O+3e \rightleftharpoons Al+4OH^-$	-2.35
$Mg^{2+}+2e \rightleftharpoons Mg$	-2.37
$Na^++e \rightleftharpoons Na$	-2.714
$Ca^{2+}+2e \rightleftharpoons Ca$	-2.87
$Sr^{2+}+2e \rightleftharpoons Sr$	-2.89
$Ba^{2+}+2e \rightleftharpoons Ba$	-2.90
$K^++e \rightleftharpoons K$	-2.925
$Li^++e \rightleftharpoons Li$	-3.042

表 5　EDTA 螯合物的 $lgK_稳$（$25℃, I=0.1$）

离　子	螯合物	$lgK_稳$	离　子	螯合物	$lgK_稳$
Ag^+	AgY^{3-}	7.32	Os^{3+}	OsY^-	17.9
Al^{3+}	AlY^-	16.3	Pb^{2+}	PbY^{2-}	18.04
Am^{3+}	AmY^-	18.2	Pd^{2+}	PdY^{2-}	18.5
Ba^{2+}	BaY^{2-}	7.86	Pm^{3+}	PmY^-	16.75
Be^{2+}	BeY^{2-}	9.2	Ca^{2+}	CaY^{2-}	10.96
Bi^{3+}	BiY^-	27.94	Cd^{2+}	CdY^{2-}	16.46
Co^{3+}	CoY^-	36.0	Ce^{3+}	CeY^-	16.0
Cr^{3+}	CrY^-	23.4	Cf^{3+}	CfY^-	19.1
Cu^{2+}	CuY^{2-}	18.80	Cm^{3+}	CmY^-	18.5
Dy^{3+}	DyY^-	18.30	Co^{2+}	CoY^{2-}	16.31
Er^{3+}	ErY^-	18.85	Pr^{3+}	PrY^-	16.40
Eu^{2+}	EuY^{2-}	7.7	Pt^{3+}	PtY^-	16.4
Eu^{3+}	EuY^-	17.35	Pu^{3+}	PuY^-	18.1
Fe^{2+}	FeY^{2-}	14.32	Pu^{4+}	PuY	17.7
Fe^{3+}	FeY^-	25.1	Pu^{6+}	PuY^{2+}	16.4
Ga^{3+}	GaY^-	20.3	Ru^{2+}	RuY^{9}	7.4
Gd^{3+}	GdY^-	17.37	Sc^{3+}	ScY^-	23.1
Hf^{2+}	HfY^{2-}	19.1	Sm^{3+}	SmY^-	17.14
Hg^{2+}	HgY^{2-}	21.80	Sn^{2+}	SnY^{2-}	22.11
Ho^{3+}	HoY^-	18.74	Sn^{4+}	SnY	7.23
In^{3+}	InY^-	25.0	Sr^{2+}	SrY^{2-}	8.73
La^{3+}	LaY^-	15.50	Tb^{3+}	TbY^-	17.93
Li^+	LiY^{3-}	2.79	Th^{4+}	ThY	23.2
Lu^{3+}	LuY^-	19.83	Ti^{3+}	TiY^-	21.3
Mg^{2+}	MgY^{2-}	8.7	TiO^{2+}	$TiOY^{2-}$	17.3
Mn^{2+}	MnY^{2-}	13.87,(14.0)	Ti^{3+}	TiY^-	37.8
MoO_2^+	MoY^+	2.8	Tm^{3+}	TmY^-	19.32
Na^+	NaY^{3-}	1.66	U^{4+}	UY	25.8
Nd^{3+}	NdY^-	16.61	UO_2^{2+}	UO_2Y^{2-}	≈ 10
Ni^{2+}	NiY^{2-}	18.62	V^{2+}	VY^{2-}	12.7
V^{3+}	VY^-	25.1	Yb^{3+}	YbY^-	19.57
VO^{2+}	VOY^{2-}	18.8	Zn^{2+}	ZnY^{2-}	16.50
VO_2^+	VO_2Y^{3-}	18.1	ZrO^{2+}	$ZrOY^{2-}$	29.5
Y^{3+}	YY^-	18.1			

表 6　难溶化合物的溶度积（18～25℃，$I=0$）

微溶化合物	K_{sp}	pK_{sp}	微溶化合物	K_{sp}	pK_{sp}
Ag_3AsO_4	1×10^{-22}	22.0	CuI	1.1×10^{-12}	11.96
$AgBr$	5.0×10^{-13}	12.30	$CuOH$	1×10^{-14}	14.0
Ag_2CO_3	8.1×10^{-12}	11.09	Cu_2S	2×10^{-48}	47.7
$AgCl$	1.8×10^{-10}	9.75	$CuSCN$	4.8×10^{-15}	14.32
Ag_2CrO_4	2.0×10^{-12}	11.71	$CuCO_3$	1.4×10^{-10}	9.86
$AgCN$	1.2×10^{-15}	15.92	$Cu(OH)_2$	2.2×10^{-29}	19.66
$AgOH$	2.0×10^{-8}	7.71	CuS	6×10^{-36}	35.2
AgI	9.3×10^{-17}	16.03	$FeCO_3$	3.2×10^{-11}	10.50
$Ag_2C_2O_4$	3.5×10^{-11}	10.46	$Fe(OH)_2$	8×10^{-16}	15.1
Ag_3PO_4	1.4×10^{-18}	15.84	FeS	6×10^{-18}	17.2
Ag_2SO_4	1.4×10^{-5}	4.84	$Fe(OH)_3$	4×10^{-38}	37.4
Ag_2S	2×10^{-40}	48.7	$FePO_4$	1.3×10^{-22}	21.89
$AgSCN$	1.0×10^{-12}	12.00	$Hg_2Br_2$③	5.8×10^{-23}	22.24
$Al(OH)_3$ 无定形	1.3×10^{-33}	32.9	Hg_2CO_3	8.9×10^{-17}	16.05
$As_2S_3$①	2.1×10^{-22}	21.68	Hg_2Cl_2	1.3×10^{-18}	17.88
$BaCO_3$	5.1×10^{-9}	8.29	$Hg_2(OH)_2$	2×10^{-24}	23.7
$BaCrO_4$	1.2×10^{-10}	9.93	Hg_2I_2	4.5×10^{-20}	28.35
BaF_2	1×10^{-6}	6.0	Hg_2SO_4	7.4×10^{-7}	6.13
$BaC_2O_4\cdot H_2O$	2.3×10^{-8}	7.64	Hg_2S	1×10^{-47}	47.0
$BaSO_4$	1.1×10^{-10}	9.96	$Hg(OH)_2$	3.0×10^{-26}	25.52
$Bi(OH)_3$	4×10^{-31}	30.4	HgS 红色	4×10^{-53}	52.4
$BiOOH$②	4×10^{-10}	9.4	黑色	2×10^{-52}	51.7
BiI_3	8.1×10^{-19}	18.09	$MgNH_4PO_4$	2×10^{-13}	12.7
$BiOCl$	1.8×10^{-31}	30.75	$MgCO_3$	3.5×10^{-8}	7.46
$BiPO_4$	1.3×10^{-23}	22.89	MgF_2	6.4×10^{-9}	8.19
Bi_2S_3	1×10^{-97}	97.0	$Mg(OH)_2$	1.8×10^{-11}	10.74
$CaCO_3$	2.9×10^{-9}	8.54	$MnCO_3$	1.8×10^{-11}	10.74
CaF_2	2.7×10^{-11}	10.57	$Mn(OH)_2$	1.9×10^{-13}	12.72
$CaC_2O_4\cdot H_2O$	2.0×10^{-9}	8.70	MnS 无定形	2×10^{-10}	9.7
$Ca_3(PO_4)_2$	2.0×10^{-20}	28.70	$TiO(OH)_2$④	1×10^{-29}	29.0
$CaSO_4$	9.1×10^{-6}	5.04	$ZnCO_3$	1.4×10^{-11}	10.84
$CaWO_4$	8.7×10^{-9}	8.06	$Zn_2[Fe(CN)_6]$	4.1×10^{-16}	15.39
$CdCO_3$	5.2×10^{-12}	11.28	MnS 晶形	2×10^{-13}	12.7
$Cd_2[Fe(CN)_6]$	3.2×10^{-17}	16.49	$NiCO_3$	6.6×10^{-9}	8.18
$Cd(OH)_2$ 新析出	2.5×10^{-14}	13.60	$Ni(OH)_2$ 新析出	2×10^{-15}	14.7
$CdC_2O_4\cdot 3H_2O$	9.1×10^{-8}	7.04	$Ni_3(PO_4)_2$	5×10^{-31}	30.3
CdS	8×10^{-27}	26.1	$\alpha\text{-}NiS$	3×10^{-19}	18.5
$CoCO_3$	1.4×10^{-13}	12.84	$\beta\text{-}NiS$	1×10^{-24}	24.0
$Co_2[Fe(CN)_6]$	1.8×10^{-15}	14.74	$\gamma\text{-}NiS$	2×10^{-26}	25.7
$Co(OH)_2$ 新析出	2×10^{-15}	14.7	$PbCO_3$	7.4×10^{-14}	13.13
$Co(OH)_3$	2×10^{-44}	43.7	$PbCl_2$	1.6×10^{-5}	4.79
$Co[Hg(SCN)_4]$	1.5×10^{-8}	5.82	$PbClF$	2.4×10^{-9}	8.62
$\alpha\text{-}CoS$	4×10^{-21}	20.4	$PbCrO_4$	2.8×10^{-13}	12.55
$\beta\text{-}CoS$	2×10^{-25}	24.7	PbF_2	2.7×10^{-8}	7.57
$Co_3(PO_4)_2$	2×10^{-35}	34.7	$Pb(OH)_2$	1.2×10^{-15}	14.93
$Cr(OH)_3$	6×10^{-31}	30.2	PbI_2	7.1×10^{-9}	8.15
$CuBr$	5.2×10^{-9}	8.28	$PbMoO_4$	1×10^{-13}	13.0
$CuCl$	1.2×10^{-8}	5.92	$Pb_3(PO_4)_2$	8.0×10^{-43}	42.10
$CuCN$	3.2×10^{-29}	19.49	$PbSO_4$	1.6×10^{-8}	7.79

微溶化合物	K_{sp}	pK_{sp}	微溶化合物	K_{sp}	pK_{sp}
PbS	8×10^{-28}	27.9	$SrCrO_4$	2.2×10^{-5}	4.65
$Pb(OH)_4$	3×10^{-66}	65.5	SrF_2	2.4×10^{-9}	8.61
$Sb(OH)_3$	4×10^{-42}	41.4	$SrC_2O_4\cdot H_2O$	1.6×10^{-7}	6.80
Sb_2S_3	2×10^{-93}	92.8	$Sr_3(PO_4)_2$	4.1×10^{-28}	27.39
$Sn(OH)_2$	1.4×10^{-28}	27.85	$SrSO_4$	3.2×10^{-7}	6.49
SnS	1×10^{-25}	25.0	$Ti(OH)_3$	1×10^{-40}	40.0
$Sn(OH)_4$	1×10^{-56}	56.0	$Zn(OH)_2$	1.2×10^{-17}	16.92
SnS_2	2×10^{-27}	26.7	$Zn_3(PO_4)_2$	9.1×10^{-33}	32.04
$SrCO_3$	1.1×10^{-10}	9.96	ZnS	2×10^{-22}	21.7

① 为下列平衡的平衡常数

$$As_2S_3+4H_2O \Longleftrightarrow 2HAsO_2+3H_2S$$

② BiOOH　$K_{sp}=[BiO^+][OH^-]$

③ $(Hg_2)_mX_n$　$K_{sp}=[Hg_2^{2+}]^m[X^{-2m/n}]^n$

④ $TiO(OH)_2$　$K_{sp}=[TiO^{2+}][OH^-]^2$

表 7　热导、氢焰相对质量校正因子

化　合　物	相对分子质量	热导相对质量校正因子	氢焰相对质量校正因子	化　合　物	相对分子质量	热导相对质量校正因子	氢焰相对质量校正因子
甲烷	16	0.45	1.03	反 2-丁烯	56	0.66	
乙烷	30	0.59	1.03	顺 2-丁烯	56	0.64	
丙烷	44	0.68	1.02	苯	78	0.78	0.89
丁烷	58	0.68	0.91	甲苯	92	0.79	0.94
戊烷	72	0.69	0.96	乙苯	106	0.82	0.97
己烷	86	0.70	0.97	间二甲苯	106	0.81	0.96
庚烷	100	0.70	1.00	对二甲苯	106	0.81	1.00
辛烷	114	0.71	1.03	邻二甲苯	106	0.84	0.98
壬烷	128	0.72	1.02	正丙苯	120	0.83	0.99
癸烷	142	0.71		异丙苯	120	0.85	1.03
十一烷	156	0.79		1,2,4-三甲苯	120	0.80	1.03
十四烷	198	0.85		1,2,3-三甲苯	120	0.81	
异戊烷	72	0.71	0.95	1,2,5-三甲苯	120	0.80	1.02
2,2-二甲基丁烷	86	0.74	0.96	联苯	154	0.91	
2,3-二甲基丁烷	86	0.74	0.97	邻联三苯	230	1.06	
2-甲基戊烷	86	0.71	0.95	间联三苯	230	1.00	
3-甲基戊烷	86	0.73	0.96	对联三苯	230	1.03	
2,2-二甲基戊烷	100	0.75	0.98	萘	128	0.92	
2,3-二甲基戊烷	100		0.97	环戊烷	70	0.72	0.96
2,4-二甲基戊烷	100	0.78	0.98	甲基环戊烷	84	0.73	0.99
2-甲基己烷	100	0.74	0.98	1,1-二甲基环戊烷	98	0.79	0.97
3-甲基己烷	100	0.75	0.98	乙基环戊烷	98	0.78	1.00
3-乙基戊烷	100	0.76	0.98	顺 1,2-二甲基环戊烷	98	0.78	1.00
2,2,4-三甲基戊烷	114	0.78	1.00	反 1,2-二甲基环戊烷	98	0.78	1.00
乙炔	26		0.94	环己烷	84	0.74	0.99
乙烯	28	0.59	0.98	甲基环己烷	98	0.82	0.99
丙烯	42	0.63		1,2-二甲基环己烷	112	0.79	0.97
异丁烯	56	0.68		1,4-二甲基环己烷	112	0.77	—
正丁烯	56	0.70		乙基环己烷	112	0.78	0.99

续表

化 合 物	相对分子质量	热导相对质量校正因子	氢焰相对质量校正因子	化 合 物	相对分子质量	热导相对质量校正因子	氢焰相对质量校正因子
1,2,3-三甲基环己烷	126	0.91		环戊酮	84	0.79	
氩	40	0.95		环己酮	98	0.79	1.38
氮	28	0.67		甲酸	46		1.00
氧	32	0.80		乙酸	60		4.17
二氧化碳	44	0.92		甲醇	32	0.58	4.35
一氧化碳	28	0.67		乙醇	46	0.64	2.18
硫化氢	34	0.89		正丙醇	60	0.72	1.67
氨	17	0.42		异丙醇	60	0.71	1.89
水	18	0.55		正丁醇	74	0.78	1.52
羰化铁	195	1.30		异丁醇	74	0.77	1.47
环氧乙烷	44	0.76		仲丁醇	74	0.76	1.59
环氧丙烷	58	0.73		叔丁醇	74	0.77	1.35
甲硫醇	48	0.81		乙酸乙酯	88	0.79	2.64
乙硫醇	62	0.72		乙酸异丙酯	102	0.84	2.04
丙硫醇	76	0.75		乙酸正丁酯	116	0.86	1.81
四氯化碳	154	1.43		乙醚	174	0.67	
吡啶	79	0.79		二异丙醚	102	0.79	
丙腈	55	0.65		二丁醚	130	0.81	
苯胺	93	0.82	1.03	二戊醚	158	0.86	
丙酮	58	0.68	2.04	2,5-己二醇	118	0.93	
甲乙酮	72	0.74		1,10-癸二醇	174	1.62	

表8 常用试剂的配制

1. 常用酸溶液的配制

酸的名称和化学式	质量分数/%	浓度/(mol/L)(约数)	配 制 方 法
浓盐酸 HCl	37.23	12	
稀盐酸 HCl	20.0	6	浓盐酸 496mL 加水稀释至 1000mL
稀盐酸 HCl	7.15	2	浓盐酸 167mL 加水稀释至 1000mL
浓硝酸 HNO_3	69.80	16	
稀硝酸 HNO_3	32.36	6	浓硝酸 375mL 加水稀释至 1000mL
浓硫酸 H_2SO_4	98	18	
稀硫酸 H_2SO_4	24.8	3	浓硫酸 167mL 慢慢加至 800mL,并不断搅拌最后加水稀释至 1000mL
稀硫酸 H_2SO_4	—	1	浓硫酸 56mL 慢慢加至 800mL 水,并不断搅拌加水至 1000mL
浓醋酸 CH_3COOH	90.5	17	
稀醋酸 CH_3COOH	35.0	6	浓醋酸 353mL 加水稀释至 1000mL
稀醋酸 CH_3COOH	—		浓醋酸 118mL 加水稀释至 1000mL

2. 常用碱溶液的配制

碱的名称及化学式	质量分数	浓度/(mol/L)(约数)	配 制 方 法
浓氨水 $NH_3 \cdot H_2O$	25%~27%NH_3	15	
稀氨水 $NH_3 \cdot H_2O$	10%	6	浓 $NH_3 \cdot H_2O$ 溶液 400mL 加水稀释至 1000mL
稀氨水 $NH_3 \cdot H_2O$	—	1	浓 $NH_3 \cdot H_2O$ 溶液 67mL 加水稀释至 1000mL
氢氧化钡 $Ba(OH)_2$	—	0.2	饱和溶液[每毫升约含 $Ba(OH)_2 \cdot 8H_2O$ 63g]
氢氧化钙 $Ca(OH)_2$	—	0.025	饱和溶液(每毫升约含 CaO 1.3g)
氢氧化钠 NaOH	19.7%	6	溶 240gNaOH 于水中,稀释至 1000mL
氢氧化钠 NaOH	—	2	溶 80gNaOH 于水中,稀释至 1000mL
氢氧化钠 NaOH	—	1	溶 40gNaOH 于水中,稀释至 1000mL

3. 常用缓冲溶液的配制

(1) 磷酸氢二钠-磷酸缓冲溶液（pH＝2.5）：称取磷酸氢二钠 100g，溶于 500mL 二次蒸馏水中，加入磷酸 30mL，用二次蒸馏水稀释至 1000mL。

(2) 苯二甲酸氢钾缓冲溶液（pH＝4.01）：称取 10.211g 分析纯的苯二甲酸氢钾（$KHC_8H_4O_4$），用二次蒸馏水溶解，转入 1000mL 容量瓶中，用二次蒸馏水稀释至刻度。

(3) 醋酸-醋酸钠缓冲溶液（pH＝4.8）：称取结晶醋酸钠 200g，用蒸馏水溶解后，加入冰醋酸 60mL，加蒸馏水稀释至 1000mL。

(4) 焦性硼酸钠缓冲溶液（pH＝9.2）：称取 19.071g 分析纯焦性硼酸钠（$Na_2B_4O_7 \cdot 10H_2O$），用二次蒸馏水溶解，转入 1000mL 容量瓶中，用二次蒸馏水稀释至刻度混匀。

(5) 氢氧化铵-氯化铵缓冲溶液（pH＝10）：称取固体分析纯，NH_4Cl 5.4g，加 20mL 蒸馏水，35mL 浓氨水，溶解后以水稀释至 100mL，摇匀。

4. 常用洗液的配制

(1) 氢氧化钠的乙醇溶液：取工业 NaOH 40g 溶于 500mL 水中，冷却后，以工业酒精稀至 1L。

(2) 重铬酸钾洗液：将 20g 工业 $K_2Cr_2O_7$ 溶于 40mL 水中，再加工业浓硫酸至 500mL（切不能将 $K_2Cr_2O_7$ 水溶液加入 H_2SO_4 中）。

参 考 文 献

［1］　吴维瑜编．化工分析．北京：化学工业出版社，1985．

［2］　蔡增俐编．分析化学．第2版．北京：化学工业出版社，1997．

［3］　张振宇编．化工分析．第3版．北京：化学工业出版社，2007．

［4］　王瑛主编．分析化学操作技能．北京：化学工业出版社，1992．

［5］　高仕荣编．工业分析．北京：化学工业出版社，1988．

［6］　华东理工大学，成都科学技术大学编．分析化学．第4版．北京：高等教育出版社，1995．

［7］　刘珍主编．化验员读本．第4版．北京：化学工业出版社，2007．

［8］　林树昌，胡乃非编．分析化学．北京：高等教育出版社，1994．

［9］　胥朝褆主编．分析工．北京：化学工业出版社，1997．

［10］　刘小珍编．仪器分析实验．北京：化学工业出版社，1988．

［11］　丁敬敏主编．化学实验技术（1）．北京：化学工业出版社，2002．

［12］　王建梅，刘晓薇主编．化学实验基础．北京：化学工业出版社，2002

［13］　陈培榕，李景虹，邓勃主编．现代仪器分析实验与技术．北京：清华大学出版社，2006．

［14］　刘约权主编．现代仪器分析．北京：高等教育出版社，2006．

［15］　林俊杰，王静．无机化学．北京：化学工业出版社，2003．

目　　录

第一章　绪　　论

第一节　化工分析的任务和作用

一、填空题

1. 分析化学主要研究_____的方法和相关理论。

2. 为测定物质中各组分的相对含量而进行的分析，叫_____。

3. 化工分析的主要任务是对化工生产中的_____、_____、_____、_____、_____、_____、_____等进行定量分析。

二、问答题

1. 化工分析的任务分为哪几个方面？

2. 如何学好化工分析这门课？

第二节　化工分析的方法

一、填空题

1. 按分析测定原理和使用仪器的不同，化工分析可分为_____和_____两大类。

2. 根据化学反应类型和操作方法不同，化学分析分为_____、_____和_____三类。

3. 根据化学反应类型的不同，滴定分析分为_____、_____、_____和_____四类。

4. 根据测定原理和使用仪器的不同，仪器分析分为_____、_____、_____和_____等几类。

二、问答题

化学分析和仪器分析各自的优缺点是什么？

第三节 试样的采取、制备和分解

一、填空题

1. 化工分析的过程，一般包括_____、_____、_____和_____四大步骤。

2. 采样是指_____。采样的基本原则是_____。

3. 固体试样的分解方法主要为_____和_____两大类。

4. 溶解法分为_____、_____、_____和_____。

5. 熔融法分为_____和_____。

6. 粗样的处理过程分为_____、_____、_____和_____。

7. 熔融法的优点是_____；缺点是_____。

二、判断题（正确的在括号内画"√"，不正确的画"×"）

1. 用于分解碱性氧化物及中性氧化物类固体试样所用的熔融法，属碱熔法。（　　）

2. 酸熔法主要用于分解 Al_2O_3、Cr_2O_3、Fe_3O_4、TiO_2 等氧化物类矿物质以及中性和碱性耐火材料。（　　）

3. 用碱性熔剂分解试样的方法，叫酸熔法。（　　）

4. 碱熔法常用的熔剂有 Na_2CO_3、K_2CO_3、$NaOH$、KOH、Na_2O_2 及其混合物。（　　）

三、问答题

1. 采集固体"粗样"时，如果物料在流动，应如何采集？

2. 采集固体"粗样"时，如果物料是堆放着的，应如何采集？

3. 什么叫缩分？

4. 什么叫四分法？

5. 试样分解的原则是什么？

6. 什么叫溶解法？常用作溶剂的有哪几类物质？

7. 什么叫熔融法？

第四节 误差和有效数字

一、填空题

1. 分析结果的准确度系指_____，用_____表示。

2. 误差是指_____。误差的表示方法有____种，它们分别是_____和_____。

3. 分析结果的精密度系指_____。用_____表示。

4. 偏差是指_____。偏差越小，精密度越____。偏差的表示方法有_____和_____两种。

5. $x = \dfrac{绝对误差}{真实值}$，x 是_____误差，$y =$ 测定值－真实值，y 是_____误差。

6. 误差有正、负之分，正值表示分析结果_____，负值表示分析结果_____。

7. 系统误差可分为_____、_____、_____、_____和_____。

8. 分析结果的判断有_____法和_____法。

二、选择题（每题只有一个答案，将正确答案的序号填入各题后的括号内）

1. 在确定的条件下重复测定的各测定值彼此之间相符的程度叫（　　）。

    （1）偏差　　　　　　（2）精密度　　　　　　（3）误差　　　　　　（4）准确度

2. 误差越大，则准确度（　　）。

    （1）越高　　　　　　（2）越低　　　　　　（3）不变

3. 表达式 $z =$ 某次的测定值－算术平均值，其中的 z 叫（　　）。

    （1）相对偏差　　　　　　（2）绝对偏差　　　　　　（3）平均偏差

4. 精密度和准确度的关系是（　　）。

    （1）精密度高，准确度一定高　　　　　　（2）精密度高，准确度不一定高

    （3）二者之间没有任何关系

5. 公差的确定，要考虑需要和可能，还要考虑试样的组成和含量。试样组成越复杂，由此确定的公差就（　　）。

    （1）小些　　　　　　（2）大些　　　　　　（3）无意义

6. x_1、x_2 为两个平行测定结果，d 为公差。下列各式中表明有一个测定值是不可靠的是（　　）。

    （1）$|x_1 - x_2| = 2d$　　（2）$|x_1 - x_2| < 2d$　　（3）$|x_1 - x_2| > 2d$

7. 系统误差是（　　）。

    （1）可以测定的　　　　　　（2）不可测定的　　　　　　（3）不可以校正的

8. 随机误差是（　　）。

    （1）可以校正的　　　　　　（2）可以消除的　　　　　　（3）可以减小的

三、问答题

1. 什么叫算术平均值？

2. 什么叫公差？

3. 什么叫仪器误差？如何减小它？

4. 什么叫试剂误差？如何减小它？

5. 什么叫随机误差？如何减小它？

6. 什么叫有效数字？举例说明。

7. 有效数字的修约规则是什么？举例说明。

8. 分析数据中的"零"有什么作用？分别举例说明。

四、按保留 4 位有效数字的要求，写出下列数字的修约结果

$$0.250051 \qquad 3.6375 \qquad 21.656 \qquad 1.533478$$

五、按有效数字的运算规则计算下列各题

1. $22.34+3.652-6.648$

2. $3.74\times0.35\times0.040$

3. $3.78\div0.23$

4. 1.2^2

5. $\lg 121.6$

6. $\dfrac{2.53\times3.5\times12.04}{6.25\times52}$

7. $\dfrac{2.04\times(145.3-65.04)}{5.552}$

六、计算题

一分析人员对某试样进行两次平行测定，结果为 98.62% 和 98.68%，该试样真实值为 98.64%，计算绝对误差、相对误差、绝对偏差、相对偏差。

第五节　分 析 天 平

一、填空题

1. 分析天平分为＿＿＿＿＿＿和＿＿＿＿＿＿两类。

2. 杠杆天平分为＿＿＿＿＿＿和＿＿＿＿＿＿两类。

3. 电光天平分为＿＿＿＿＿＿和＿＿＿＿＿＿两类。

4. 等臂双盘电光天平的构造分为＿＿＿＿＿、＿＿＿＿＿、＿＿＿＿＿、＿＿＿＿＿、＿＿＿＿＿、＿＿＿＿＿和＿＿＿＿＿七大部分。

5. 天平砝码的组合分＿＿＿＿＿型和＿＿＿＿＿型。在半自动电光天平的砝码盒内装1g以上的砝码，一般采用＿＿＿＿＿型组合；而环码一般采用＿＿＿＿＿型组合。

6. 砝码使用和保养的核心是＿＿＿＿＿＿＿＿＿。加砝码的原则是＿＿＿＿＿＿＿。

7. 不等臂单盘电光天平的构造分为＿＿＿＿＿、＿＿＿＿＿、＿＿＿＿＿、

_____和_____六大部分。

8. 在不等臂单盘电光天平的横梁上的重要部件有_____、_____、_____、_____、_____和_____等。

9. 电子天平称量的依据是_____平衡原理。由于重物的重力方向_____，电磁力方向_____，_____相等，从而达到平衡。

10. 试样的称量法分_____、_____和_____等三种。

11. 直接称样法适宜于称量_____；指定质量称样法适宜于称量_____。

二、判断题（正确的在括号内画"√"，不正确的画"×"）

1. 天平的零点是指天平空载时，指针所处的位置。（　　）

2. 所谓天平的灵敏度是指天平的一个秤盘上增加 1mg 质量时所引起指针偏移的程度。（　　）

3. 全自动电光天平的砝码分三层悬挂在天平框内，上层有 8 个克码，中层有 4 个克码，下层有 9 个毫克码。（　　）

4. 一套砝码可以和任何一台天平配套使用。（　　）

5. 加减砝码和取放被称物时都必须先休止天平。（　　）

6. 等臂和不等臂电光天平的工作原理都是杠杆原理。（　　）

7. 电子天平一般直接开机即可使用。（　　）

三、问答题

1. 不等臂单盘电光天平两臂不等，它是如何维持平衡的？

2. 如何测定电光天平的零点？

3. 如何测定电光天平的灵敏度？

4. 简述递减称样法的操作过程。

5. 电子天平有哪些特点？

6. 电子天平有哪几步简易操作程序？

第二章 滴定分析法总论

第一节 概 述

一、填空题

1. 滴定分析法是通过 ____ 操作，根据所需 _____ 的体积和浓度，以确定试样中 _____ 含量的一种分析方法。

2. 滴定分析中，用 _____ 标定或配制的已知准确 ____ 的溶液称作标准溶液。

3. 滴定过程中当 _____ 的物质的量与 _____ 的物质的量恰好符合 _____ 所表示的化学计量关系时，称为反应到达了 _____ 点。

4. 化学计量点一般是在试样溶液中加入 _____ 来判断，有时也用 _____ 来判断。

5. 指示剂是指在滴定过程中，为判断试样的 ____ 程度时，本身能改变 ____ 或具其他 ____ 性质的试剂。

6. 按化学计量点与滴定终点之间的差距所引起的误差，称作 ____ 误差，或叫 ____ 误差。

7. 滴定分析法按反应类型分为四类即 _____，_____，_____，_____。

8. 滴定分析在适当的条件下，具有 _____，_____，_____，_____ 的优点。

9. 滴定分析反应的完成程度要求达到 ____％以上。

二、判断题（正确的在括号内画"√"，不正确的画"×"）

1. 滴定分析中，当标准溶液的物质的量与待测组分的物质的量恰好符合化学反应式所表示的化学计量关系时，称为反应到达了化学计量点。（ ）

2. 滴定过程中，停止滴定操作时，反应的化学计量点一定恰好与滴定终点重合。（ ）

3. 标准溶液是用化学试剂标定或配制的已知浓度的溶液。（ ）

4. 滴定分析法都可以采用指示剂来判断滴定终点。（ ）

5. 只有完全符合滴定分析对化学反应要求的反应才能用于滴定分析。（ ）

6. 氧化还原滴定法分为高锰酸钾法、重铬酸钾法、碘量法、溴量法等，是依据指示剂不同来分的。（ ）

7. 滴定分析法通常用于常量分析，即对称样在 0.1g 以上，相对含量大于 1％的试样进行的分析。（ ）

三、选择题（每题只有一个正确答案，将正确答案的序号填在题后括号内）

1. 滴定操作时，通过滴定管滴加到试样溶液中的溶液是（ ）。

(1) 一般溶液　　　(2) 待测溶液　　　(3) 有一定浓度的溶液　　　(4) 标准溶液

2. 化学计量点与滴定终点不一致而引起的误差称作（　　　）。

(1) 终点误差　　　(2) 试剂误差　　　(3) 仪器误差　　　(4) 过失误差

3. 滴定分析法按反应类型一般可以分为（　　　）。

(1) 二类　　　(2) 一类　　　(3) 四类　　　(4) 三类

4. 滴定分析中，称样在 0.1g 以上，相对含量大于 1％的分析称为（　　　）。

(1) 微量分析　　　(2) 半微量分析　　　(3) 痕量分析　　　(4) 常量分析

5. 滴定分析中，测定结果的相对误差一般在（　　　）。

(1) 2×10^{-3} 左右　　　(2) 2×10^{-2} 左右　　　(3) 2×10^{-1} 左右

第二节　物质的量和等物质的量反应规则

一、填空题

1. "物质的量"是____单位制的基本量之一，用符号__表示。

2. 摩尔是一系统的_____，该系统中所包含的基本单元数与 __ kg 碳-12 的原子数目相等。当某物质 B 的基本单元数与 __ kg 碳-12 原子数目相等时，物质 B 的物质的量就是 1mol。则 4mol 的 $\frac{1}{2}H_2O_2$ 含有____个 $\frac{1}{2}H_2O_2$ 基本单元。

3. 一系统中某给定基本单元的摩尔质量等于其_____与其_____之比。符号表示是_____，单位是_____，公式表示为_____。

4. 物质的量浓度可以简称为____。物质 B 的量浓度是_____与_____之比，单位是_____。化工分析中常用_____。公式表示为_____。

5. 在使用摩尔、摩尔质量和物质的量浓度时，都应注明_____。基本单元是指组成物质的任何自然存在的____，____，____，电子、光子等一切物质的粒子，也可以是按需要人为地将它们进行____或____，而实际上并不存在的个体或单元（即_____）。例如_____。

6. 滴定分析中，当_____和_____按化学反应式滴定反应完全时，_____的物质的量与_____的物质的量相等。这称作_____反应规则。

7. 基本单元的选择一般可根据_____在滴定反应中的质子转移数（_____）、电子得失数（_____）、或反应的_____关系来确定。

二、判断题（正确的在题后括号内画"√"，不正确的画"×"）

1. "物质的量"是化工分析中最常用的最基本的量。（　　　）

2. 用 $c(HCl) = 10.5mol/L$ 的 HCl 溶液，稀释成 $c(HCl) = 0.15mol/L$ 1000mL，应取浓 HCl 1.4mL。（　　　）

3. $c\left(\frac{1}{6}K_2Cr_2O_7\right) = 0.8000mol/L$ 的 $K_2Cr_2O_7$ 溶液 250mL，它的物质的量是 2mol。（　　　）

4. 称取 2.5g $KMnO_4$ 配成 500mL，$c\left(\frac{1}{5}KMnO_4\right) = 0.1mol/L$。（　　　）

5. 有 $c\left(\frac{1}{2}H_2SO_4\right) = 0.1mol/L$ H_2SO_4 溶液 2L，若物质的量浓度用 $c(H_2SO_4)$ 表示，则 $c(H_2SO_4) = 0.05mol/L$。（　　　）

三、选择题（每题只有一个正确答案，将正确答案的序号填在题后括号内）

1. 下列物质的量相等的是（　　　）。

（1）40gNaOH 与 139.02gFeSO$_4$·7H$_2$O

（2）40gNaOH 与 1L 2mol/L 的 HCl

（3）含有 $2 \times 6.02 \times 10^{23}$ 个 $\frac{1}{2}$H$_2$SO$_4$ 基本单元的 H$_2$SO$_4$ 与 1L 2mol/L 的 HCl

（4）5L c(H$_2$SO$_4$)=0.2mol/L H$_2$SO$_4$ 与 1L 2mol/L 的 HCl

2. 反应式

$$MnO_4^- + 5Fe^{2+} + 8H^+ = Mn^{2+} + 5Fe^{3+} + 4H_2O$$

Fe^{2+} 的基本单元是（　　　）。

（1）5Fe^{2+}　　　（2）$\frac{1}{5}$Fe^{2+}　　　（3）0.5Fe^{2+}　　　（4）Fe^{2+}

3. 用 KHC$_8$H$_4$O$_4$ 基准物质标定 NaOH 溶液，在计算 NaOH 准确浓度时 M(KHC$_8$H$_4$O$_4$)应取（　　　）。

（1）204.22g/mol　　（2）102.11g/mol　　（3）34.04g/mol　　（4）68.08g/mol

4. 浓度为 c(KMnO$_4$)=0.25mol/L 的 KMnO$_4$ 溶液。若用浓度 $c\left(\frac{1}{5}KMnO_4\right)$ 表示，则应是（　　　）。

（1）0.50mol/L　　（2）1.25mol/L　　（3）2.5mol/L　　（4）0.05mol/L

5. 0.2mol N$_2$ 中含有（　　　）。

（1）0.2 个氮分子　　　　　　　　（2）0.4 个氮分子

（3）0.2 个氮原子　　　　　　　　（4）1.20×10^{23} 个氮分子

6. c(NaOH)=0.1mol/L 的 500mL NaOH 溶液中，所含 NaOH 的质量是（　　　）。

（1）4g　　　　（2）0.4g　　　　（3）2g　　　　（4）0.2g

四、配平各反应式，并选择互为计算关系两物质（化学式下划有横线表示）的基本单元，并写出等物质的量反应表达式。

1. NaOH＋H$_3$PO$_4$ ⟶ Na$_2$HPO$_4$＋H$_2$O

2. NaOH＋H$_3$PO$_4$ ⟶ Na$_3$PO$_4$＋H$_2$O

3. Mg(OH)$_2$↓＋HCl ⟶ Mg(OH)Cl＋H$_2$O

4. CaCO$_3$＋HCl ⟶ CaCl$_2$＋H$_2$O＋CO$_2$↑

5. KMnO$_4$＋H$_2$O$_2$＋H$_2$SO$_4$ ⟶ MnSO$_4$＋H$_2$O＋O$_2$↑＋K$_2$SO$_4$

6. $\underline{Na_2B_4O_7} + \underline{HCl} + H_2O \longrightarrow NaCl + H_3BO_3$

五、计算题

1. 称取 40g NaOH 溶于水，制成 2000mL 溶液。求 NaOH 的物质的量浓度？

2. 把 $c(HCl) = 11mol/L$ 的浓 HCl 溶液稀释成 $c(HCl) = 0.90mol/L$ 1500mL，应取浓 HCl 和水各多少毫升？

3. 配制 $c[FeSO_4 \cdot (NH_4)_2SO_4 \cdot 6H_2O] = 0.050mol/L$ 的溶液 250mL，应称取该物质多少克？

4. 中和 $c(H_2SO_4) = 0.05000mol/L$ 的 H_2SO_4 溶液 25.00mL，用去 NaOH 溶液 21.98mL，计算 NaOH 溶液的物质的量浓度。反应为
$$H_2SO_4 + 2NaOH == Na_2SO_4 + 2H_2O$$

5. 现有 $c(HNO_3) = 12.0mol/L$ HNO_3 溶液 10mL 和 $c(HNO_3) = 2.50mol/L$ HNO_3 溶液 20mL 的混合溶液。求加水 70mL 稀释后该溶液的浓度？

第三节 标准溶液和一般溶液

一、填空题

1. 标准溶液是用____物质标定式____的____的溶液。一般用____浓度表示，符号为____，单位是_____。

2. 配制标准溶液有____和____两种方法，其中____法必须采用基准物质配制。

3. 基准物质必须具备的条件有_____、_____、_____和容易溶解，其基本单元的_____要大，无_____反应。

4. 标定法配制标准溶液，一般分为_____和_____两个步骤进行。

5. 滴定分析中，一般溶液常用的浓度表示有_____、_____、_____以及_____。

二、判断题（正确的在题后括号内画"√"，不正确的画"×"）

1. 准确称取化学试剂配制的溶液是标准溶液。（   ）

2. 不具备基准物质条件的物质，配制标准溶液时，只能采用标定法。（   ）

3. 标定溶液的准确浓度时，只能用基准物质。（   ）

4. 用基准物质进行配制标准溶液前，一般都需要进行处理，如在一定温度下干燥等。（   ）

5. 能用直接法配制的标准溶液，一定可以采用标定法配制。（   ）

6. 基准物质要求纯度较高，一般在 95.9% 以上。（   ）

7. 浓 H_2SO_4 稀释时，应注意将浓 H_2SO_4 缓慢地加入一定体积的水中，并不断搅拌。（   ）

三、选择题（每题只有一个正确答案，将正确答案的序号填在题后括号内）

1. 某一硫酸溶液 $c(H_2SO_4)=0.1mol/L$，浓度 $c\left(\dfrac{1}{2}H_2SO_4\right)$ 应是（   ）。

（1）0.1mol/L　　　（2）0.4mol/L　　　（3）0.2mol/L　　　（4）1mol/L

2. 直接法和标定法都可以配制的标准溶液是（   ）。

（1）$Na_2S_2O_3$　　（2）$KMnO_4$　　　（3）$NaOH$　　　（4）$K_2Cr_2O_7$

3. 下列物质能用于标定 HCl 溶液的是（   ）。

（1）基准物质 $K_2Cr_2O_7$　　　　（2）基准物质 $CaCO_3$

（3）基准物质 ZnO　　　　　　　（4）已知浓度的 NaOH 标准溶液

4. 基准物质邻苯二甲酸氢钾（$KHC_8H_4O_4$）可用于标定（   ）。

（1）酸　　　　（2）碱　　　　　（3）还原剂　　　　（4）氧化剂

5. 配制 $\rho(NaCl)=50g/L$ 的 NaCl 溶液 500mL，应称取 NaCl 固体质量是（   ）。

（1）25g　　　　（2）250g　　　　（3）0.5g　　　　（4）2.5g

6. 配制加合浓度（1+2）的 HCl 溶液 300mL 时，应加入的浓 HCl 和水各是（   ）。

（1）200mL HCl+100mL 水　　　（2）150mL HCl+150mL 水

（3）10mL HCl+290mL 水　　　　（4）100mL HCl+200mL 水

四、计算题

1. 称取试样碳酸钠 0.2200g 溶于水，用 $c(H_2SO_4)=0.1000mol/L$ 的 H_2SO_4 标准溶液滴定到终点时（用甲基橙作指示剂），用去 H_2SO_4 标准溶液 20.00mL，求试样中 Na_2CO_3

的质量分数？

2. 把密度为 1.39g/mL，$w(HNO_3) = 0.650$ 的浓硝酸 15mL 稀释成 2000mL，计算稀释后物质的溶液的量浓度？

3. 配制 $c(HCl) = 1.00mol/L$ 500mL，计算需要密度为 1.17g/mL、$w(HCl) = 0.360$ 的浓盐酸和水多少毫升？

4. 用直接法配制 $c\left(\dfrac{1}{6}K_2Cr_2O_7\right) = 0.1200mol/L$ 的 $K_2Cr_2O_7$ 标准溶液 250mL，应称取基准物质 $K_2Cr_2O_7$ 多少克？

5. 标定 HCl 溶液，称取基准物硼砂（$Na_2B_4O_7 \cdot 10H_2O$）0.5149g，溶解后用待标定的 HCl 溶液滴定至终点，用去 HCl 溶液 25.08mL，求 HCl 的物质的量浓度？
反应式　$Na_2B_4O_7 + 2HCl + 5H_2O = 2NaCl + 4H_3BO_3$

6. 如何配制 $\rho(NaCl)=0.2g/mL$ 的 NaCl 溶液 500mL?

7. 如何配制加合浓度为（1+6）的 H_2SO_4 溶液 300mL?

8. 需配制硫酸+磷酸+水=1+1+4 加合浓度的硫、磷混合酸 1000mL，应如何配制?

五、操作题

直接法配制标准溶液的基准物质，为什么在配制前一般还要进行处理?

第四节　滴定方式及分析结果的计算

一、填空题

1. 滴定分析法中，最常用的滴定方式有_____、_____和_____。无论采用何种滴定方式，最后结果的计算都必须依据_____规则。

2. 直接滴定法是指用标准溶液_____滴定被测物质溶液的滴定方法。此法适于能满足_____要求的滴定分析。

3. 直接法具有____、____、____的优点。是化工分析中常用的_____的滴定方式。

4. 返滴定法又称作____滴法，它是在试样溶液中加入_____的标准溶液与待测物质反应，再用_____标准溶液滴定____部分，从而求出待测物质含量的滴定法。

5. 置换滴定法是用____试剂与待测物质反应，使它_____另一种物质，再用标准溶液滴定_____物质，最后测得待测物质含量的滴定法。

6. 无论选用什么滴定方式，只要能正确找到滴定反应中____两种物质相等的____，就能正确进行分析结果的有关计算。

二、判断题（正确的在题后括号内画"√"，不正确的画"×"）

1. 返滴定和置换滴定都是一种间接滴定待测物质溶液的一种滴定方式。（　　）

2. 返滴定法中待测物质溶液的物质的量与一定量（过量）的标准溶液的物质的量相等。（　　）

3. 置换滴定法中待测物质溶液的物质的量与滴定置换出物质的标准溶液的物质的量相等。（　　）

4. 公式 $m_B = c_A V_A M_B$ 是滴定分析计算常用的基本公式之一。（　　）

5. 稀释溶液时可以用公式 $c_1 V_1 = c_2 V_2$ 进行有关计算。（　　）

6. 在使用摩尔、摩尔质量和物质的量浓度时，摩尔质量必须注明基本单元。（　　）

三、选择题（每题只有一个正确答案，将正确答案的序号填在题后括号内）

1. 直接滴定法中物质的量相等的两种物质是（　　）。

(1) 待测物质和辅助溶液　　　　　　(2) 待测物质和一般溶液

(3) 标准溶液和辅助溶液　　　　　　(4) 标准溶液和待测物质

2. 在分析结果计算中，液体试样待测物质含量的表示一般选用（　　）。

(1) 质量分数 w_B　　　　　　　　(2) 质量浓度 ρ_B

(3) 体积分数 φ_B　　　　　　　(4) 密度 ρ

3. 反应 $HCl + Na_2CO_3 == NaHCO_3 + NaCl$ 中，HCl 与 Na_2CO_3 物质的量相等的表达式是（　　）。

(1) $n(2HCl) = n(Na_2CO_3)$　　　　(2) $n\left(\frac{1}{2}Na_2CO_3\right) = n(HCl)$

(3) $n\left(\frac{1}{2}HCl\right) = n\left(\frac{1}{2}Na_2CO_3\right)$　　　　(4) $n(Na_2CO_3) = n(HCl)$

4. 某 H_3PO_4 溶液，$c(H_3PO_4) = 0.050\text{mol/L}$，若用 $c\left(\frac{1}{3}H_3PO_4\right)$ 表示，其浓度应是（　　）。

(1) 0.15mol/L　　　(2) 0.017mol/L　　　(3) 0.025mol/L　　　(4) 0.10mol/L

5. 反应 $H_2SO_4 + 2NaCl == Na_2SO_4 + 2HCl$ 中 H_2SO_4 与 NaCl 互为计算公式，则 H_2SO_4 的基本单元是（　　）。

(1) H_2SO_4　　　(2) $2H_2SO_4$　　　(3) $\frac{1}{2}H_2SO_4$　　　(4) $\frac{1}{3}H_2SO_4$

四、计算题

1. 测定工业硫酸的纯度，称取试样 0.1200g，用 $c(NaOH) = 0.09895\text{mol/L}$ 的 NaOH 标准溶液滴定终点，用去 NaOH 标准溶液 24.56mL，求工业硫酸中 H_2SO_4 的质量分数。

反应式　$H_2SO_4 + 2NaOH == Na_2SO_4 + 2H_2O$

2. 标定 $AgNO_3$ 溶液，称取基准物质 NaCl 0.1536g 溶解于水后，用待标定的 $AgNO_3$ 溶液滴定至终点，用去 $AgNO_3$ 溶液 21.60mL，求 $AgNO_3$ 的物质的量浓度。

反应式 $AgNO_3 + NaCl \Longrightarrow AgCl\downarrow + NaNO_3$

3. 测定某不纯的铜样品中铜的含量。称取铜样品 0.2500g 溶解后，在溶液中加入过量的 KI（Cu^{2+} 和 I^- 发生反应生成 I_2），然后用 $c(Na_2S_2O_3) = 0.1000mol/L$ 的 $Na_2S_2O_3$ 标准溶液进行滴定，用去标准溶液 30.00mL，求样品 Cu 的质量分数。

反应式 $2Cu^{2+} + 4I^- \Longrightarrow 2CuI\downarrow + I_2$
$I_2 + 2S_2O_3^{2-} \Longrightarrow 2I^- + S_4O_6^{2-}$

4. 称取含有铋、铜、锌的铝盐试样 0.2421g，溶解后加入 $c(EDTA) = 0.2mol/L$ 溶液（H_2Y^{2-}），调节 pH 至 4.0，煮沸冷却后，用 Zn^{2+} 标准溶液滴定过量的 EDTA，再加入 KF 加热，煮沸，冷却后用 $c(Zn^{2+}) = 0.02056mol/L$ Zn^{2+} 标准溶液滴定至终点，用去标准溶液 25.02mL，求铝盐中 Al 的质量分数。

反应式 $Al^{3+} + H_2Y^{2-} \Longrightarrow AlY^- + 2H^+$
$AlY^- + 4F^- \Longrightarrow AlF_4^- + Y^{4-}$
$Y^{4-} + Zn^{2+} \Longrightarrow ZnY^{2-}$

提示：$n(Al^{3+}) \Longrightarrow n(AlY^-) = n(Y^{4-}) = n(Zn^{2+})$

5. 测定铁矿石中铁含量，称取试样 0.2000g，经处理后用 $c\left(\dfrac{1}{6}K_2Cr_2O_7\right) = 0.1103mol/L$ 的 $K_2Cr_2O_7$ 标准溶液滴定至终点，用去标准溶液 $K_2Cr_2O_7$ 18.06mL，求铁的含量，分别用 $w(Fe)$、$w(Fe_2O_3)$ 表示。

反应式 $6Fe^{2+} + Cr_2O_7^{2-} + 14H^+ \Longrightarrow 6Fe^{3+} + 2Cr^{3+} + 7H_2O$

6. 测定工业硫酸中 NH_3 的含量。称取试样 1.6160g，溶解后全部转移至 250mL 容量瓶中，用水稀释至刻度，吸取 25.00mL 试液于特备的仪器中，加过量的 NaOH 溶液，煮沸，将产生的 NH_3 全部导入 40.00mL $c\left(\frac{1}{2}H_2SO_4\right)=0.1020mol/L$ 的 H_2SO_4 标准溶液中吸收，剩余的 H_2SO_4 用 $c(NaOH)=0.09600mol/L$ 的 NaOH 标准溶液滴定，用去 NaOH 标准溶液 17.00mL。计算工业硫酸中 NH_3 的质量分数。

反应式　$(NH_4)_2SO_4+2NaOH \xrightarrow{\triangle} Na_2SO_4+2NH_3\uparrow+2H_2O$

$\quad\quad\quad 2NH_3+H_2SO_4 =\!=\!= (NH_4)_2SO_4$
　　　　　　　（过量）

$\quad\quad\quad H_2SO_4+2NaOH =\!=\!= Na_2SO_4+2H_2O$
　　　（余量）

提示：$n(NH_3)=n\left(\frac{1}{2}H_2SO_4\right)-n(NaOH)$

五、操作题

1. 什么是直接滴定法、返滴定法、置换滴定法和间接滴定法？

2. 返滴定法中，第一次加入的标准溶液（过量）是否需要有准确的体积？为什么？

第五节　滴定分析仪器

一、填空题

1. 滴定分析中，几种常用于准确测量转移体积的玻璃器具是_____、_____、_____和_____。

2. 滴定管是用于滴定分析、具有_____容积刻度，下端具有_____或嵌有_____的橡胶的管状玻璃器具。按容积的大小及刻度值的不同，可分为_____、_____和_____滴定管。化工分析中常用的是容量为____ mL、刻度值____ mL 的常量滴定管。

3. 酸式滴定管用于盛____性____性及____性的溶液。碱式滴定管不能盛腐蚀_____的物质。

4. 洗净的滴定管使用前必须用_____润洗 2～3 次。装满标准溶液后将活塞口下端玻璃珠上下的_____排尽。

5. 使用滴定管时，对无色溶液读数应使眼睛视线与溶液弯月面最_____点在同一_____面上。

6. 滴定操作中，滴定终点控制标准溶液的体积一般是____滴。

7. 移液管和吸量管必须和____配合使用。

二、判断题（正确的在题后括号内画"√"，不正确的画"×"）

1. 常量滴定管的分度值是 0.01mL。（　　　）

2. $KMnO_4$ 标准溶液应该用酸式滴定管盛装。（　　　）

3. 当酸式滴定管活塞无油时，容易导致漏液，所以活塞涂油非常重要。（　　　）

4. 滴定管读数时，应使眼睛与溶液弯月面最低点在同一水平面上。（　　　）

5. 操作碱式滴定管时，用拇指与食指挤压玻璃球外面的胶皮管，而不是挤压玻璃珠。（　　　）

6. 使用移液管时，应用右手持洗耳球。（　　　）

7. 用容量瓶稀释溶液时，接近刻度线时应用胶头吸管滴加至刻度线，然后混匀溶液。（　　　）

8. 滴定分析中，测量溶液体积的准确玻璃器具都可以加热溶液。（　　　）

三、选择题（每题只有一个正确答案，将正确答案的序号填在题后括号内）

1. 在滴定分析中使用的准确量器是（　　　）。
(1) 容量瓶　　　　(2) 带刻度的烧杯　　　　(3) 量筒　　　　(4) 带刻度的三角瓶

2. 化工分析中常用的滴定管称作（　　　）。
(1) 微量　　　　(2) 半微量　　　　(3) 常量

3. 滴定分析到达终点时，用去 20mL 标准溶液，应记录为（　　　）。
(1) 20mL　　　　(2) 20.0mL　　　　(3) 20.000mL　　　　(4) 20.00mL

4. 应用棕色滴定管盛的标准溶液是（　　　）。
(1) HCl　　　　(2) $AgNO_3$　　　　(3) NaOH　　　　(4) H_2SO_4

5. 检查玻璃器具洗净的标准是以内壁（　　　）。
(1) 不挂水珠　　　　(2) 透明　　　　(3) 无异味

6. 滴定终点控制标准溶液体积半滴是为了减少（　　　）。

（1）试剂误差　　（2）终点误差　　　　（3）方法误差　　（4）偶然误差

7. 不能用于加热溶液的器具是（　　）。

（1）三角瓶　　　（2）烧杯　　　　　　（3）容量瓶　　（4）试管

四、操作题

1. 洗净的滴定管，使用前为什么要用待装的标准溶液润洗 2～3 次？

2. 为什么容量瓶与磨口具塞要配套使用？

3. 使用滴定管装溶液时，为什么必须从试剂瓶中直接转入滴定管，而不得经过任何器皿？

4. 进行滴定操作时，为什么每次滴定都要从"0"刻度开始？

综合练习题

一、填空题（共 20 分，每空 1 分）

1. 用直接法配制标准溶液的物质必须是____物质，如____。实验室配制大量的标准溶液一般采用_____法。

2. 常量分析是指对称样在____g 以上，相对含量＞__％的试样进行的分析。

3. 反应 $H_2SO_4 + 2KOH = K_2SO_4 + 2H_2O$ 中，H_2SO_4 的基本单元是____，KOH 的基本单元是_____。

4. "物质的量"是_____单位制的基本量之一，用符号____表示。单位名称是____，用符号____表示。

5. 容量瓶应和磨口具塞____使用。移液管和____结合使用。

6. 标准溶液的浓度一般用____表示。一般溶液浓度有多种表示方法，如____、____、____和____等。

7. 滴定分析结果计算的主要依据是_____规则。基本表达式为_____。

二、判断题（正确的在题后括号内画 "√"，不正确的画 "×"。共 15 分，每题 1.5 分）

1. 滴定分析中，化学计量点与滴定终点，越接近终点误差就越小。（　　）

2. 用浓 HCl 配制（1＋3）的盐酸溶液，是指 1 份蒸馏水和 3 份浓 HCl 的混合溶液。（　　）

3. 标定法配制的标准溶液不一定能用直接法配制。（　　）

4. 滴定分析计算中，使用 n、m、c 时，都必须注明基本单元。（　　）

5. 用移液管移取溶液时，最后的溶液必须吹净。（　　）

6. 6.02×10^{23} 个 O_2 分子与 58.44g NaCl 的物质的量相等。（　　）

7. 某一 Na_2CO_3 溶液 $c(Na_2CO_3) = 2mol/L$，若用 $c\left(\dfrac{1}{2}Na_2CO_3\right)$ 表示，则 $c\left(\dfrac{1}{2}Na_2CO_3\right) = 1mol/L$。（　　）

8. 物质的基本单元在滴定反应中都是自然存在的分子、离子等微粒的特定组分。（　　）

9. $1mol \dfrac{1}{2}H_2$ 具有质量 1.00794g。（　　）

10. 密度为 1.2g/mol，$w = 0.30$ 的 KOH 溶液，其物质的量浓度是 6.4mol/L。（　　）

三、选择题（每题只有一个正确答案，将正确答案的序号填在题后括号内。共 10 分，每小题 2 分）

1. 下列器具中，能盛热溶液的是（　　）。

(1) 三角瓶　　　　(2) 容量瓶　　　　(3) 滴定管　　　　(4) 吸量管

2. 滴定分析中，配制标准溶液采用的水应是（　　）。

(1) 自来水　　　　(2) 消毒水　　　　(3) 井水　　　　(4) 蒸馏水

3. 能用基准物质直接配制的标准溶液是（　　）。

(1) NaOH　　　　(2) $KMnO_4$　　　　(3) $K_2Cr_2O_7$　　　　(4) HCl

4. 用 $c(HNO_3) = 24mol/L$ 的浓 HNO_3 10mL 稀释成 2L 后，HNO_3 溶液的物质的量浓度应是（　　）。

(1) 0.24mol/L　　　(2) 1.2mol/L　　　(3) 0.12mol/L　　　(4) 2.4mol/L

5. 用 NaOH 与 HCl 反应，与 0.04g NaOH 物质的量相等的 HCl 是 （　　）。

(1) 0.1000mol/L HCl 100mL　　　　(2) 0.1000mol/L HCl 10mL

(3) 1.000mol/L HCl 10mL　　　　(4) 1.000mol/L HCl 100mL

四、配平下列反应式并选择划线物质（互为计算关系）的基本单元（共 12 分，每小题 6 分）

1. $\underline{KMnO_4} + \underline{FeSO_4} + H_2SO_4 \longrightarrow MnSO_4 + Fe_2(SO_4)_3 + K_2SO_4 + H_2O$

2. $\underline{K_2Cr_2O_7} + \underline{KI} + HCl \longrightarrow CrCl_3 + KCl + I_2 + H_2O$

五、计算题（共 28 分，每小题 7 分）

1. 有一盐酸溶液，$c(HCl) = 0.12mol/L$，取此溶液 50mL，若将此溶液稀释成 0.090mol/L，计算需加水多少 mL？

2. 今需配制 $c\left(\dfrac{1}{2}Na_2C_2O_4\right) = 0.10mol/L$ 的溶液 500mL，计算应称固体 $Na_2C_2O_4$ 多少克？

3. 测一工业硫酸含量，称样 1.235g，用容量瓶稀释成 250mL，摇匀后用移液管取出 25mL，滴定用去 $c(NaOH) = 0.1400mol/L$ 溶液 17.80mL，求试样中 H_2SO_4 的质量分数。

反应式　$H_2SO_4 + 2NaOH == Na_2SO_4 + 2H_2O$

4. 称取纯碳酸钙 0.2500g，溶于 50mL HCl 中，余量的酸用 NaOH 标准溶液回滴，用去 7.00mL。已知 1mL NaOH 溶液相当于 1.010mL 盐酸溶液，求 $c(HCl)$ 的值。

反应式　　$CaCO_3 + 2HCl \underset{\text{（过量）}}{=\!=\!=} CaCl_2 + 2H_2O + CO_2 \uparrow$

$HCl \underset{\text{（余量）}}{+ NaOH =\!=\!=} NaCl + H_2O$

六、操作题（简要回答，共 15 分，每题 5 分）

1. 洗净的滴定管和移液管使用前作何处理？

2. 怎样排除碱式滴定管尖端部分的气泡？

3. 用滴定管读取无色溶液的体积时，眼睛视线与溶液液面有什么关系？

第三章　酸碱滴定法

第一节　概　　述

一、填空题

1. 根据质子理论，凡能给出质子（H^+）的物质是____；凡能接受质子的物质是____。它们之间的关系可用式子表示如下：_____。

2. Cl^- 的共轭酸是____，NH_4^+ 的共轭碱是____。

3. 根据质子理论，酸碱反应实质是酸碱之间_____反应。

4. $K_W^\ominus$ 称为水的_____常数。经测定，298K 时纯水中 $K_W^\ominus =$ _____。

5. 溶液的酸碱性与 pH 值有关，当 pH＞7 时，溶液呈_____性；当 pH＝7 时，溶液呈_____性；当 pH＜7 时，溶液呈_____性。

二、选择题（每题只有一个正确答案，将正确答案的序号填在题后括号内）

1. $H_2PO_4^-$ 的共轭碱是（　　）。

(1) H_3PO_4　　　　　(2) HPO_4^{2-}　　　　　(3) PO_4^{3-}

2. 按照质子理论，Na_2HPO_4 是（　　）。

(1) 酸性物质　　　　(2) 碱性物质　　　　(3) 两性物质

3. 按质子理论，下列物质中具有两性的是（　　）。

(1) HCO_3^-　　　　(2) CO_3^{2-}　　　　(3) NO_3^-

三、简述题

简述酸碱滴定法的特点。

四、计算题

1. 计算 1.33×10^{-3} mol/L NaOH 溶液的 pH 值。

2. 计算 0.1mol/L HAc（醋酸）溶液的 pH 值。

第二节 酸碱指示剂

一、填空题

1. 酸碱指示剂是指在不同的＿＿值溶液中显示不同＿＿的有机弱酸或有机弱碱。

2. 指示剂由于结构的改变而发生＿＿的变化。

3. 甲基橙变色范围的 pH 值为＿＿＿＿；它的酸色呈＿色，碱色呈＿色，在变色范围时呈＿色。

4. 甲基橙、甲基红和酚酞的变色范围分别是＿＿＿、＿＿＿和＿＿＿。

5. 混合指示剂是指＿＿＿＿＿＿＿＿的混合物，或是＿＿＿＿＿＿＿＿＿＿＿的混合物。

二、选择题（每题只有一个正确答案，将正确答案的序号填在题后括号内）

1. 在 pH＝10.0 的溶液中，酚酞的颜色为（　　）。

(1) 无色　　　　　(2) 红色　　　　　(3) 黄色

2. 下列指示剂中属于双色指示剂的是（　　）。

(1) 甲基橙　　　(2) 酚酞　　　　(3) 百里酚酞

三、问答题

混合指示剂具有什么特点？

第三节 酸碱滴定曲线及指示剂的选择

一、填空题

1. 滴定曲线是以横坐标代表＿＿＿＿＿＿＿＿，纵坐标代表＿＿＿＿＿＿＿＿＿的关系曲线。在酸碱滴定中纵坐标代表＿＿＿＿＿＿＿。

2. 滴定突跃是在化学计量前后＿＿％相对误差范围内的＿＿值突跃变化。

3. 选择指示剂的原则是：只要指示剂的变色范围＿＿或＿＿包含在滴定的突跃范围之内的，都可以作为这一滴定的指示剂。

二、选择题（每题只有一个正确答案，将正确答案的序号填在题后括号内）

1. 当溶液的 $c(H^+)＝0.01000mol/L$ 时，pH 值是（　　）。

(1) 1　　　　　(2) 2　　　　　(3) 12

2. 当溶液的 $c(OH^-)＝0.1000mol/L$ 时，pH 值是（　　）。

(1) 1　　　　　(2) 11　　　　　(3) 13

3. 在 20.00mL 0.1000mol/L HCl 溶液中，加入 19.98mL 0.1000mol/L NaOH 溶液后，此时溶液的 pH 值为（　　）。

(1) 4.3　　　　(2) 9.7　　　　(3) $5×10^{-5}$

4. 当 20.00mL 0.1000mol/L NaOH 溶液滴定 20.00mL 0.1000mol/L HAc 溶液达化学计量点时，溶液的 pH 值为（　　）。

（1）小于 7.0　（2）大于 7.0　　（3）等于 7.0

三、计算题

在 20.00mL 0.1000mol/L HCl 溶液中，加入 20.02mL 0.1000mol/L NaOH 溶液后，计算溶液的 pH 值。

第四节　酸碱标准溶液的配制和标定

一、填空题

1. 标定 HCl 标准溶液常用____作基准物质，若用甲基橙作指示剂，在滴定过程中颜色是由__色变为__色。

2. 标定 NaOH 标准溶液常用_____作基准物质，化学计量点时溶液呈__性，选用的指示剂是_____。

3. HCl 标准溶液一般配成_____ mol/L 溶液。

二、选择题（每题只有一个正确答案，将正确答案的序号填在题后括号内）

1. 对于 HCl 标准溶液特点的说法不正确的是（　　　）。

（1）稳定性较好　　　　（2）滴定的突跃范围较大　　　（3）指示剂变色不明显

2. 酸标准溶液一般常用哪种酸来配制（　　　）。

（1）HCl　　　　　　　（2）H_2SO_4　　　　　　　（3）HNO_3

3. 用基准无水 Na_2CO_3 标定 HCl 溶液时，不可选用的指示剂是（　　　）。

（1）酚酞　　　　　　　（2）甲基橙　　　　　　　（3）甲基橙-靛蓝

4. NaOH 固体表面常含有的杂质是（　　　）。

（1）Na_2O　　　　　　（2）$NaHCO_3$　　　　　　（3）Na_2CO_3

5. 配制好的 NaOH 溶液贮存在玻璃试剂瓶中，最常用的塞子是（　　　）。

（1）玻璃塞　　　　　　（2）橡皮塞　　　　　　　（3）木塞

三、计算题

称取 1.5312g 基准无水 Na_2CO_3，溶解后配成 250mL 溶液，用移液管吸取此溶液 20.00mL，以甲基橙为指示剂，用滴定时消耗 HCl 溶液 34.20mL。计算 HCl 溶液的物质的量浓度。

第五节　酸碱滴定法的应用

一、填空题

1. 双指示剂法是指当滴定剂与被测定混合物相互作用时，有两个差别较大的_____，利用_____在不同的化学计量点的颜色变化，分别指示两个滴定终点。

2. 在测定工业烧碱中 NaOH 和 Na_2CO_3 的含量时，用酚酞作指示剂，当用 HCl 标准溶液滴定至溶液由红色变为无色时，溶液中发生反应的化学方程式为_____。

3. 在混合碱的测定中，取出试样的试液应立即滴定，以防止_____。

二、选择题（每题只有一个正确答案，将正确答案的序号填在题后括号内）

1. 用 0.1000mol/L HCl 标准溶液滴定 Na_2CO_3 至第一个化学计量点，选用的指示剂是（　　）。

(1) 甲基橙　　　　　　(2) 甲基红　　　　　　(3) 酚酞

2. 在 NaOH＋Na_2CO_3 混合碱的测定中，反应达到第二个化学计量点时，甲基橙的颜色变为（　　）。

(1) 黄色　　　　　　(2) 橙色　　　　　　(3) 红色

3. 对于混合碱的组成，不可能的是（　　）。

(1) NaOH＋Na_2CO_3　　(2) Na_2CO_3＋$NaHCO_3$　　(3) NaOH＋$NaHCO_3$

三、计算题

1. 称取含 NaOH 和 Na_2CO_3 混合碱的样品 0.1567g，以酚酞作指示剂，用 0.0995 mol/L HCl 标准溶液滴定至红色刚好褪色，消耗 20.40mL。再加入甲基橙作指示剂，继续用该 HCl 滴定，又耗用 11.50mL 至溶液由黄色变为橙色。计算样品中 NaOH 及 Na_2CO_3 的质量分数。

2. 称取于 250～300℃下干燥过的纯碱样品 2.0350g 于锥形瓶中，加 50mL 水溶解，以甲基橙作指示剂，耗用 1.0025mol/L HCl 标准溶液 37.63mL。计算纯碱中总碱量（以 Na_2O 计）是多少？

综合练习题

一、填空题（共 30 分，每空 2 分）

1. 酸碱滴定法所涉及到的酸碱反应的实质是 ＿＿＿＿＿＿＿＿＿＿＿＿＿＿。

2. 酚酞是单色指示剂，当溶液 pH＝5.0 时，酚酞呈＿＿色。

3. 当溶液的 pH 值＿＿＿＿指示剂的变色范围时，酸碱指示剂所显示的颜色称为酸色。

4. 在某溶液中，酚酞（变色范围 pH 值 8.0～10.0）在里面是无色的，甲基红（变色范围 pH 值 4.4～6.2）在里面是黄色的，则该溶液 pH 值范围是 ＿＿＿＿＿＿。

5. 在 20.00mL 0.1000mol/L HCl 溶液中加入 20mL 0.1000mol/L NaOH 溶液后，溶液的 pH 值为＿＿＿。

6. 通常被测试液 20～30mL 时，指示剂用量约为＿＿＿＿滴。

7. 标定 NaOH 溶液常用＿＿＿＿作基准物质，选用＿＿＿作指示剂。

8. 用双指示剂法测定工业烧碱中 NaOH 和 Na_2CO_3 的含量，第一、第二个化学计量点分别用＿＿＿＿和＿＿＿＿指示剂来确定。

9. 混合碱的总碱量是指烧碱中＿＿＿＿＿＿＿＿＿的总含量，或纯碱中＿＿＿＿＿＿＿＿＿＿的总含量，一般以＿＿＿＿＿表示总碱量。

10. 若只用酚酞作指示剂测定混合碱，则不能测出混合碱中＿＿＿＿＿的含量，也不能测出混合碱的＿＿＿＿＿。

二、选择题（每题只有一个正确答案，将正确答案的序号填在题后括号内。共 20 分，每题 2 分）

1. 根据酸碱质子理论，下列物质一定不属于酸的是（ ＿＿＿ ）。

(1) NH_4^+　　　　(2) HSO_4^-　　　　(3) Cl^-

2. 关于酸碱滴定法的叙述，不正确的是（ ＿＿＿ ）。

(1) 它是利用酸碱之间质子传递反应的滴定分析法

(2) 一般的酸、碱以及与酸、碱直接或间接发生质子传递反应的物质，几乎都可以利用酸碱滴定法进行滴定

(3) 酸碱反应速率快，但反应过程复杂

3. 关于酸碱指示剂的叙述，不正确的是（ ＿＿＿ ）。

(1) 它的颜色变化分为酸色和碱色

(2) 它可分为单色指示剂和双色指示剂

(3) 它是无机弱酸和无机弱碱

4. 关于混合指示剂的叙述，正确的是（ ＿＿＿ ）。

(1) 广泛指示剂不属于混合指示剂

(2) 混合指示剂就是仅用两种或两种以上指示剂混合而成

(3) 它的特点是利用颜色互补作用，使颜色变化更为敏锐，变色范围更小

5. 关于以 0.1000mol/L NaOH 标准溶液滴定 20.00mL 未知浓度 HCl 溶液，下列说法不正确的是（ ＿＿＿ ）。

(1) 可选用酚酞作指示剂

(2) 滴定至化学计量点时溶液呈中性

(3) 滴定的突跃范围的大小与 HCl 的浓度无关

6. 甲基黄、甲基橙和酚酞的变色范围 pH 值分别是 $2.9 \sim 4.0$、$3.1 \sim 4.4$ 和 $8.0 \sim 10.0$。若一滴定的突跃范围 pH 值为 $4.3 \sim 9.7$，不能作为这一滴定的指示剂的是（　　）。

(1) 甲基黄　　　　　(2) 甲基橙　　　　　(3) 酚酞

7. 在强碱（NaOH）滴定强酸（HCl）时，化学计量点前（　　）。

(1) 溶液的 pH 值由剩余酸（HCl）的量来决定

(2) 溶液呈碱性

(3) 溶液是由反应生成的 NaCl 和 H_2O 组成的溶液

8. 选择指示剂的原则是（　　）。

(1) 指示剂是恰好在化学计量点时变色

(2) 指示剂在变色范围内变色

(3) 指示剂的变色范围全部或部分包含在滴定的突跃范围之内

9. 标定 HCl 溶液最常用的基准物质是（　　）。

(1) 无水 Na_2CO_3　　　　　(2) $NaHCO_3$　　　　　(3) $KHC_8H_4O_4$

10. 用 $KHC_8H_4O_4$ 标定 NaOH 溶液所选用的指示剂是（　　）。

(1) 甲基橙　　　　　(2) 甲基黄　　　　　(3) 酚酞

三、判断题（正确的在括号内画"√"，不正确的画"×"。共 10 分，每题 2 分）

1. 从质子理论的观点出发，凡能给出质子（H^+）的物质都是酸，凡能接受质子的物质都是碱。（　　）

2. 滴定时，溶液浓度越大则突跃范围越大，对选择指示剂越有利。所以在滴定时溶液的浓度越大越好。（　　）

3. 滴定反应的化学计量点即指示剂颜色变化的转折点。（　　）

4. 混合碱总碱量的测定，可以选用甲基橙或酚酞作指示剂。（　　）

5. NaOH 标准溶液可以直接用 NaOH 固体来配制。（　　）

四、问答题（共 20 分，每题 10 分）

1. 为什么烧碱中常含有 Na_2CO_3？

2. 为什么很少用 HNO_3 来配制标准溶液？

五、计算题（共 20 分，每题 10 分）

1. 在滴定时（用甲基橙作指示剂），若要消耗 25.00mL 0.1000mol/L HCl 溶液，应称取基准无水 Na_2CO_3 多少克？

2. 现有含 NaOH 和 Na_2CO_3 的样品 1.1790g，以酚酞为指示剂，用 0.6000mol/L HCl 标准溶液滴定至溶液由红色变为无色，消耗 HCl 标准溶液 24.08mL。再加入甲基橙指示剂，继续用该酸滴定，又消耗酸 12.02mL。计算样品中 NaOH 和 Na_2CO_3 的质量分数。

第四章　配位滴定法

第一节　概　　述

一、填空题

1. 由_____键形成的化合物叫配位化合物。简称_____合物。

2. 配离子 $Ag(NH_3)_2^+$ 中，中心离子是____，配位体是____，配位数是____，叫作_____配离子。

3. 配合物的稳定性可用_____常数和_____常数表示。

4. 利用配合物的_____和_____反应进行的滴定，称作配位滴定法。

5. 配位滴定法中，要求生成的配合物稳定常数应大于_____。

6. 配位剂分为_____配位剂和_____配位剂两种。

7. 有机配位剂一般一个分子中有____个原子提供孤电子对时，能形成_____个配位键，空间结构为_____。

二、判断题（正确的在括号内画"√"，不正确的画"×"）

1. 配离子中，中心离子是指高价金属离子。（　　　）

2. 配合物的稳定常数与它的不稳定常数互为倒数。（　　　）

3. 能形成配合物的反应，可用于作配位滴定。（　　　）

4. 螯合物是空间结构呈环状的配合物。（　　　）

三、问答题

1. 配位滴定法对配位反应有哪些要求？

2. 举例说明螯合物的空间结构。

第二节　EDTA 配位滴定法

一、填空题

1. EDTA 滴定法是以 EDTA 与_____进行配位反应的滴定法。也称为_____滴定法。

2. 乙二胺四乙酸及其二钠盐化学式表示的简式为_____ 和_____。它们都称为_____。

3. EDTA 与不同价的金属离子配位时，一般情况下配位比都是_____。

4. EDTA 是一个_____弱酸。在溶液中存在_____步电离平衡。当 pH 值不同时溶液中的____种形态所占比例也不同。pH 值____时，Y^{4-} 形态比例最_____。

5. 溶液的酸度直接影响 Y^{4-} 与 M^{n+} 的_____能力。EDTA 溶液的浓度是____、____、____、_____、____、____、_____浓度的总和。

6. 在 EDTA 配位滴定中，溶液的酸度会随反应的进行不断_____，不利于配位反应，因此，必须加适当的_____溶液。

二、判断题（正确的在括号内画"√"，不正确的画"×"）

1. 因为乙二胺四乙酸是有机弱酸，所以它不能用作 EDTA 配位滴定的滴定剂。（　　）

2. 分析上采用 Na_2H_2Y 作 EDTA 滴定的滴定剂。（　　）

3. EDTA 与 Al^{3+} 形成的配合物可用简式 AlY^- 表示。（　　）

4. 凡是空间结构是五元环和六元环的螯合物，稳定性一定很好。（　　）

5. 当 EDTA 溶液 pH＜10 时，Y^{4-} 形态所占比例最大。（　　）

6. 在 EDTA 溶液中的各种形态中，HY^{3-} 最易与金属离子配位。（　　）

7. EDTA 配位滴定中加入适当的缓冲溶液，目的是加快配位反应的速度。（　　）

三、选择题（每题只有一个正确答案，将正确答案的序号填在题后括号内）

1. EDTA 配位滴定法中，作滴定剂的是（　　）。
(1) H_4Y 　　　(2) Y^{4-} 　　　(3) Na_2H_2Y 　　　(4) $Na_2H_2Y \cdot 2H_2O$

2. 金属离子 Mg^{2+} 与 EDTA 形成的配合物是（　　）。
(1) MgY^{2-} 　　　(2) MgY_2 　　　(3) MgY^- 　　　(4) MgY

3. EDTA 与金属离子 Zn^{2+} 的配合物是（　　）。
(1) 无色 　　　(2) 红色 　　　(3) 黑色 　　　(4) 蓝色

4. EDTA 溶液中 Y^{4-} 形态占比例最大时，pH 值应为（　　）。
(1) ＜2.0 　　　(2) ＞2.0 　　　(3) ＜10.26 　　　(4) ＞10.26

5. EDTA 配位滴定中，为使反应的酸度保持不变，应加入适当的（　　）。
(1) 酸 　　　(2) 碱 　　　(3) 缓冲溶液 　　　(4) 盐

四、问答题

1. 为什么分析上常用的 EDTA 不是 H_4Y 而是 $Na_2H_2Y \cdot 2H_2O$？

2. EDTA 配位滴定中，为什么要加入适当的缓冲溶液？

第三节　金属指示剂

一、填空题

1. 在配位滴定中，通常利用一种能与_____离子生成有色_____的有机染料来指示滴定过程中_____浓度的变化，这种显色剂称为金属指示剂。

2. 金属指示剂指示 EDTA 配位滴定终点的原理是稳定性____的配位剂 EDTA 夺取稳定性____的配合物中的金属离子，置换出_____。从而使溶液颜色发生变化，所以金属指示剂与金属离子生成的配合物颜色应与_____颜色有____区别。

3. 铬黑 T 与金属离子的配合物为____色。它的 pH 值最适宜的使用范围应该是_____。

4. 二甲酚橙与金属离子配合物为____色。它只能在 pH _____的_____性溶液中使用。

5. 钙指示剂与金属离子配合物为____色，pH 值使用范围为_____时，可以测 Ca^{2+}。

二、判断题（正确的在题后括号内画"√"，不正确的画"×"）

1. 金属指示剂是一种有色金属。（　　　）

2. 金属指示剂能与金属离子形成有色配合物。（　　　）

3. 金属离了与金属指示剂形成配合物的稳定常数比金属离了与 EDTA 形成配合物的稳定常数要小，二者的稳定常数应相差 50 倍以上。（　　　）

4. 铬黑 T 的 pH 值使用范围，应是 pH＜6.3。（　　　）

5. 二甲酚橙必须在碱性溶液中使用。（　　　）

6. 由于钙指示剂在水溶液和乙酸溶液中都不稳定，一般与固体 NaCl 混合后使用。（　　　）

第四节　EDTA 配位滴定法的应用

一、填空题

1. EDTA 标准溶液的配制法有_____法和_____法。最常用的是_____法。

2. _____、_____和_____是标定 EDTA 溶液最常用的基准物质。Cu^{2+} 标准溶液通常用已知浓度的 EDTA 标准溶液标定，标定时的计算公式为_____。

3. 溶解在天然水中的阳离子有____、____、_____等。一般_____和____，含量以 $CaCO_3$ 计高于_____ mg/L 的水称为硬水。

4. EDTA 配位剂和铬黑 T 指示剂分别与 Ca^{2+}、Mg^{2+} 形成配合物的稳定性依次为____>____>____>____。

5. 用 EDTA 配位滴定法测水中 Ca^{2+}、Mg^{2+} 总量时，以_____作指示剂。终点颜色由_____色变为_____色。

6. 用 EDTA 配位滴定法测工业氯化钙含量，须在 pH _____ 范围内进行，使用的是_____指示剂。终点由_____色转变为_____色。

二、判断题（正确的在题后括号内画"√"，不正确的画"×"）

1. 配制 EDTA 标准溶液一般不用直接法。（　　　）

2. 标定 EDTA 溶液的基准物可使用 $MgSO_4 \cdot 7H_2O$。（　　　）

3. 我国生活饮用水 Ca^{2+}、Mg^{2+} 时含量标准是 $450mg/L$（以 $CaCO_3$ 计）。（　　　）

4. 测水中 Ca^{2+}、Mg^{2+} 含量时，有关配合物的稳定性依次为：$MgY^{2-}>CaY^{2-}>MgIn^->CaIn^-$。（　　　）

5. 上题（4 题）中测定终点时的蓝色是 $MgIn^-$ 的颜色。（　　　）

6. 测定工业氯化钙含量时，应使用钙指示剂。（　　　）

三、选择题（每题只有一个正确答案，将正确答案的序号填在题后括号内）

1. EDTA 标准溶液直接配制可用的基准物质是（　　　）。

(1) Zn　　　　　(2) Na_2H_2Y　　　　　(3) H_4Y　　　　　(4) $Na_2H_2Y \cdot 2H_2O$

2. 配制 Zn^{2+} 标准溶液，溶解 ZnO 的是（　　　）。

(1) 烧碱　　　　(2) 浓盐酸　　　　(3) 稀 H_2SO_4　　　　(4) 蒸馏水

3. 蒸汽锅炉用水应使用（　　　）。

(1) Ca^{2+}、Mg^{2+} 含量符合蒸汽锅炉用水标准的水

(2) 去离子水　　　(3) 河水　　　　　(4) 井水

4. 以铬黑 T 作指示剂，用 EDTA 配位滴定法可以测定水中（　　　）。

(1) Ba^{2+} 含量　　(2) Ag^+ 含量　　　(3) Na^+ 含量　　　(4) Ca^{2+}、Mg^{2+} 总量

5. 测定水样中 Ca^{2+}、Mg^{2+} 总量时，一般分析结果的表示可用 CaO 的（　　　）。

(1) 质量浓度　　(2) 质量分数　　　　(3) 体积分数　　　　(4) 物质的量浓度

四、计算题

1. 配制 $c[Pb(NO_3)_2]=0.0150mol/L$ 的 $Pb(NO_3)_2$ 溶液 500mL,应称取固体 $Pb(NO_3)_2$ 多少克？移取此溶液 25mL 与 30.00mL EDTA 完全作用，求 EDTA 的物质的量浓度为多少？

2. 测定无水氯化锌含量，称取试样 0.3000g，溶于水后，在 pH＝5.0～6.0 时，用二甲酚橙作指示剂，用 $c(EDTA)＝0.1000mol/L$ 的 EDTA 标准溶液滴定，用去 21.99mL，求试样中 $w(ZnCl_2)$ 为多少？

3. 测定水中 Ca^{2+}、Mg^{2+} 总量，用移液管吸取水样 100mL，以铬黑 T 为指示剂，用 $c(EDTA)＝0.01000mol/L$ 的 EDTA 标准溶液滴定，用去 4.00mL，用 CaO 表示 Ca^{2+}、Mg^{2+} 总量，求 $\rho(CaO)$？（单位是 mg/L）

4. 称取工业氯化钙试样 8.0000g，溶解后转移到 500mL 容量瓶中，稀释至刻度。用吸量管吸取此试样 5mL，加入适量蒸馏水，用 $c(EDTA)＝0.02100mol/L$ 的 EDTA 标准溶液滴定，用去 21.20mL，求 $w(CaCl_2)$ 的值。

5. 测定无机盐中 SO_4^{2-} 时，称取试样 3.0000g，溶解后移入 250mL 容量瓶中，稀释至刻度。用移液管吸取此试液 25mL 于锥形瓶中，加 $c(BaCl_2)＝0.05000mol/L$ 的 $BaCl_2$ 标准溶液 25.00mL，加热沉淀后，用 $c(EDTA)＝0.02000mol/L$ 的 EDTA 标准溶液滴定剩余的 Ba^{2+}，用去 17.15mL，求试样中 $w(SO_4^{2-})$ 的值。

6. 称取含磷试样 0.1000g，处理成试液并将 P 沉淀为 $MgNH_4PO_4$，将沉淀过滤洗涤后，再溶解并调节溶液至 pH＝10.0，以铬黑 T 为指示剂，然后用 $c(EDTA)＝0.01000mol/L$ 的 EDTA 标准溶液滴定溶液中的 Mg^{2+}，用去 20.00mL，求试样中 $w(P)$ 和 $w(P_2O_5)$？

（反应过程为　$P \longrightarrow MgNH_4PO_4 \downarrow \longrightarrow MgY^{2-}$）

7. 用 EDTA 配位滴定法测镍盐（$NiSO_4 \cdot 7H_2O$）中镍含量。称取试样 0.6000g，溶解后定量转入 250mL 容量瓶，稀释至刻度，摇匀。用移液管吸取试液 25mL，加入过量的 $c(EDTA)＝0.009850mol/L$ 的 EDTA 标准溶液 30mL，调节 pH＝5.0，煮沸使 Ni^{2+} 与 EDTA 完全配位。冷却后以 PAN 为指示剂，用 $c(CuSO_4)＝0.01000mol/L$ 的 $CuSO_4$ 标准溶液滴定余量的 EDTA，用去 10.00mL，求镍盐中镍的质量分数 $w(Ni)$。

五、操作题

1. 简述用 EDTA 配位滴定法测水中 Ca^{2+}、Mg^{2+} 总量的原理。

2. 用 EDTA 配位滴定法测水中 Ca^{2+}、Mg^{2+} 总量时，为什么要加 pH＝10.0 的缓冲溶液？

综合练习题

一、填空题（共 20 分，每空 1 分）

1. 配位滴定法是利用配合物的_____和_____反应进行的滴定。形成配合物的反应叫_____反应。

2. 配离子由_____离子和一定数目的_____分子或_____离子组成。以_____键结合起来的难以电离的复杂离子。配合物外界与内界以_____键相结合。

3. EDTA 能与金属离子形成_____状结构的螯合物，稳定性很____，配位比都是_____，它是 EDTA 配位滴定的____剂。

4. EDTA 与金属离子配位的能力与溶液的____有关，即_____越大，配位能力越_____，形成的配合物越_____。

5. 金属指示剂是一种_____剂。它能与金属离子形成_____配合物。

6. 天然水中含 Ca^{2+}、Mg^{2+}（以 $CaCO_3$ 计），高于 75mg/L 称为_____水。化工生产中使用含 Ca^{2+}、Mg^{2+} 高的硬水会将_____杂质带入产品，影响产品质量。

二、判断题（正确的在题后括号内画"√"，不正确的画"×"，共 15 分，每题 1.5 分）

1. EDTA 的 7 种形态中，Y^{4-} 最易与金属离子形成配合物。（　　）

2. 无机配位剂与金属离子形成的配合物一般稳定性较差。（　　）

3. 当 pH<11.6 时，EDTA 溶液主要以 Y^{4-} 形态存在。（　　）

4. H_4Y 不能用作 EDTA 配位滴定的标准溶液，因为它是四元弱酸。（　　）

5. H_4Y 和它的二钠盐都可称为 EDTA。（　　）

6. 空间结构呈环状的配合物，稳定性一定比不是环状结构配合物的高。（　　）

7. 钙指示剂一般配制成与 NaCl 的混合物使用，因为它是固体物质。（　　）

8. 配合物的稳定性可用 $K_稳$ 与 $K_{不稳}$ 表示，则 $K_稳 = K_{不稳}$。（　　）

9. 用基准物 $Na_2H_2Y \cdot 2H_2O$ 可以直接配制 EDTA 标准溶液。（　　）

10. 饮用水中 Ca^{2+}、Mg^{2+} 过高或过低都会对人的健康不利。（　　）

三、选择题（每题只有一个正确答案，将正确答案的序号填在题后括号内。共 20 分，每题 2 分）

1. 配位滴定中，生成的配合物稳定常数应（　　）。

(1) 大于 10^8　　　　(2) 小于 10^8　　　　(3) 等于 10^3　　　　(4) 等于 10^5

2. EDTA 与金属离子 Al^{3+} 形成配合物的配位比一般是（　　）。

(1) 3:1　　　　(2) 1:3　　　　(3) 2:1　　　　(4) 1:1

3. Ca^{2+} 与 EDTA 形成配合物的颜色是（　　）。

(1) 深蓝色　　　　(2) 蓝色　　　　(3) 无色　　　　(4) 红色

4. 5 元环的配合物是指（　　）。

(1) 有 5 个环状结构　　　　(2) 有 5 个配位体

(3) 配合物环上有 5 个原子　　　　(4) 有 5 个原子与中心离子配位键相结合

5. EDTA 在溶液中的形态有（　　）。

(1) 2 种　　　　(2) 4 种　　　　(3) 5 种　　　　(4) 7 种

6. EDTA 与 Mg^{2+} 形成配合物的化学简式是（　　）。

(1) MgY^{2-} (2) MgY^- (3) MgY (4) MgY^{3-}

7. 金属指示剂与金属形成的配位物稳定性过低会使滴定终点（   ）。

(1) 拖延   (2) 提前   (3) 无影响

8. 分析中使用的 EDTA 是指（   ）。

(1) 乙二胺四乙酸二钠盐   (2) 乙二胺四乙酸

(3) 二钠盐   (4) 乙二胺四乙酸二钠盐（含有 2 个结晶水）

9. 铬黑 T 使用的最适宜的 pH 值范围是（   ）。

(1) >11.6 (2) <11.6 (3) $9.0 \sim 10$ (4) <6.3

10. 标定 EDTA 时，常用的基准物是（   ）。

(1) ZnO (2) $KHC_8H_4O_4$ (3) $NaCl$ (4) $K_2Cr_2O_7$

四、计算题（共 40 分，每题 10 分）

1. 标定 EDTA 溶液，称取标准物质 $CaCO_3$ 0.2000g，加盐酸将其溶解，煮沸（赶走 CO_2），然后转移到 250mL 容量瓶中，稀释至刻度，称取此溶液 25mL，用待标定的 EDTA 溶液滴至终点，用去 EDTA 溶液 20.50mL，计算 $c(EDTA)$。

2. 称取 0.5000g 煤样，灼烧并使其中硫完全氧化成 SO_4^{2-}，处理成溶液并除去重金属离子后，加入 $c(BaCl_2)=0.05mol/L$ 的 $BaCl_2$ 溶液 20.00mL，使之生成 $BaSO_4$ 沉淀，过量的 Ba^{2+} 用 0.02500mol/L 的 EDTA 标准溶液滴定，用去 20.00mL。计算煤中硫的 $w(S)$。

3. 称取含钙的试样 0.2500g，溶解后转入 250mL 容量瓶中，稀释至刻度，用移液管吸取 25mL，以钙指示剂判断终点，在 pH = 12.0 条件下，用 $c(EDTA) = 0.01010mol/L$ 的 EDTA 标准溶液滴至终点，用去 26.47mL。求试样中 $w(CaO)$。

4. 称取不纯 $BaCl_2$ 样品 0.6000g，溶解后加入 40.00mL $c(EDTA) = 0.1000mol/L$ 的 EDTA 标准溶液，待 Ba^{2+} 与 EDTA 配位后，以 NH_3-NH_4Cl 缓冲溶液调节溶液的 pH = 10.0，以铬黑 T 为指示剂，再用 $c(MgSO_4) = 0.1000mol/L$ 的 $MgSO_4$ 标准溶液滴定过量的 EDTA，用去 31.00mL，求 $w(BaCl_2)$。

五、操作题（5分）
为什么要给金属指示剂规定使用的 pH 值范围？

第五章 沉淀滴定法

第一节 概 述

一、填空题

1. 沉淀滴定法是利用_____进行的滴定方法。

2. 常温下,当一种物质在水中溶解度在_____ mol/L 以下时,这种物质就称为难溶物质。难溶物质在溶液中主要以_____的形式存在,所以把生成难溶物质的反应叫_____反应。

3. 利用生成_____的滴定法,称作银量法。此方法可以测定_____等离子的含量。

4. 银量法按滴定方式不同分为____法和_____法两种;按确定滴定终点所用的指示剂不同分为_____法、_____法和_____法。

5. 一定温度下,_____的饱和溶液中,相应离子浓度系数次方之积为一常数。该常数称为_____,用符号____表示。

二、判断题(正确的在题后括号内画“√”,不正确的画“×”)

1. 有适当方法指示滴定终点的沉淀反应都能用于沉淀滴定。( )

2. $Pb_3(PO_4)_2$ 常温下溶解度为 1.5×10^{-9} mol/L,$Pb_3(PO_4)_2$ 是难溶物质。( )

3. 溶度积是指一定温度下,难溶物质的饱和溶液中相应离子浓度的乘积。( )

4. 某一难溶电解质溶液中,若 $Q_i > K_{sp}$,有沉淀析出,直至饱和。( )

5. 根据分步沉淀原理,在存在多种待沉淀离子的溶液中,当加入一种沉淀剂时,离子积先达到溶度积的先沉淀。( )

三、选择题(每题只有一个正确答案,将正确答案的序号填在题后括号内)

1. 难溶物质在溶液中存在的主要形式是( )。

(1) 离子   (2) 电子   (3) 固体   (4) 粒子

2. 下列难溶电解质中溶解能力最弱的是( )。

(1) AgOH   (2) AgI   (3) AgCl   (4) AgBr

3. 在 AgCl 沉淀中加 SCN^- 会使沉淀( )。

(1) 溶解   (2) 分解   (3) 发生氧化反应   (4) 转化

4. 多数难溶物质的溶解度随温度升高而( )。

(1) 增大   (2) 不变   (3) 减小

5. 温度对难溶物质的 K_{sp} 值影响( )。

（1）较大　　　　　（2）不大　　　　　　（3）无影响

四、问答题

沉淀滴定对沉淀反应有哪些要求？

第二节　莫　尔　法

一、填空题

1. 莫尔法是指在＿＿＿或＿＿＿溶液中，以＿＿＿＿＿作指示剂，用＿＿＿＿＿为标准溶液＿＿＿＿＿的银量法。

2. 莫尔法中，如果指示剂的浓度过大，则终点会＿＿＿＿出现，使分析结果偏＿＿＿。一般滴定溶液中 $\rho(K_2CrO_4)=50g/L$，在 100mL 试液中应加＿＿＿＿ mL。

3. 莫尔法的滴定只能在 pH＝＿＿＿＿＿的溶液中进行。若有铵盐时应按制 pH 值在＿＿＿＿＿范围内。

4. 莫尔法多用于＿＿＿＿＿的测定。本法不宜测定＿＿＿和＿＿＿。也不适用以 NaCl 作标准溶液直接滴定＿＿＿＿。如果用本法测定 Ag^+ 时，应用＿＿＿＿＿滴定方式进行。

5. $AgNO_3$ 标准溶液可用＿＿＿＿＿法和＿＿＿＿＿法配制，但一般大都采用＿＿＿＿＿法配制。

二、判断题（正确的在题后括号内画"√"，不正确的画"×"）

1. 莫尔法的滴定必须在酸性或中性溶液中进行。（　　　）

2. 莫尔法测 Cl^- 含量实质是分步沉淀原理的应用。（　　　）

3. 莫尔法滴定时应剧烈摇动，是为了加速反应速率。（　　　）

4. 莫尔法可以测 Cl^-、Br^-、I^- 等离了的含量。（　　　）

5. 莫尔法中，用 NaCl 作标准溶液滴定 Ag^+ 只能采用返滴定法。（　　　）

6. $AgNO_3$ 标准溶液的配制，只能采用标定法。（　　　）

三、选择题（每题只有一个正确答案，将正确答案的序号填在题后括号内）

1. 以铬酸钾为指示剂的是（　　　）。

（1）佛尔哈德法　　　　（2）莫尔法　　　　（3）法扬司法　　　　（4）氧化还原法

2. 下列溶液中适宜进行莫尔法滴定的是在（　　　）。

（1）中性溶液中　　（2）弱酸性溶液中　　（3）强碱性溶液中　　（4）强酸性溶液中

3. 可以用莫尔法测定的离子是（　　　）。

（1）I^-　　　　　　（2）SCN^-　　　　　（3）Br^-　　　　　（4）PO_4^{3-}

4. 莫尔法所用的水应是（　　　）。

（1）蒸馏水　　　　（2）新鲜蒸馏水　　　（3）井水

5. 莫尔法滴定时剧烈摇动是为了（　　　）。

（1）减少吸附　　　　（2）加快反应速率　　　（3）排除干扰离子　　　（4）除去 NH_3

四、计算题

1. 标定 $AgNO_3$ 溶液，称取经 $500\sim600℃$ 灼烧至恒重的基准物质 NaCl 0.2000g，溶解后用待标定的 $AgNO_3$ 溶液滴定，用去 17.11mL，求 $c(AgNO_3)$。

2. 称取食盐 0.3000g，溶于水后，以 K_2CrO_4 作指示剂，用 $c(AgNO_3)=0.1500mol/L$ 的 $AgNO_3$ 标准溶液滴定，用去 32.50mL。求 $w(NaCl)$。

3. 测定水样中氯含量，吸取水样 100mL，调节溶液为中性，以 K_2CrO_4 为指示剂，用 $c(AgNO_3)=0.01000mol/L$ 的 $AgNO_3$ 标准溶液滴定，用去 5.80mL，求 $\rho(Cl)$。 （单位用mg/L）

4. 称取可溶性氯化物样品 0.2266g，加入 30mL $c(AgNO_3)=0.1121mol/L$ 的 $AgNO_3$ 溶液，过量的 $AgNO_3$ 用 $c(NH_4SCN)=0.1185mol/L$ 滴定，用去 6.50mL。求 $w(Cl)$？

五、操作题

1. 莫尔法为什么要用新鲜的蒸馏水？

2. 莫尔法中，为什么不能用 NaCl 作标准溶液直接滴定 Ag^+？

第三节　佛尔哈德法

一、填空题

1. 佛尔哈德法是指在_____介质中以_____作指示剂确定终点的一种银量法。根据滴定方式不同，可以分为_____法和_____法。

2. 由于铁铵矾指示剂中 Fe^{3+} 在_____性或_____性条件下会水解，因此滴定应在_____性条件下进行。

3. 佛尔哈德法中，用返滴定法测定 Ag^+ 应在_____性溶液中，先加入_____$AgNO_3$ 标准溶液，再用_____做指示剂，用 NH_4SCN 或 KSCN 标准溶液回滴剩余的_____。

二、判断题（正确的在题后括号内画"√"，不正确的画"×"）

1. 佛尔哈德法可以用于直接测定 Ag^+。（　　）

2. 用铁铵矾作指示剂的沉淀滴定，终点应是黄色。（　　）

3. 佛尔哈德法中，用返滴定法测定 Cl^-，临近终点时，应避免用力振荡。（　　）

4. 用佛尔哈德法中的返滴定法测定 Cl^-、Br^-、I^- 都会发生沉淀的转化。（　　）

5. 佛尔哈德法应在碱性介质中进行。（　　）

三、选择题（每题只有一个正确答案，将正确答案的序号填在题后括号内）

1. 佛尔哈德法又称（　　）。

（1）莫尔法　　　（2）酸碱法　　　（3）氧化还原法　　　（4）铁铵矾指示剂法

2. 下列溶液中适宜进行佛尔哈德法滴定的是（　　）。

（1）酸性　　　　（2）中性　　　　（3）碱性　　　　（4）强碱性

3. 佛尔哈德法中，返滴定法应剧烈振动的被测离子是（　　　）。

（1）Ag^+　　　　（2）Cl^-　　　　（3）Br^-　　　　（4）I^-

4. 铁铵矾指示剂化学式是（　　　）。

（1）$FeSO_4$　　　　　　　　　　（2）$(NH_4)_2SO_4$

（3）$FeNH_4(SO_4)_2 \cdot 12H_2O$　　　　（4）$FeSO_4 \cdot (NH_4)_2SO_4 \cdot 6H_2O$

5. 佛尔哈德法直接测定 Ag^+ 含量，终点颜色是（　　　）。

（1）血红色　　　　（2）粉红色　　　　（3）黄色　　　　（4）紫色

四、计算题

标定 NH_4SCN 标准溶液，用移液管吸取 25mL0.1058mol/L $AgNO_3$ 标准溶液于锥形瓶中，酸化后加入铁铵矾指示剂，在充分摇动下，用待标定的 NH_4SCN 溶液滴定至终点，消耗 NH_4SCN 22.67mL，空白实验消耗 0.20mL，求 NH_4SCN 的浓度。

第四节　法扬司法

一、填空题

1. 法扬司法是以_____为指示剂确定终点的一种银量法。常用的指示剂有_____、_____、_____。

2. 常用的吸附指示剂都是有机_____，在溶液中可以电离出_____离子，这些_____离子很容易被带_____电荷的胶体沉淀吸附，吸附后_____改变，从而引起_____变化来指示滴定终点。

3. 应用吸附指示剂时，应注意的条件是_____、_____、_____。

4. 用法扬司法测定 Cl^- 时常用_____或_____作指示剂，测定 Br^-、I^-、SCN^- 时常用_____作指示剂。

二、判断题（正确的在括号内画"√"不正确的画"×"）

1. 法扬司法必须在碱性溶液中进行。（　　　）

2. 常用的吸附指示剂都是有机弱酸、弱碱。（　　　）

3. 用法扬司法测 Cl^- 不能选用曙红作指示剂。（　　　）

4. 吸附指示剂选择不当，会使终点提前或延后。（　　　）

5. 用法扬司法滴定时，应避免强光照射。（　　　）

三、选择题（每题只有一个正确答案，将正确答案的序号填在题后括号内）

1. 法扬司法又可称为（　　　）。

（1）铬酸钾指示剂法　　（2）自身指示剂法　　（3）氧化还原法　　（4）吸附指示剂法

2. 下列溶液中适宜进行法扬司法滴定的是（　　　）。

（1）中性　　　　　　　（2）强碱性　　　　　　（3）强酸　　　　　（4）适当酸度

3. 可选用曙红作指示剂的被测离子是（　　）。

（1）Br^-　　　　　　　（2）Cl^-　　　　　　　（3）Ag^+　　　　　（4）生物碱盐

4. 用荧光黄作指示剂，pH 值应控制在（　　　）。

（1）＞10　　　　　　　（2）＜7　　　　　　　　（3）7～10

5. 法扬司法中，滴定加入糊精的目的是防止（　　　）。

（1）强光照射　　　　　（2）发生其他化学反应

（3）卤化银沉淀凝聚　　（4）卤化银分解

四、计算题

测定碘化钠含量，称取试样 0.3576g 于锥形瓶中，溶解，酸化后加入曙红指示剂，用 $c(AgNO_3)＝0.1025mol/L$ $AgNO_3$ 标准溶液滴定至终点，消耗 22.86mL，空白实验消耗 0.05mL，求碘化钠的质量分数。

综合练习题

一、填空题（共 20 分，每空 1 分）

1. 莫尔法可以直接滴定 _____ 的卤化物；当这两者共存时，滴定的是它们的 _____ 量。

2. 银量法按确定终点所用指示剂的不同分为 _____、_____、_____。

3. 用莫尔法滴定 Cl^- 时，为了减少对 Cl^- 的吸附，必须 _____ 锥形瓶，铬酸钾指示剂必须控制 _____ 和 _____。

4. 莫尔法中，试样中不应含有能与 Ag^+ 生成难溶物质的 _____ 离子；不应含有能与 CrO_4^{2-} 生成难溶物质的 _____ 离子以及 _____ 金属。

5. 银量法使用的蒸馏水必须是不含 _____ 的新鲜蒸馏水，原因是 _____。

6. 标定 $AgNO_3$ 标准溶液时，称取的是 _____ ℃ 灼烧后的 _____ 基准物质。

7. 滴定分析中可利用 K_{sp} 来判断沉淀的 _____ 和 _____；也可以判断多种待沉淀离子的沉淀 _____。

8. 根据分步沉淀原理，在含有 Cl^- 和 CrO_4^{2-} 的溶液中加 Ag^+，先沉淀的是 _____，原因是 _____。

二、判断题（正确的在括号内画"√"，不正确的画"×"。共 10 分，每题 2 分）

1. 莫尔法也适用于 NaCl 标准溶液直接滴定 Ag^+。（　　　）

2. 莫尔法中 K_2CrO_4 指示剂最适宜的浓度是 $1.0×10^{-2}$ mol/L。（　　　）

3. 佛尔哈德法中，以铁铵矾作指示剂，终点应是黄色。（　　　）

4. 佛尔哈德法滴定时，必须在中性或弱碱溶液中进行。（　　　）

5. 用法扬司法测 Cl^- 采用的是曙红作指示剂。（　　　）

三、选择题（每题只有一个正确答案，将正确答案的序号填在题后括号内。共 10 分，每题 2 分）

1. 常温下，难溶物质的溶解度一般小于（　　　）。

(1) 0.1mol/L　　　　(2) 1mol/L　　　　(3) 0.01mol/L　　　　(4) 10mol/L

2. 用莫尔法测 Cl^- 时，终点颜色为（　　　）。

(1) 白色　　　　(2) 砖红色　　　　(3) 灰色　　　　(4) 蓝色

3. 莫尔法测定含有 NH_3 的氯化物时，被测溶液的 pH 值应控制在（　　　）。

(1) 8.0～11　　　　(2) 10.0～12.0　　　　(3) 4.0～6.0　　　　(4) 6.3～7.2

4. 难溶物质析出沉淀时的离子积应（　　　）。

(1) 等于 K_{sp}　　　　(2) $<K_{sp}$　　　　(3) $>K_{sp}$

5. 用铁铵矾作指示剂的是（　　　）。

(1) 莫尔法　　　　(2) 佛尔哈德法

(3) 法扬司法　　　　(4) 碘量法

四、计算题（共 40 分，每题 8 分）

1. 准确称取经 $500 \sim 600 ℃$ 灼烧至恒重的标准物质 NaCl 1.500g，溶解后，定量转入 250mL 容量瓶中，稀释至刻度，摇匀。求 $c(NaCl)$。

2. 称取银合金试样 0.3000g，溶解成试液，加铁铵矾指示剂，用 $c(NH_4SCN) = 0.1000mol/L$ 的 NH_4SO_4 标准溶液滴定，用去 23.80mL。求 $w(Ag)$。

3. 称取 NaCl 基准物质 0.1177g，溶解后加入 30mL $AgNO_3$ 标准溶液，过量的 Ag^+ 需用 3.20mL NH_4SCN 标准溶液滴定至终点。已知 20.00mL $AgNO_3$ 和 21.00mL NH_4SNC 标准溶液完全作用。求 $c(AgNO_3)$ 和 $c(NH_4SCN)$？

反应　$Cl^- + Ag^+ \Longrightarrow AgCl \downarrow$

　　　　（过量）

　　　$Ag^+ + SCN \Longrightarrow AgSCN \downarrow$

　　（余量）

4. 取含 NaCl 的溶液 20.00mL，加入 K_2CrO_4 指示剂，用 $c(AgNO_3)=0.1023mol/L$ 的 $AgNO_3$ 标准溶液滴定，用去 27.00mL。求 $\rho(NaCl)$。（单位用 g/L）

5. 测定 NH_4Cl 的含量，称取试样 1.1500g 于 250mL 容量瓶中，加适量水，振摇，溶解后稀释至刻度，摇匀。用移液管吸取上述溶液 25mL，加入铬酸钾指示剂，用 $c(AgNO_3)=0.09890mol/L$ 标准溶液滴定终点，用去 $AgNO_3$ 标准溶液 21.00mL。求 $w(NH_4Cl)$？

五、操作题（共 20 分，每题 10 分）

1. 为什么莫尔法的滴定必须在中性或弱碱性中进行？

2. 法扬司法有哪些滴定条件？

第六章　氧化还原滴定法

一、填空题

1. 氧化还原滴定法是利用_____进行的滴定分析法。

2. 氧化还原滴定法按所用标准溶液的不同分为_____法、_____法、_____法和_____法等。

3. 氧化还原滴定法____的实质是_____。

4. 在反应 $I_2 + 2Na_2S_2O_3 \Longrightarrow 2NaI + Na_2S_4O_6$ 中，氧化剂为_____，还原剂为_____。若有 0.1mol 的 $Na_2S_2O_3$ 参与了反应，则转移的电子的物质的量为__ mol。

5. 氧化还原反应进行的速度可能受溶液中的____、____、____影响。

二、判断题（正确的在括号内画"√"，错误的画"×"）

1. 氧化还原滴定法可分为直接测定法、间接测定法和返滴定法。（　　　）

2. 反应 $2KMnO_4 + 5H_2C_2O_4 + 3H_2SO_4 \Longrightarrow K_2SO_4 + 2MnSO_4 + 10CO_2 \uparrow + 8H_2O$ 的等物质的量规则可表示为 $n\left(\dfrac{1}{5}KMnO_4\right) = n(H_2C_2O_4)$。（　　　）

第一节　氧化还原滴定法的基本原理

一、填空题

1. 写出铜锌原电池中的电极反应式①_____；②_____。

2. 反应 $2KMnO_4 + 10FeSO_4 + 8H_2SO_4 \Longrightarrow K_2SO_4 + 2MnSO_4 + 5Fe_2(SO_4)_3 + 8H_2O$ 中的氧化剂为_____，其电对表示式为_____，还原剂为_____，其电对表示式为_____。

3. 从各电对的标准电极电位（$\varphi^\ominus$）来看，$\varphi^\ominus$ 的值越大，氧化态物质的氧化能力越__；$\varphi^\ominus$ 的值越小，还原态物质的还原能力越__。

4. 电极反应 $Cr_2O_7^{2-} + 14H^+ + 6e \Longrightarrow 2Cr^{3+} + 7H_2O$，运用能斯特方程式计算时，其中 $n = $____。

5. 电极反应 $MnO_4^- + 8H^+ + 5e \Longrightarrow Mn^{2+} + 4H_2O$，计算该电极反应在溶液中电位的能斯特方程式为_____。

6. 氧化还原滴定曲线研究的对象是_____。

7. 氧化还原滴定突跃范围的大小受_____的影响，两个电对的_____越大，滴定突跃范围就越大。

8. 氧化还原滴定指示剂一般分为_____、_____和_____。

9. 氧化还原指示剂选择的原则为_____。

二、写出下列各反应式的电对表示式

1. $2MnO_4^- + 5C_2O_4^{2-} + 16H^+ \Longrightarrow 2Mn^{2+} + 10CO_2\uparrow + 8H_2O$

2. $Cr_2O_7^{2-} + 6Fe^{2+} + 14H^+ \Longrightarrow 2Cr^{3+} + 6Fe^{3+} + 7H_2O$

3. $I_2 + 2S_2O_3^{2-} \Longrightarrow 2I^- + S_4O_6^{2-}$

4. $MnO_2 + C_2O_4^{2-} + 4H^+ \Longrightarrow Mn^{2+} + 2CO_2\uparrow + 2H_2O$

三、计算题

1. 在 $c(H^+)=1mol/L$ 的溶液中，求 $c(Fe^{2+})=0.1000mol/L$，$c(Fe^{3+})=0.0001mol/L$ 时，$\varphi_{Fe^{3+}/Fe^{2+}}$（298.15K）为多少？

2. 在 $[H^+]=0.1000mol/L$ 的溶液中，当 $c(MnO_4^-)=0.1000mol/L$、$c(Mn^{2+})=1\times10^{-6}mol/L$ 时，$\varphi_{MnO_4^-/Mn^{2+}}$（298.15K）为多少？

第二节　常用的氧化还原滴定法

一、填空题

1. 高锰酸钾法是利用_____进行滴定的方法。

2. 在高锰酸钾法中，提供溶液强酸性所用的酸为____。

3. 配制高锰酸钾标准溶液的方法为_____法，配制时实际用量比理论用量稍_____。（多或少）

4. 标定高锰酸钾标准溶液常用_____基准物。

5. 重铬酸钾法是利用_____的氧化作用进行滴定。

6. 重铬酸钾法中作为溶液强酸性来源的酸为____或____。

7. 重铬酸钾法中的指示剂为_____。

8. 碘量法是利用_____的氧化作用和_____的还原作用进行滴定的。

9. 在间接碘量法中还需用到_____标准溶液。

10. 在配制碘标准溶液时加入过量的 KI 的目的是_____。

11. 碘量法中的指示剂为_____。

12. $Na_2S_2O_3$ 标准溶液的配制法为_____，其 $Na_2S_2O_3$ 标准溶液的稳定性较__（强或弱）。

13. 溴量法是利用_____标准溶液进行的滴定。

14. 溴量法使用时一般与_____法联合进行。

二、**选择题**（每题只有一个正确答案，将正确答案的序号填在题后括号内）

1. 下列不属于高锰酸钾法的特点是（　　　）。

(1) 氧化性强　　　　(2) 溶液稳定　　　　(3) 不需外加指示剂　　　　(4) 干扰较多

2. 在 $c(H^+)=0.1mol/L, c(MnO_4^-)=c(Mn^{2+})=1mol/L$ 的溶液中，其电位约为（　　　）。

(1) 1.51V　　　　(2) 1.42V　　　　(3) 1.50V　　　　(4) 1.45V

3. 下列不属于重铬酸钾法的优点的选项是（　　　）。

(1) 可用直接法配制　　　　(2) 溶液稳定

(3) 不需外加指示剂　　　　(4) 氧化性较强

4. 下列酸既可在 $KMnO_4$ 法中，也可在 $K_2Cr_2O_7$ 法中应用的是（　　　）。

(1) HCl　　　　(2) H_2SO_4　　　　(3) HNO_3　　　　(4) H_3PO_4

5. 下列不属于碘量法的特点的选项是（　　　）。

(1) I_2 氧化性强　　　　(2) 配制碘标准溶液时需加入过量的 KI

(3) 用间接法配制碘标准溶液　　　　(4) 滴定介质为中性或弱酸性

6. 下列几种标准溶液一般采用直接法配制的是（　　　）。

(1) $KMnO_4$ 标准溶液　　　　(2) $K_2Cr_2O_7$ 标准溶液

(3) I_2 标准溶液　　　　(4) $Na_2S_2O_3$ 标准溶液

三、**问答题**

1. 试分析高锰酸钾法的滴定介质为强酸性及该强酸性必须用稀 H_2SO_4 提供的原因？

2. 从标准电极电位角度分析重铬酸钾法所用酸为何可由 HCl 提供？

3. 简述在 $Na_2S_2O_3$ 标准溶液的配制时需加入少量 Na_2CO_3 的理由。

4. 在 $KBrO_3$-KBr 标准溶液中起氧化作用的是 $KBrO_3$，试简述在该标准溶液中加入 KBr 的理由。

四、计算题

1. 准确称取基准 $Na_2C_2O_4$ 0.3400g，溶于 100mL 1mol/L 稀 H_2SO_4 中，滴定用去 $KMnO_4$ 标准溶液 25.24mL，求 $KMnO_4$ 标准溶液的浓度。$\left[\text{以 } c\left(\dfrac{1}{5}KMnO_4\right)\text{表示}\right]$

2. 用 $KMnO_4$ 法测定 $FeSO_4 \cdot 7H_2O$ 的含量，称取 0.8475g 该样品并制成试样，以稀硫酸酸化，用 $c\left(\dfrac{1}{5}KMnO_4\right)=0.1002mol/L$ 的 $KMnO_4$ 标准溶液滴定至终点，消耗 $KMnO_4$ 标准溶液 24.72mL，求样品中 $FeSO_4 \cdot 7H_2O$ 的质量分数。

3. 准确称取基准 $K_2Cr_2O_7$ 2.4515g，配制成 250mL 标准溶液，求溶液的物质的量浓度 $c\left(\dfrac{1}{6}K_2Cr_2O_7\right)$。

4. 准确称取铁矿石样品（Fe_2O_3 为主）0.2968g，经系列处理后得到的溶液再用

$c\left(\dfrac{1}{6}\mathrm{K_2Cr_2O_7}\right)=0.1000\mathrm{mol/L}$ 标准溶液滴定,同时以二苯胺磺酸钠为指示剂,滴定至终点时,消耗 $\mathrm{K_2Cr_2O_7}$ 标准溶液的用量为 24.46mL,求样品中 $\mathrm{Fe_2O_3}$ 的质量分数及转换为含 Fe 的质量分数。

5. 准确移取 25.00mL 碘标准溶液于锥形瓶中,以淀粉溶液为指示剂。以 $c(\mathrm{Na_2S_2O_3})=0.1010\mathrm{mol/L}$ 的标准溶液滴定至终点,消耗 $\mathrm{Na_2S_2O_3}$ 标准溶液 24.86mL,求碘标准溶液的物质的量浓度 $c\left(\dfrac{1}{2}\mathrm{I_2}\right)$。

6. 测定胆矾样品中 $\mathrm{CuSO_4\cdot5H_2O}$ 的含量,准确称取样品 0.6122g,以稀硫酸(适量)溶解,加入过量的 KI,充分反应后,再加入适量的 $\mathrm{NH_4SCN}$ 溶液,以淀粉溶液为指示剂,以 $c(\mathrm{Na_2S_2O_3})=0.1000\mathrm{mol/L}$ 溶液滴定至终点,消耗溶液的体积为 24.48mL,求胆矾样品中 $\mathrm{CuSO_4\cdot5H_2O}$ 的质量分数。

综合练习题

一、填空题（共 18 分，每空 1 分）

1. 氧化还原滴定法的实质是溶液中氧化剂和还原剂之间的_____。

2. 氧化还原滴定法按所用标准溶液的不同分为_____、_____、_____、_____等。

3. 电极反应 $Fe^{3+} + e \Longrightarrow Fe^{2+}$ 的电对表示式为_____。

4. 在氧化还原滴定法中，以溶液的电位标准溶液滴加量的改变而作的曲线叫_____。

5. 滴定突跃范围随_____而增大。

6. 二苯胺磺酸钠属____指示剂，淀粉溶液属____指示剂。各种滴定指示剂的显色或变色原理____同（相或不）。

7. 在高锰酸钾法和重铬酸钾法中都可用_____来保证溶液的强酸性。

8. 在配制硫代硫酸钠标准溶液时需加入_____物质使溶液显弱碱性。$Na_2S_2O_3$ 标准溶液在____方法和____方法中使用。

9. 碘量法滴定时的介质条件为____或____；其提供酸性的来源酸可用_____。

二、判断题（共 20 分，每题 2 分。正确的在括号里画"√"，错误的画"×"）

1. 氧化剂失电子，还原剂得电子，其二者得失电子数相等。（　　　）

2. 氧化还原滴定法中按滴定方式不同可分为高锰酸钾法，重铬酸钾法等。（　　　）

3. 一个电对的标准电极电位越大，其氧化态物质的氧化性越强。（　　　）

4. 高锰酸钾法和碘量法中标准溶液的配制都采用标定法。（　　　）

5. 淀粉指示剂可作为碘量法和溴量法中的指示剂。（　　　）

6. 配制碘标准溶液时，加入 KI 的目的是可保持溶液的稳定性及增大 I_2 的溶解度。（　　　）

7. 重铬酸钾法中所用指示剂为二苯胺磺酸钠。（　　　）

8. 氧化还原指示剂的选择原则也适用于其他的氧化还原滴定指示剂。（　　　）

9. 高锰酸钾法的优点为氧化性强，不需另加指示剂。（　　　）

10. 直接碘量法和间接碘量法都可在滴定前加入淀粉指示剂。（　　　）

三、选择题（每题只有一个正确答案，将正确答案的序号填在题后括号内。共 20 分，每小题 2 分）

1. 下列关于氧化还原反应特性叙述错误的是（　　　）。

（1）反应复杂　　　　　（2）速度快慢不一

（3）速度快　　　　　　（4）速度和方向易受外界条件影响

2. 关于铜锌原电池的说法错误的是（　　　）。

（1）该原电池可分为铜半电池和锌半电池

（2）电流从锌电极到铜电极

（3）电子从锌电极流向铜电极

（4）其电对的氧化还原电对可分别表示为 Cu^{2+}/Cu，Zn^{2+}/Zn

3. 下列不是标准电极电位的条件是（　　　）。

（1）温度为 298.15K　　（2）离子浓度为 1mol/L

（3）温度为 25℃　　　　（4）溶质的物质的量浓度为 1mol/L

4. 已知电对 $\varphi^{\ominus}_{Fe^{2+}/Fe}=0.44V$，$\varphi^{\ominus}_{Cu^{2+}/Cu}=0.337V$，从标准电极电位分析氧化性最强的是（　　）。

(1) Fe^{2+}　　　(2) Cu^{2+}　　　(3) Fe　　　(4) Cu

5. 对于电对 $MnO_4^- +8H^+ +5e \rightleftharpoons Mn^{2+} +4H_2O$，当 $c(H^+)=c(MnO_4^-)=c(Mn^{2+})=$ $0.1mol/L$ 时，下列说法错误的是（　　）。

(1) 运用能斯特方程式时 $n=5$

(2) 溶液的电极电位 $\varphi_{MnO_4^-/Mn^{2+}}=\varphi^{\ominus}_{MnO_4^-/Mn^{2+}}$

(3) 溶液的电极电位 $\varphi_{MnO_4^-/Mn^{2+}}<\varphi^{\ominus}_{MnO_4^-/Mn^{2+}}$

(4) 该溶液的氧化性较强

6. 下列说法错误的是（　　）。

(1) 氧化还原滴定曲线上滴定突跃很明显

(2) 滴定突跃由两电对的标准电极电位差值大小决定

(3) 两电对的电位差值 $<0.2V$ 时，不能选用氧化还原滴定

(4) 两电对的电位差为 $0.2\sim0.4V$ 之间时，可选用氧化还原法滴定

7. 下列氧化还原滴定指示剂属于专用指示剂的是（　　）。

(1) 二苯胺磺酸钠　　　(2) 次甲基蓝

(3) 高锰酸钾　　　(4) 淀粉溶液

8. 下列几种标准溶液一般采用直接法配制的是（　　）。

(1) $KMnO_4$ 标准溶液　　　(2) $K_2Cr_2O_7$ 标准溶液

(3) I_2 标准溶液　　　(4) $Na_2S_2O_3$ 标准溶液

9. 在用重铬酸钾法测含铁化合物的含量时，所用的酸为（　　）。

(1) HCl　　　(2) H_2SO_4　　　(3) HNO_3　　　(4) H_2SO_4-H_3PO_4

10. 下列说法错误的是（　　）。

(1) 配制碘标准溶液时需加入过量 KI

(2) 使用溴量法时一般需与碘量法联合进行

(3) 配制硫代硫酸钠标准溶液时需加入少量碳酸钠

(4) 碘量法与高锰酸钾法的适用范围相同

四、计算题（共 42 分）

1. 计算在溶液中 $c(H^+)=1mol/L$、$c(Cu^{2+})=0.1mol/L$ 时，Cu^{2+}/Cu 电对的电极电位。（5 分）

2. 准确称取基准草酸钠 0.3500g，溶于 100mL 水溶液中，加入适量稀 H_2SO_4，用未知浓度的高锰酸钾溶液滴定至终点，耗用高锰酸钾溶液 25.36mL，求高锰酸钾溶液的物质的量浓度 $\left[\text{以 } c\left(\frac{1}{5}KMnO_4\right) \text{表示}\right]$。（7 分）

3. 准确移取 1.00mL 双氧水，准确稀释配制成 250.0mL 试液，移取 25.00mL，加入适量稀 H_2SO_4，用 0.1000mol/L 高锰酸钾标准溶液滴定至终点，耗用其体积为 19.98mL，则双氧水中 H_2O_2 的质量浓度为多少？（10 分）

4. 称取绿矾（$FeSO_4 \cdot 7H_2O$）样品 0.6824g，加入适量硫-磷混合酸，以二苯胺磺酸钠为指示剂用 $c\left(\frac{1}{6}K_2Cr_2O_7\right) = 0.1002mol/L$ 的标准溶液滴定至终点，耗用其体积为 24.26mL，求绿矾样品的纯度？（10 分）

5. 准确称取维生素 C 样品 0.1964g，溶于水后，加入适量稀醋酸，以淀粉溶液为指示剂用 $c\left(\frac{1}{2}I_2\right) = 0.1002mol/L$ 标准溶液滴定至终点，耗用该标准溶液 21.20mL。求维生素 C 样品的纯度？（10 分）

第七章 电位分析法

第一节 概　　述

第二节　电位分析法的基本原理

一、填空题

1. 电位分析法是利用_____与_____之间的对应关系来测得被测离子的活（浓）度。它包括_____法和_____法。

2. 在电位分析法中，把电极电位_____的电极称为指示电极，把电极电位_____的电极称为参比电极。

3. 在化学电池中，一般把作为_____极的电极及_____写在左边，并用_____表示不同的界面，用_____表示相界电位差为零的两个半电池电解质的接界。

4. 由于 pH 玻璃电极的_____与被测溶液的_____，所以通过测量_____，就可以求出被测溶液中_____。

5. 氟离子电极具有_____、_____、_____、选择性强等优点，它是离子选择电极到目前为止_____的一种电极。

二、选择题（每题只有一个正确答案，将正确答案的序号填在括号内）

1. 由于甘汞电极的电极电位 $\varphi_{Hg_2Cl_2/Hg}$ 主要取决于溶液中 Cl^- 的活（浓）度。关于甘汞电极下列叙述有错误的是（　　）。

（1）当 Cl^- 浓度一定时，其电极电位为一恒定值

（2）不同浓度的 KCl 溶液，使甘汞电极的电位有不同的恒定值

（3）在实际工作中，常把饱和甘汞电极简写为 SCE

（4）由于甘汞电极的电极电位稳定，在用 Ag^+ 滴定 Cl^- 时，也可以直接用甘汞电极做参比电极

2. 关于 pH 玻璃膜电极下列描述有误的是（　　）。

（1）玻璃电极在使用前用水浸泡可以使电极活化，使电极常数趋于稳定

（2）一般的玻璃电极在 pH 值从 0～14 的范围内都可以直接使用

（3）玻璃电极不易因杂质的作用而中毒，能在胶体溶液和有色溶液中使用

（4）玻璃电极内阻很高，必须使用电子放大装置才能使用

第三节　直接电位法

填空题

1. 用直接电位法测定 pH 值时，常用＿＿＿＿做指示电极，＿＿＿＿＿＿＿做参比电极，与试液组成工作电池，可表示为

$$\text{＿＿＿＿＿} \mid 试液 \parallel \text{＿＿＿＿＿}$$

若用标准缓冲溶液来定位校正，测量计算未知溶液的 pH 值时，计算公式为 $pH_x =$ ＿＿＿＿＿＿（25℃）。

2. 配制 pH 标准缓冲溶液可直接购买袋装的 pH 标准物质或采用＿＿＿＿以上级别的试剂，采用实验室＿级以上用水。配好的标准缓冲溶液应在＿＿＿＿＿＿＿＿＿＿密闭保存。

3. 用离子选择电极测定离子活（浓）度时，是把＿＿＿＿＿＿＿＿与＿＿＿＿＿＿浸入到待测溶液中，组成工作电池，可表示为

$$\text{＿＿＿＿＿} \mid 试液 \parallel \text{＿＿＿＿＿＿}$$

以氟离子选择电极为例，其工作电池的电池电动势 $E_{电池} =$ ＿＿＿＿＿＿（25℃）。

4. 用标准曲线法测定离子活（浓）度时，为了使溶液的离子强度固定，从而使＿＿＿＿＿＿＿＿＿＿不变，常在溶液中加入 TISAB，即称为＿＿＿＿＿＿＿。

5. pHSJ-3F 型 pH 计在 0.0～60℃温度范围内，可选择＿＿＿＿种缓冲溶液，对仪器进行＿＿＿＿点或＿＿＿＿点标定。

第四节　电位滴定法

一、填空题

1. 电位滴定法是在滴定过程中，根据＿＿＿的电位变化来＿＿＿＿＿＿的一种滴定分析方法。这种方法不仅用于各类＿＿＿＿＿分析，还可用于测定＿＿＿＿＿的常数，＿＿＿＿＿＿的稳定常数。

2. 在电位滴定中，每加入一定体积的滴定剂，就要＿＿＿＿＿。这样可得到一系列滴定剂用量 $V(\text{mL})$ 和对应的＿＿＿＿＿数据，然后用几种不同方法来求出终点体积。

二、选择题（每题只有一个正确答案，将正确答案的序号填在题后括号内）

电位滴定法确定终点的方法有三种，在每一种方法的名称后的括号内填上相应具体操作方法的序号。

A. $E\text{-}V$ 曲线法　　　　　　（　　）

B. $\Delta E/\Delta V\text{-}\bar{V}$ 曲线法　　（　　）

C. $\Delta^2 E/\Delta V^2\text{-}\bar{V}$ 曲线法　　（　　）

（1）在曲线的峰顶引一条垂线到体积轴，对应的体积即为终点时消耗滴定剂的体积。

（2）通过计算求出 $\Delta^2 E/\Delta V^2 = 0$ 时对应的体积即为终点时消耗滴定剂的体积。

（3）可以在曲线的最陡处画一条垂线，与体积轴相交，交点就是终点时消耗滴定剂的体积。

三、问答题

ZDJ-4A 型电位滴定仪有哪些特点？

综合练习题

一、填空题（共 37 分，每空 1 分）

1. 电位分析法是通过测定＿＿＿＿的变化，以求得＿＿＿＿的一种电化学分析方法。

2. 在电化学中，把发生氧化反应的电极称为＿极，把发生还原反应的电极称为＿极。在原电池中，由于阳极发生的是氧化反应，电极带＿电荷，为原电池的＿极。

3. 在电化学分析中，一般基于电子交换反应的电极主要用作＿＿＿＿电极，离子选择电极主要用作＿＿＿＿电极。

4. 甘汞电极是常用的参比电极，它是由＿＿＿、＿＿＿和一定浓度的＿＿＿＿组成的。饱和甘汞电极可简写为＿＿＿。

5. 膜电极是目前应用最广泛的指示电极。它与金属基电极的区别在于薄膜并不＿＿＿＿＿，而是选择性地让一些＿＿＿＿＿＿＿＿＿。因此又称为＿＿＿＿＿＿电极。

6. 玻璃膜电极的主要部件是一个玻璃泡，泡的下半部是由＿＿＿基质中加入＿＿＿和少量＿＿经烧结而成的玻璃薄膜，其内参比电极是＿＿＿电极，常用的内参比溶液是＿＿＿＿的＿＿＿溶液。

7. 氟离子选择电极属于＿＿＿＿＿电极，它的电极膜是由掺有＿＿＿的＿＿＿＿切片制成。它的内参比电极是＿＿＿＿＿电极，电极内部溶液常用＿＿＿＿＿＿＿＿＿溶液。

8. 直接电位法测定离子浓（活）度的方法有＿＿＿＿＿法、＿＿＿＿＿＿法和标准加入法。其中标准加入法适用于＿＿＿＿＿＿＿＿＿＿＿＿的试液分析，在有＿＿＿＿＿存在时，仍可测得待测离子的总浓度。

9. 对于反应平衡常数较小，＿＿＿＿＿＿＿＿＿＿＿，或＿＿＿＿＿＿＿、＿＿＿、＿＿＿＿＿＿＿＿＿＿的滴定反应都可以采用电位滴定法来确定终点。

10. 电位滴定法确定终点的方法有＿＿＿＿＿＿法、＿＿＿＿＿＿法和＿＿＿＿＿法。

二、选择题（每题只有一个正确答案，将正确答案的序号填在题后括号内。共 10 分，每题 2 分）

1. 下列情况中哪一项不符合作为一个参比电极的条件（　　）。

(1) 电位恒定　　　　　　　　(2) 容易制作

(3) 固体电极　　　　　　　　(4) 再现性好

2. 下列情况中哪一项不是玻璃电极的组成部分（　　）。

(1) 玻璃膜　　　　　　　　　(2) Ag-AgCl 电极

(3) 浓度已知的 HCl 溶液　　　(4) 饱和 KCl 溶液

3. 测定溶液 pH 值时，所用的指示电极是（　　）。

(1) 氢电极　　　　　　　　　(2) 铂电极

(3) Ag-AgCl 电极　　　　　　(4) 玻璃电极

4. 氟离子选择电极最理想的电极膜是（　　）。

(1) $LaF_3 + EuF_2$　　　　　(2) LaF_3

(3) EuF_2　　　　　　　　　(4) NaF

5. 用 $AgNO_3$ 标准溶液滴定卤素时，可用的参比电极是（　　）。

(1) 饱和甘汞电极　　　　　　(2) 双盐桥饱和甘汞电极

(3) Ag-AgCl 电极　　　　　　(4) 铂电极

三、判断题 （正确的在题后括号内画 "√"，错误的画 "×"。每题 2 分，共 10 分）

1. 电位分析中使用的 Ag-AgCl 电极是一种常用的内参比电极，它一般不作指示电极。
（　　）

2. 由玻璃电极和甘汞电极组成的测量 pH 值的工作电池的电池常数 K' 值与电极的组成成分、内外参比电极的电位差、温度等因素有关，很难测量和计算。在实际测量过程中，一般是用 pH 值已知的标准溶液在完全相同的条件下对工作电池进行定位校正来消除其影响的。（　　）

3. 由于选择电极的膜电位是对被测离子活度而不是浓度产生响应，因此在实际测量过程中一般是通过计算活度系数来计算被测离子浓度的。（　　）

4. 能斯特方程式 $\varphi = \varphi^{\ominus} + \dfrac{RT}{nF}\ln a_{氧}/a_{还}$ 是电位分析法定量测定未知组分的理论依据，只要测出某一个电极的电极电位，就可根据能斯特方程计算被测组分的浓（活）度或质量分数。（　　）

5. 直接电位法操作方便，响应迅速，应用广泛，有利于连续、自动、遥测分析，因此是电位分析法的几种方法中最好的一种分析方法。（　　）

四、计算题 （共 43 分）

1. 已知有电池

$$玻璃电极 \mid H^+(a = x) \parallel SCE$$

当电池中的溶液是 $pH_S = 6.87$ 的标准缓冲溶液时，在 25℃测得电池的电动势为 $E_S = 0.386V$，把缓冲溶液用未知溶液代替时，测得电池的电动势 $E_x = 0.508V$，试计算未知溶液的 pH 值。

2. 用标准甘汞电极作正极，氢电极做负极与待测的 HCl 溶液组成电池。在 25℃时，测得 $E = 0.342V$。当待测溶液为 NaOH 溶液时，测得 $E = 1.050V$。取此 NaOH 溶液 20.00mL，用上述 HCl 溶液完全中和，需用 HCl 溶液多少毫升？

3. 在 25℃ 时用标准加入法测定 Cu^{2+} 浓度，于 100.00mL 铜盐溶液中添加 0.1mol/L $Cu(NO_3)_2$ 溶液 1.00mL，电动势增加 4mV。求原溶液的铜离子总浓度。

4. 下列数据是苯氧化还原滴定反应化学计量点附近的电位读数。试计算终点时消耗滴定剂的体积。

$V_{滴定剂}$/mL	φ/V	$V_{滴定剂}$/mL	φ/V
33.00	0.405	34.20	0.470
33.40	0.415	34.30	0.514
33.60	0.422	34.40	0.569
33.80	0.431	34.50	0.588
34.00	0.443	34.60	0.599
34.10	0.455	34.70	0.606

第八章　比色法及分光光度法

第一节　概　　述

一、填空题

1. 比色法及分光光度法同化学分析法比较具有_____、_____、_____、_____等四个特点。

2. 光的波长范围在_____称为可见光，波长小于_____称为紫外光，波长大于_____称为红外光。

3. _____通过三棱镜就可分解为_____，这种现象称为光的色散。

4. 光吸收程度最大处的波长叫做_____，用____表示。

5. 同一物质不同浓度的溶液 λ_{max} 不变，具有_____的吸收曲线，不同物质具有____的吸收曲线，可以此进行物质的_____。

6. 物质呈现一定的颜色是由于_____。

7. 同一物质不同浓度的溶液在一定波长处吸光度随浓度增加而____，这个特性可作为_____的依据。

二、选择题（每题只有一个正确答案，将正确答案的序号填在题后括号内）

1. 已知光的波长 $\lambda = 800nm$，则它应属于（　　）。

(1) 红光　　　　(2) 紫光　　　　　(3) 红外光　　　　(4) 紫外光

2. $Fe(SCN)_3$ 溶液（红色）的吸收光颜色为（　　）。

(1) 红色　　　　(2) 黄色　　　　　(3) 蓝色　　　　(4) 蓝绿色

3. 绿光的互补色为（　　）。

(1) 紫红色　　　(2) 橙色　　　　　(3) 绿蓝　　　　(4) 蓝绿色

4. 二苯硫腙的 CCl_4 溶液吸收 $580 \sim 600nm$ 范围的光，它显（　　）色。

(1) 绿色　　　　(2) 蓝色　　　　　(3) 紫红　　　　(4) 黄色

三、判断题（正确的在题后括号内画"√"，不正确的画"×"）

1. 白光是一种单色光。（　　）

2. 同一物质不同浓度的有色溶液 λ_{max} 不变。（　　）

3. 在 λ_{max} 处测定吸光度则灵敏度最高。（　　）

4. 比色法及分光光度法同化学分析比较，准确度高，灵敏度低。（　　）

5. 硫酸铜溶液因吸收了白光中的红色而呈现蓝色。（　　）

第二节　光吸收定律

一、填空题

1. 光吸收定律又称_____，它表明当_____垂直通过_____，溶液的吸光度 A 与_____及_____成____。其数学表达式为_____。

2. 偏离朗伯-比耳定律的因素有_____，_____，_____，_____等四方面。

二、选择题（每题只有一个正确答案，将正确答案的序号填在题后括号内）

1. 某有色溶液，其他测定条件相同，若增加液层厚度，则其吸光度 A（　　）。

(1) 增加　　　　(2) 不变　　　　　(3) 减小　　　　(4) 不确定

2. 某有色溶液，其他测定条件相同，若增加液层厚度，则其透射比 T（　　）。

(1) 增加　　　　(2) 不变　　　　　(3) 减小　　　　(4) 不确定

3. 若某有色溶液透射比为 0.333，则其吸光度为（　　）。

(1) 0.333　　　 (2) 0.500　　　　 (3) 0.666　　　　(4) 0.478

4. 若某溶液 $\varepsilon = 1.1 \times 10^4 \text{L}/(\text{mol} \cdot \text{cm})$，$c = 3.00 \times 10^{-5} \text{mol/L}$，$b = 2.0\text{cm}$，则 A 为（　　）。

(1) 0.10　　　　　(2) 0.32　　　　(3) 1.30　　　　　(4) 0.66

三、判断题（正确的在题后括号内画"√"，不正确的画"×"）

1. 光吸收定律仅适用于可见光。（　　）

2. 朗伯-比耳定律不仅适用于均匀、非散射的液体，同时也适用于固体及气体。（　　）

3. 在 $\lambda_{\max}$ 下的 $\varepsilon_{\max}$ 值是有色物质的重要特征常数。（　　）

4. 摩尔吸光系数 ε 在实验中可以直接测量其数值。（　　）

5. 光吸收定律适用于乳浊液、胶体等均匀溶液。（　　）

6. 当入射光波长不同时，K 值总是常数。（　　）

四、计算题

1. 用邻菲罗啉分光光度法测定铁，$\lambda = 508\text{nm}$，比色皿的厚度为 2.0cm，试液浓度为 $600\mu\text{g/L}$，测得吸光度为 0.236，计算此波长下的摩尔吸光系数 ε 及透射比 T。

2. 将 0.088mg 铁以硫氰酸盐显色后，转移至 50mL 容量瓶中，用水稀释至刻度。$\lambda = 480\text{nm}$，比色皿厚度为 1cm，测得吸光度为 0.74，求摩尔吸光系数 ε 及透射比 T 各为多少？

3. 用 1.0cm 的比色皿，在 $\lambda=525nm$ 处，测得 $KMnO_4$ 溶液吸光度为 0.301，问该溶液透射比 T_1 是多少？如比色皿不换，将其浓度增大一倍，溶液的透射比 T_2 又是多少？

4. 有一浓度为 3.4×10^{-5} mol/L 的有色溶液，在 525nm 处的摩尔吸光系数为 3200L/(mol·cm)，当比色皿的厚度为 1.0cm，计算此波长下的吸光度 A 及透射比 T。

第三节 显色反应

一、填空题

1. 将_____转变或_____的反应称为显色反应。

2. 与_____形成_____的试剂称为显色剂，显色剂可分为_____、_____两大类，_____在比色及光度分析中应用不多，而_____却被广泛应用。

3. 选择显色反应的一般标准是_____，_____，_____，_____，_____。

4. 影响显色反应的因素有_____、_____、_____及_____。

二、选择题（每题只有一个正确答案，将正确答案的序号填在题后括号内）

1. 有色化合物与显色剂之间的颜色差别要大，一般要求 λ_{max}^{MR} 与 λ_{max}^{R} 之差在（　　）nm 以上。

(1) 100　　　　(2) 160　　　　(3) 60　　　　(4) 200

2. 有色化合物具有较高的摩尔吸光系数时，显色反应（　　）。

(1) 不能进行　　(2) 灵敏度高　　(3) 选择性好　　(4) 准确度高

3. 在实际工作中，显色剂的用量（　　），保证显色反应完全。

(1) 要大　　　　　　　(2) 恰好与被测组分反应完全

(3) 要小　　　　　　　(4) 通过实验来确定

4. 在实际工作中，显色时间（　　），保持测定过程中吸光度基本不变。

(1) 越长越好　　　　　(2) 越短越好

（3）一般要求 30min　　　　（4）通过实验来确定

三、判断题（正确的在题后括号内画"√"，不正确的画"×"）

1. M＋R ⇌ MR 显色反应表示在分析工作中显色剂浓度越大，越有利于生成有色化合物。（　　）

2. 有色化合物与显色剂之间颜色越相近越有利于测定溶液的吸光度。（　　）

3. 摩尔吸光系数 ε 越小，灵敏度越低。（　　）

4. 显色剂必须只与被测离子发生显色反应，否则无法准确测定有色化合物的吸光度。（　　）

5. 显色时间越长，生成有色化合物越稳定。（　　）

6. 升高温度有利于显色反应的完成，故在实验过程中要注意随时加热。（　　）

第四节　比色法和分光光度法及其仪器

一、填空题

1. ＿＿＿＿比较＿＿＿＿与＿＿＿＿颜色深浅来确定物质含量的分析方法称为目视比色法。

2. 将＿＿＿＿＿的标准溶液＿＿＿＿各比色管中，分别加入等量＿＿＿＿＿＿，然后稀释至＿＿＿＿，摇匀，即形成＿＿＿＿的标准色阶。

3. 目视比色法的优点是＿＿＿＿、＿＿＿＿、＿＿＿＿、＿＿＿＿＿，＿＿＿＿＿＿。缺点是＿＿＿＿＿。

4. 分光光度计的主要部件有＿＿＿＿＿、＿＿＿＿＿＿＿、＿＿＿＿＿、＿＿＿＿＿、＿＿＿＿＿。

5. 将光源发出的＿＿＿＿色散分解为＿＿＿＿的装置，称为＿＿＿＿。它是由＿＿＿＿＿等色散元件及＿＿＿组成。

6. 分光光度计中常用的检测器是＿＿＿＿，它是一种两极管，在＿＿＿或＿＿＿内装有两个电极，阳极通常是＿＿＿＿＿＿＿，而阴极是＿＿＿＿＿＿＿。

7. 721 型分光光度计光源为＿＿＿＿＿，其工作波长范围为＿＿＿＿nm。751 型分光光度计光源为＿＿＿＿，其工作波长范围为＿＿＿＿nm。

二、选择题（每题只有一个正确答案，将正确答案的序号填在题后括号内）

1. 在比色法及光度分析法中，绘制吸光度对溶液浓度的曲线应为（　　）。

（1）直线　　　　（2）抛物线　　　　（3）双曲线　　　　（4）圆弧

2. 751 型分光光度计的色散元件为（　　）。

（1）玻璃棱镜　　（2）岩盐　　　　　（3）石英棱镜　　　　（4）狭缝

3. 721 分光光度计是在（　　）区域内使用的仪器。

（1）可见光　　　（2）紫外光　　　　（3）近红外光　　　　（4）（1）、（2）、（3）均可

三、判断题（正确的在题后括号内画"√"，不正确的画"×"）

1. 吸光度与溶液浓度、透射比成正比。（　　）

2. 标准曲线法适合于成批试样的分析。（　　）

3. 721 型分光光度计的色散元件为石英棱镜。（　　）

4. 751 型分光光度计是在波长 200～1000nm 区域内使用的仪器。（　　）

5. 721型分光光度计在使用前必须让仪器预热20min。(　　)

四、计算题

1. 称取0.7790g $CuSO_4 \cdot 5H_2O$ 溶于水中，移入1000mL容量瓶中，稀释至刻度。用吸量管取此标准溶液0、1.00、2.00、3.00、…、9.00mL于10支目视比色管中，加水稀释至25mL，制成标准色阶。

称取含铜试样0.5080g，溶解后转移至250mL的容量瓶中，稀释至刻度。用吸量管取出5.00mL转移至比色管中，加水稀释至25mL，其颜色深度介于第八和第九个标准色阶之间，求试样中铜的质量分数 $w(Cu)$。

2. 钢试样1.00g溶解于酸中，用 KIO_3 将 Mn^{2+} 氧化成 MnO_4^-，稀释至250mL，测得吸光度等于 1.00×10^{-3} mol/L的 $KMnO_4$ 溶液吸光度的1.5倍，计算钢样中Mn的质量分数 $w(Mn)$。

3. 有Ⅰ、Ⅱ两种不同浓度的某有色溶液，若液层厚度相同时，对于某一波长的光，Ⅰ有色溶液为 6.51×10^{-4} mol/L，测得透射比为0.65，计算透射比为0.42的Ⅱ有色溶液浓度 c。

4. 测定硅酸盐中的铁含量，以铁的质量分数 $w(Fe)=0.5\%$ 的已知试样做标准，经过同样方法处理后于分光光度计上，测得用2.0cm比色皿时，标准试样的吸光度与用1.0cm比色皿时被测试样吸光度值相等。求试样中铁的质量分数 $w(Fe)$。

5. 用硅钼蓝比色法测定钢样中硅的含量。

（1）试用下列数据绘制标准曲线。

$\rho(SiO_2)/(mg/mL)$	0.05	0.10	0.15	0.20	0.25
吸光度 A	0.210	0.421	0.630	0.839	1.01

（2）称样重 0.500g，溶解后转入 50mL 容量瓶中，在与工作曲线相同条件下显色，测得吸光度为 0.522，求试样中硅的质量分数 $w(Si)$。

五、操作题

1. 在工业废水中挥发酚的测定这一实验中，为什么要求预蒸馏馏出液的体积必须与试样体积相等？

2. 在实验 8-1 预蒸馏时，蒸馏瓶中应加_____以防暴沸。调节溶液酸度后，加 5mL 10％硫酸铜的目的是_____。

3. 大气中氮氧化物含量的测定这一实验中，采样时若吸收液被污染会有什么后果？

4. 在实验 8-4 中，采样时用多孔玻板吸收管，进气口接_____内装____目的是_____。

综合练习题

一、填空题（共 30 分，每空 1 分）

1. 最大吸收波长是指＿＿＿＿＿＿＿＿的波长，用符号＿＿＿表示。在＿＿＿处测定的吸光度，其灵敏度最高，随着溶液浓度增加，吸光度也相应＿＿＿，这个特性可作为＿＿＿＿＿＿的依据。

2. Fe(SCN)₃ 溶液因吸收了白光中的＿＿＿＿＿而呈现＿＿＿＿＿。

3. 选择显色反应的一般标准是＿＿＿＿＿＿＿＿、＿＿＿＿＿＿＿＿、＿＿＿＿＿＿＿＿＿＿＿＿＿＿＿＿＿＿＿＿、＿＿＿＿＿＿＿＿＿＿＿＿＿＿。

4. 朗伯-比耳定律又称＿＿＿＿＿＿，它的数学表达式为＿＿＿＿＿＿，这是比色法及分光光度法的＿＿＿＿＿＿。

5. 分光光度计的主要部件有＿＿＿＿＿＿＿、＿＿＿＿＿＿＿＿＿＿＿＿＿＿、＿＿＿＿＿＿＿＿＿、＿＿＿＿＿＿＿＿，检测系统是利用＿＿＿＿＿＿＿＿＿＿＿＿＿＿＿＿＿＿将＿＿＿＿＿＿＿＿＿＿＿＿＿转换成＿＿＿＿＿进行测量的装置。常用的检测器是＿＿＿＿＿＿等。

6. 分光光度法与目视比色法相比提高了测定的＿＿＿＿＿＿、＿＿＿＿＿＿＿及＿＿＿＿＿，更加适合＿＿＿＿＿＿＿＿＿＿＿＿，使用标准曲线法既＿＿＿＿＿又＿＿＿＿＿。

二、选择题（每题只有一个正确答案，将正确答案的序号填在括号里。共 24 分，每题 3 分）

1. 已知光的波长 $\lambda = 300nm$，则它应该属于（　　）。

(1) 红光　　　　　(2) 紫光　　　　　(3) 红外光　　　　　(4) 紫外光

2. [Cu(NH₃)₄]SO₄ 溶液的吸收光颜色为（　　）。

(1) 红色　　　　　(2) 黄色　　　　　(3) 蓝绿色　　　　　(4) 蓝色

3. 某有色溶液，其他测定条件相同，若增加溶液的浓度，则其吸光度 A 和透射比 T 分别为（　　）。

(1) 增加，减小　　(2) 不变　　　　　(3) 减小，增加　　　(4) 都不确定

4. 测得某有色溶液的透射比为 T，若浓度增加 1 倍，则透射比 T 为（　　）。

(1) $2T$　　　　　(2) $\frac{1}{2}T$　　　　(3) T^2　　　　　(4) $T^{1/2}$

5. 测得某溶液吸光度为 A，若液层厚度增加为原来的三倍，则吸光度 A' 为（　　）。

(1) $3A$　　　　　(2) $\frac{1}{3}A$　　　　(3) A^3　　　　　(4) $A^{1/3}$

6. 721 型分光光度计的色散元件为（　　）。

(1) 狭缝　　　　　(2) 光栅　　　　　(3) 石英棱镜　　　　(4) 玻璃棱镜

7. 721 型分光光度计是在（　　）区域内使用的仪器。

(1) 可见光　　　　(2) 紫外光　　　　(3) 近红外光　　　　(4) (1)、(2)、(3)均可

8. 721 型分光光度计的光电转换元件为（　　）。

(1) 光电池　　　　(2) 光电管　　　　(3) 光电倍增管　　　(4) 镍环或镍片

三、判断题（正确的在题后括号内画"√"，不正确的画"×"。共 10 分，每题 1 分）

1. 如果物质对各种波长的光完全吸收就呈黑色。（　　）

2. 朗伯-比耳定律仅适用于均匀、非散射的液体。（　　）

3. 有色化合物具有较低的摩尔吸光系数时，显色反应的灵敏度高。（　　　）

4. 当入射光波长一定时，K 值总是常数。（　　　）

5. 灵敏度高的显色反应，选择性一定好。（　　　）

6. 溶液的酸度对显色反应的影响很大，适宜的酸度必须通过实验来确定。（　　　）

7. 显色剂分为无机显色剂和有机显色剂两种，二者在实际工作中应用都很广泛。（　　　）

8. 目视比色法与分光光度法同样准确。（　　　）

9. 721 型分光光度计光源来自钨灯。（　　　）

10. 721 型分光光度计是利用玻璃棱镜获得单色光的。（　　　）

四、计算题（共 36 分）

1. 在 $\lambda = 525nm$ 处，用 1.0cm 比色皿，测得 $KMnO_4$ 溶液透射比为 0.500，若改用 2.0cm 的比色皿，测得透射比 T 和吸光度 A 各为多少？（6 分）

2. 用双硫腙分光光度法测定 Pb^{2+}，若溶液浓度为 80mg/L，比色皿厚度为 2.0cm，$\lambda = 520nm$，测得 $T = 0.53$，求摩尔吸光系数 ε 和吸光度 A 各为多少？（6 分）

3. 用邻菲罗啉分光光度法测定铁，溶液浓度为 $1.00 \times 10^{-4} mol/L$，测得透射比为 0.64，求溶液浓度为 $1.50 \times 10^{-4} mol/L$ 时的透射比 T。（6 分）

4. 用目视比色法测定水样中铁含量时，在 6 只 50mL 比色管中分别加入 $\rho(Fe^{2+})=$ 0.01mg/mL 的标准溶液 0、1.00、2.00、3.00、4.00、5.00mL，再加入 1mL 浓盐酸，1mL 羟氨溶液规定量的缓冲溶液及 2mL 邻菲罗啉溶液，然后用蒸馏水稀释至刻度，混合均匀并静置 30min 后，制成标准色阶。

用移液管吸收澄清水样 50mL，加入 1mL 浓盐酸加热煮沸后，移入另一支 50mL 比色管中，与上述标准溶液一样的方法操作，最后同标准色列比较，水样的颜色深度与第 5 个标准色阶相同，求试样中铁的质量浓度 $\rho(Fe)$。（6 分）

5. 测定镍矿渣中镍含量

（1）根据下列数据绘制工作曲线

标准溶液(稀释至 100mL)/mL $\rho(Ni)=1\times10^{-3}$mg/mL	0	2.0	4.0	6.0	8.0
吸光度 A	0	0.120	0.234	0.350	0.466

（2）称取试样重 0.6261g，溶解后移入 100mL 容量瓶中，稀释至刻度。吸取 2.0mL 试样配成 100mL，测得吸光度为 0.300，求矿渣中镍的质量分数 $w(Ni)$。（12 分）

第九章　气相色谱法

第一节　概　　述

第二节　气相色谱法基本原理和色谱图

一、填空题

1. 色谱法按两相状态不同分为_____色谱法和_____色谱法。固定相是指色谱柱内_____的，起_____作用的物质。在色谱过程中用以携带_____和洗脱_____的流体，称为流动相。

2. 色谱法具有_____等特点。

3. 用作_____相的气体称作载气，常用载气有_____等。

4. 色谱图是指_____流出物通过检测系统时所产生的响应信号对_____或_____流出体积的曲线图。

5. 半峰宽是峰高的_____点作平行于峰底的直线，峰面积是指_____与_____之间的面积。

二、判断题（正确的在题后括号内画"√"，不正确的画"×"）。

1. 对气体试样进行分析的色谱法，称为气相色谱法。（　　）

2. 色谱柱的固定相可以是固体也可以是液体物质。（　　）

3. 色谱法中流动相一定是气体。（　　）

4. 色谱图中的色谱峰是呈对称形。（　　）

5. 基线是操作时，只有载气通过检测系统时所产生的响应信号的曲线。（　　）

6. 死时间是不被固定相滞留的组分从进样开始到出现峰所需的时间。（　　）

7. 保留时间是组分从进样到出现峰最大值所需的时间。（　　）

三、问答题

1. 什么是色谱法？

2. 简述气相色谱法分析流程。

第三节　气相色谱仪

一、填空题

1. 气相色谱分析所用仪器称为气相色谱仪，它主要由＿＿＿＿＿系统、＿＿＿＿＿系统、＿＿＿＿＿系统、＿＿＿＿＿系统和＿＿＿＿＿系统组成。

2. 用氢火焰离子化检测器的燃烧气体，一般是＿＿＿＿＿，帮助燃气燃烧时的气体，一般是＿＿＿＿＿＿＿或＿＿＿＿＿＿气。

3. 气体净化剂的主要作用是＿＿＿＿＿，＿＿＿＿＿，＿＿＿＿＿和＿＿＿＿＿。

4. 转子流量计又称＿＿＿＿＿＿流量计。

5. 进样系统包括＿＿＿＿＿和＿＿＿＿＿。进样量的大小、进样＿＿＿＿＿的长短，对色谱的分离效能有很大的影响。

6. 色谱柱是色谱仪的心脏，色谱柱的选择直接影响一个样品中各组分的＿＿＿＿＿效果的成败，色谱柱分为＿＿＿＿＿和＿＿＿＿＿两大类。

7. 色谱柱在使用前必须进行老化，以除去＿＿＿＿＿、＿＿＿＿＿及柱材料在制备过程中残留的＿＿＿＿＿＿性物质。

8. 常用的检测器有＿＿＿＿＿＿＿＿＿和＿＿＿＿＿＿＿＿＿。

二、判断题（正确的在题后括号内画"√"，不正确的画"×"）

1. 液体进样器一般采用 1mL 的注射器。（　　）

2. 进样要求准确、快速。（　　）

3. 使用热导检测器，开机时应先通载气，后通电。（　　）

4. 色谱柱越长，分离效果越好。（　　）

5. 色谱柱温的选择主要取决于载气的性质。（　　）。

6. 使用氢火焰检测器，关机时应先关 H_2、空气，再关电源，最后关载气。（　　）

三、操作题

使用热导检测器，开机或关机时载气和电源的次序如何？为什么？

第四节　气相色谱法的定性和定量分析

一、填空题

1. 气相色谱法定性分析可分为＿＿＿＿＿和＿＿＿＿＿。

2. 气相色谱法中的定量分析依据是_____对某一组分 i 的响应信号（如_____或_____）与该组分通过_____的_____成正比关系。

3. 定量校正因子分_____因子和_____因子两种，峰面积的测量有_____法和_____法。

4. 气相色谱法的定量分析结果的计算方法有_____法，_____法和_____法。

二、判断题（正确的在题后括号内画"√"，不正确的画"×"）

1. 气相色谱仪只能对气体组分进行定量分析。（　　）

2. 气相色谱的定量分析中峰面积的测量可以用峰高乘峰宽法计算。（　　）

3. 定量分析中待测组分和标准物的校正因子，都可以通过文献直接查阅后使用。（　　）

4. 用外标法进行分析结果的计算必须要有标准曲线，所以外标法又称为标准曲线法。（　　）

三、选择题（每题只有一个正确答案，将正确答案的序号填在题后括号内）

1. 定量分析时被测组分的峰高与该组分通过检测器的质量成（　　）。

(1) 线性关系　　　(2) 反比关系　　　(3) 1∶1 关系　　　(4) 无比例关系

2. 色谱图中的半峰宽是指（　　）。

(1) 峰高中点到峰底的距离

(2) 峰高中点到峰顶的距离

(3) 峰高中点作平行于峰底的直线与峰两侧相交点间的距离

3. 色谱参数中的死体积是指（　　）。

(1) 死时间与峰面积的乘积

(2) 死时间与校正后的柱后载气流速的乘积

(3) 死时间与半峰宽的乘积

4. 调整保留时间的计算公式（　　）。

(1) $t'_R = t_R - t_M$　　　(2) $t'_R = t_M - t_R$　　　(3) $t'_R = t_M$

四、计算题

1. 测定组分仅含 H_2O、乙醇、甲醇，经测定得出以下数据表，求 $w(H_2O)$、$w($乙醇$)$、$w($甲醇$)$。

物质名称	H_2O	CH_3OH	C_2H_5OH
峰面积 A_i/cm^2	0.70	0.36	0.63
相对校正因子 f_i	0.550	0.580	0.640

2. 测得石油裂解气的色谱图（前四个组分分别衰减到 1/4 而得），得以下数据，用归一化法求各组分的质量分数。

物质名称	空气	甲烷	二氧化碳	乙烯	乙烷	丙烯	丙烷
峰面积 A_i/cm^2	34.0	214.0	4.5	278.0	77.0	250.0	49.3
相对校正因子 f_i	0.84	0.74	1.00	1.00	1.05	1.28	1.36

3. 用内标法测定环乙烷中的水分含量，称取甲醇 0.0115g，加到 2.2679g 试样中，测得色谱数据如下表所示，求 $w(H_2O)$。

物质名称	H_2O	CH_3OH
峰面积 A_i/mm^2	150	174
相对校正因子 f_i	0.550	0.580

4. 用外标法测定甲醇中少量水分的含量，称取无水甲醇 4 份，每份质量为 2.0000g，分别加水 10、30、80、100mL，测得峰高分别为 6、18、48、60mm。若相同条件下试样水峰高 55mm，求试样中水的质量分数 $w(H_2O)$。

综合练习题

一、填空题（共 20 分，每空 1 分）

1. 色谱法是利用试样中各组分在_____和_____中不断地分配，吸附和脱附或在____中其他作用的差异，而使各组分得到分离的分析方法。

2. 色谱法有_____相和_____相。_____相是液体的称作液相色谱法，_____相是气体的称作气相色谱法。

3. 色谱柱流出物通过检测器所产生响应信号对_____或____流出体积的曲线图，称作色谱图。

4. 色谱图中峰高是指从峰____值到峰____的距离。基线是指仅有____气通过检测系统所产生的响应信号的曲线。

5. 死体积可以是_____与_____乘积，表达式为_____。

6. 载气流量要求_____，变化应小于_____。通常是通过_____阀、_____阀和_____阀等来控制和调节气体的流量。

二、判断题（正确的在题后括号内画 "√"，不正确的画 "×"。共 20 分，每题 2 分）

1. 色谱法中的两相，可以是固体，也可以是液体。（　　）

2. 气相色谱法，主要是对气体水分的测定。（　　）

3. 载气的作用是把样品携带到检测器中进行检测。（　　）

4. 归一化法是仅适用组分全部出峰的定量分析结果计算的一种方法。（　　）

5. 色谱图中的色谱峰都是对称的。（　　）

6. 气相色谱柱分为填充柱和有机柱。（　　）

7. 运用外标法，必须配制一系列不同浓度的标准样。（　　）

8. 载气是比较稳定的惰性气体。（　　）

9. 转子流量计装于色谱柱前，测到的是柱前流速。（　　）

10. 气相色谱分析法中进样量大，进样时间长，测得的分析结果越准确。（　　）

三、选择题（每题只有一个正确答案，将正确答案的序号填在题后括号内。共 20 分，每题 2 分）

1. 气相色谱中，不能作载气的是（　　）。

(1) H_2　　　　　(2) N_2　　　　　(3) O_2　　　　　(4) Ar

2. 死时间 t_M 与原留时间 t_R 和调整保留时间 t'_R 的关系为（　　）。

(1) $t_M = t_R$　　(2) $t_M = t'_R$　　(3) $t_M = t'_R - t_R$　　(4) $t_M = t_R - t'_R$

3. 保留体积 V_R 与调整保留体积 V'_R 和死体积的关系为（　　）。

(1) $V_R = V'_R$　(2) $V_R = V'_R - V_M$　(3) $V_R = V_M + V'_R$　(4) $V_R = V_M$

4. 用氢火焰离子化检测器，检测器的燃烧气体一般用（　　）。

(1) H_2　　　　　(2) N_2　　　　　(3) CO　　　　　(4) CH_4

5. 对于对称色谱峰的半峰宽 $W_{h/2}$，下列正确的是（　　）。

(1) $W_{h/2} = \dfrac{1}{2}W$　　(2) $W_{h/2} = A \times \dfrac{1}{2}h$　　(3) $W_{h/2} =$ 峰高一半处的峰宽

6. 色谱峰为对称峰时，峰面积的计算公式是（　　）。

(1) $A_i = h_i m_i$ 　　(2) $A_i = 1.065 h_i W_{h/2_i}$ 　　(3) $A_i = \frac{1}{2} h_i m_i$ 　　(4) $A_i = h_i$

7. 用归一化法计算组分含量时，应该（　　）。

(1) 所有组分全部能出峰

(2) 只需所测组分出峰

(3) 所有组分流出色谱柱，但不是所有组分都是峰

8. 某样品用气相色谱法分析，测得从进样到色谱峰顶的时间为80s。空气峰顶出现的时间为5s，它的调整保留时间是（　　）。

(1) 90s 　　　　(2) 75s 　　　　(3) 85s 　　　　(4) 100s

9. 体积校正因子符号表示为（　　）。

(1) f_m 　　　　(2) f_M 　　　　(3) f_V 　　　　(4) f_S

10. 使用热导池检测器开机时应（　　）。

(1) 先通电后开载气 　　(2) 先通载气后通电

四、计算题（共30分，每题10分）

1. 一混合物仅含有苯、甲苯、邻二甲苯、对二甲苯，经检测得出如下数据表，求各组分质量分数 w(苯)、w(甲苯)、w(邻二甲苯)、w(对二甲苯)。

物质名称	苯	甲苯	邻二甲苯	对二甲苯
峰面积 A_i/cm^2	1.26	0.95	2.55	1.04
相对校正因子 f_i	0.786	0.794	0.840	0.812

2. 用内标法测定燕麦敌试样，称取内标物1.88g，试样8.12g进行分析，得到如下数据表。求燕麦敌的质量分数 w(燕麦敌)。

物质名称	燕麦敌	内标物
峰面积 A_i/mm^2	68.0	87.0
相对校正因子 f_i	2.4	1.00

3. 用外标法测定白酒中的水含量，称取无水乙醇 4 份（按无水乙醇中 H_2O 含量 0.3％）分别加入一定量的水，配得一系列浓度的标准溶液。测得峰高后，在相同条件下测得试样峰高为 15.50cm，求白酒中水分含量 $w(H_2O)$。

名　　称	第一份	第二份	第三份	第四份
无水乙醇质量/g	3.8527	3.8395	3.8470	3.8277
水的质量/g	2.9391	4.8236	5.9596	6.9431
峰高/cm	13.82	16.40	17.40	19.30

五、操作题（共 10 分，每题 5 分）

1. 归一化法、内标法、外溶法各有哪些特点？

2. 内标法对内标物有哪些要求？

部分练习题参考答案

第一章 绪 论

第四节

五、计算题

1. 19.34；2. 0.052；3. 16；4. 1.4；5. 2.0849；6. 0.33；7. 29.4。

六、计算题

0.01%、0.01%、−0.03%、0.03%、−0.03%、0.03%。

第二章 滴定分析法总论

第二节

五、计算题

1. 0.50mol/L；2. 123mL，1377mL；3. 4.9g；4. 0.1137mol/L；5. 1.70mol/L。

第三节

四、计算题

1. 0.9635；2. 0.1075mol/L；3. 43.3mL，456.7mL；4. 1.4709g；5. 0.1076mol/L；
6. 100g；7. 43mL，257mL；8. 167mL，666mL。

第四节

四、计算题

1. 0.9932；2. 0.1217mol/L；3. 0.7626；4. 0.05732；5. 0.5562，0.7953；
6. 0.0258。

综合练习题

五、计算题

1. 17mL；2. 3.4g；3. 0.9896；4. 0.1164mol/L。

第三章 酸碱滴定法

第一节

四、计算题

1. 11.12；2. 2.87。

第四节

三、计算题

0.06758mol/L

第五节

三、计算题

1. 0.2260，0.7740；2. 0.5745。

综合练习题

五、计算题

1. 0.1325g；2. 0.2455，0.6483。

第四章　配位滴定法

第四节

四、计算题

1. 0.01250mol/L；2. 0.9990；3. 22.43mg/L；4. 0.6176；5. 0.2904；6. 0.06194，0.1419；7. 0.1912。

综合练习题

四、计算题

1. 0.009746mol/L；2. 0.03207；3. 0.5997；4. 0.3123。

第五章　沉淀滴定法

第二节

四、计算题

1. 0.2000mol/L；2. 0.9496；3. 20.56mg/L；4. 0.4056。

第三节

四、计算题

0.1177mol/L

第四节

四、计算题

0.9800

综合练习题

四、计算题

1. 0.1027mol/L；2. 0.8560；3. 0.07473mol/L，0.07123mol/L；4. 8.07g/L；5. 0.9660。

第六章　氧化还原滴定法

第一节

三、计算题

1. 0.594V；2. 1.47V。

第二节

四、计算题

1. 0.2011mol/L；2. 0.8126；3. 0.2000mol/L；4. 0.6580；5. 0.1004 mol/L；6. 0.9984。

综合练习题

四、计算题

1. 0.308V；2. 0.2060mol/L；3. 339.9g/L；4. 0.9904；5. 0.9526。

第七章　电位分析法

综合练习题

四、计算题

1. 8.94；2. 1.0，13.0，20.00mL；3. 2.7×10^{-3}mol/L；4. 34.32mL。

第八章　比色法及分光光度法

第二节

四、计算题

1. 1.1×10^4 L/(mol·cm)，0.581；2. 2.35×10^4 L/(mol·cm)，0.18；3. 0.500，0.250；4. 0.11，0.78。

第四节

四、计算题

1. 14.6%；2. 2.06%；3. 1.3×10^{-3}mol/L；4. 1.00%；5. 0.011%。

综合练习题

四、计算题

1. 0.250，0.602；2. 3.57×10^2 L/(mol·cm)，0.276；3. 0.51；4. 0.8mg/L；5. 0.041%。

第九章　气相色谱法

第四节

四、计算题

1. 0.39，0.21，0.40；2. 0.0487，0.2700，0.0077，0.4741，0.0345，0.1364，0.0286；3. 0.0041。

综合练习题

四、计算题

1. 0.2100，0.1593，0.4524，0.1784；2. 0.4343。